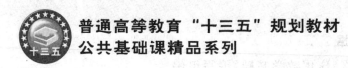
普通高等教育"十三五"规划教材

公共基础课精品系列

应 用 数 学 基 础 之 三

总主编 朱弘毅

概率论与数理统计

（第二版）

上海高校《应用数学基础》编写组 编

立信会计 出版社

LIXIN ACCOUNTING PUBLISHING HOUSE

图书在版编目(CIP)数据

概率论与数理统计 /《应用数学基础》编写组编.
—2版.—上海:立信会计出版社,2021.1
普通高等教育"十三五"规划教材.公共基础课精品
系列
ISBN 978 - 7 - 5429 - 5673 - 6

Ⅰ.①概… Ⅱ.①应… Ⅲ.①概率论—高等学校—
教材②数理统计—高等学校—教材 Ⅳ.①O21

中国版本图书馆 CIP 数据核字(2021)第 026536 号

策划编辑   蔡莉萍
责任编辑   蔡莉萍

概率论与数理统计(第二版)
Gailülun yu Shuli Tongji

出版发行	立信会计出版社			
地　　址	上海市中山西路 2230 号		邮政编码	200235
电　　话	(021)64411389		传　真	(021)64411325
网　　址	www. lixinaph. com		电子邮箱	lixinaph2019@126. com
网上书店	http://lixin. jd. com			http://lxkjcbs. tmall. com
经　　销	各地新华书店			
印　　刷	常熟市华顺印刷有限公司			
开　　本	710 毫米×960 毫米	1/16		
印　　张	19.75			
字　　数	388 千字			
版　　次	2021 年 1 月第 2 版			
印　　次	2021 年 1 月第 1 次			
印　　数	1—2100			
书　　号	ISBN 978 - 7 - 5429 - 5673 - 6/O			
定　　价	46.00 元			

如有印订差错,请与本社联系调换

《应用数学基础》编写组

总 主 编 朱弘毅（上海应用技术大学）

编　　委（按姓氏笔画排列）

车荣强　付春红　朱学渊　朱建忠　朱弘毅

庄海根　许建强　孙海云　李潇潇　张满生

罗　纯　周伟良　周家华　居环龙　查婷婷

赵斯泓　姚　倩　桂胜华　龚秀芳　常月华

主　　审 陈启宏（上海财经大学）

审 稿 组（按姓氏笔画排列）

王培康（上海大学）　　　　许伯生（上海工程技术大学）

朱德通（上海师范大学）　　沙荣方（上海海洋大学）

束金龙（上海市教委）　　　苏文悌（上海理工大学）

陈启宏（上海财经大学）

第三册《概率论与数理统计》(第二版)

主　编 赵斯泓　罗　纯　李潇潇　付春红

副主编 许建强　查婷婷　朱学渊　常月华

第 二 版 前 言

作为大学基础课的数学,其目的在于将数学应用于经济管理、工程技术专业,为学习专业知识服务。为适应高等教育的发展和教学改革的需要,在《应用数学基础》(第一版)基础上,组建了《应用数学基础》(第二版)编写组,进行《应用数学基础》(第二版)的编写工作。

本教材在第一版的基础上,按照数学课程教学基本要求,结合教学改革成果,力求使《应用数学基础》(第二版)满足应用型人才培养的要求。

《应用数学基础》共分三册。第一册《微积分》,内容包括函数、极限与连续,导数与微分,微分中值定理与导数的应用,不定积分,定积分及其应用,多元函数微积分,微分方程及其应用,无穷级数,MATLAB 软件在微积分的应用共九章;第二册《线性代数》,内容包括行列式,矩阵及其运算,线性方程组(含向量、线性相关性),线性规划,特征值与二次型,MATLAB 软件在线性代数的应用共六章;第三册《概率论与数理统计》,内容包括随机事件及其概率,随机变量及其分布,二维随机变量及其分析,随机变量的数字特征与权限定理,数理统计的基本概念,参数估计,假设检验,方差分析与回归分析,MATLAB 软件在概率统计的应用共九章。

本教材为了让学生掌握数学知识的实质及所含的数学思想,详细介绍基本概念的实际背景,让学生掌握处理问题、解决问题的方法;注意加紧基本运算方法的训练、计算能力和应用能力的培养,不追求过分复杂的计算,贯彻理论联系实际和启发式教学原则;为了将计算机融入高等数学,我们简单介绍国际上最流行的 MATLAB 数学软件的操作及其在高等数学中的应用。本教材每节后面配有习题,每章后配有复习题。

为便于学习,由立信会计出版社另行出版本教材的同步学习辅导。

《应用数学基础》由朱弘毅任总主编,参加编写的有(按姓氏笔画为序):车荣强、付春红、朱学渊、朱建忠、朱弘毅、庄海根、许建强、孙海云、闵建中、李潇潇、张满生、罗纯、周伟良、周艳丽、周家华、居环龙、查婷婷、赵斯泓、桂胜华、龚秀芳、常月华。

《概率论与数理统计》(第二版)主编是赵斯泓(上海立信金融会计学院)、罗纯(上海应用技术大学)、李潇潇(上海应用技术大学)、付春红(上海天华学院),副主编是许建强(上海应用技术大学)、查婷婷(上海响趣信息科技有限公司)、朱学渊[惠普科技(上海)有限公司]、常月华(上海中侨职业技术大学)。上海应用技术大学周家华、上海师大龚秀芳和行健学院姚倩也参加编写工作。

《应用数学基础》(第二版)由上海财经大学教授陈启宏主审,参加审稿的(按姓氏笔画为序)有:王培康(上海大学)、许伯生(上海工程技术大学)、朱德通(上海师范大学)、沙荣方(上海海洋大学)、束金龙(上海市教委)、苏文悌(上海理工大学)、陈启宏(上海财经大学),各位专家认真审阅原稿,并提出许多宝贵的意见。本书在编写和出版过程中得到立信会计出版社领导以及蔡莉萍编辑的支持和帮助,在此表示衷心的感谢。

限于编者的水平和时间的仓促,对于书中所存在的未发现的不妥之处,恳请广大教师和学生提出批评并指正。

朱弘毅于香歌丽园

2020 年秋

初 版 前 言

为适应高等教育的发展,在上海市教委的组织和领导下组成上海高校《应用数学基础》编写组,为培养德、智、体、美等方面全面发展的高等应用型人才,编写了这套具有特色的教材。

《应用数学基础》共分三册,第一册为《微积分》,内容包括函数、极限与连续、导数与微分、微分中值定理与导数应用、不定积分、定积分及其应用、二元函数微积分、微分方程与级数;第二册为《线性代数》,内容包括行列式、矩阵、向量及线性相关性、线性方程组、投入产出模型、线性规划问题;第三册为《概率论与数理统计》,内容包括随机事件与概率、随机变量及其分布、二维随机变量、随机变量的数字特征、数理统计的基本概念、参数估计、假设检验、方差分析与回归分析。

这套教材是以"理解基本概念、掌握运算方法及应用"为依据,按照课程教学基本要求,结合数学教学改革的实际经验编写的。这套教材注意从实际问题中引入概念;注意把握好理论推导证明的深度;注重对学生基本运算能力、分析问题和解决问题能力的培养;贯彻理论联系实际和启发式教学原则;深入浅出,通俗易懂,便于教师讲授和读者自学。这套教材中每节后面配有习题,每章后面配有复习题。

《应用数学基础》由朱弘毅任总主编,参加编写的有(按姓氏笔画为序):车荣强、朱弘毅、刘志石、李树冬、余敏、沈昕、张福康、周伟良、居环龙、赵斯泓、施国锋、费伟劲、桂胜华、钱锦、龚秀芳。

《应用数学基础》由上海交通大学教授李重华主审,参加审稿的还有:邱慈江(上海应用技术学院)、冯珍珍(上海第二工业大学)、姚力民(上海商学院)、俞国胜(上海大学)、罗爱芳(上海城市管理学院)。他们认真审阅原稿,提出了许多宝贵的意见。

这套教材在编写和出版过程中得到了上海市教委高等教育办公室徐国良副主任、立信会计出版社孙时平总编辑、蔡莉萍编辑的支持和帮助,在此一并表示衷心感谢。

在编写过程中,因作者水平有限,疏漏之处在所难免,恳请同仁和读者不吝指正。

朱弘毅于秀枫翠谷

2000 年暮春

目 录

第一章 随机事件及其概率 ……………………………………… 1

第一节 随机事件 ……………………………………………… 1

一、随机现象与统计规律性 ………………………………… 1

二、随机事件与样本空间 …………………………………… 1

三、事件的关系与运算 ……………………………………… 3

习题 1-1 ……………………………………………………… 6

第二节 随机事件的概率 ……………………………………… 7

一、概率的统计定义 ………………………………………… 7

二、古典概型 ………………………………………………… 9

三、几何概型 ………………………………………………… 11

习题 1-2 ……………………………………………………… 13

第三节 概率的公理化定义与概率的性质 ………………… 14

一、概率的公理化定义 ……………………………………… 14

二、概率的性质 ……………………………………………… 14

习题 1-3 ……………………………………………………… 17

第四节 条件概率与三个基本公式 ………………………… 18

一、条件概率与乘法公式 …………………………………… 18

二、全概率公式与贝叶斯公式 ……………………………… 21

习题 1-4 ……………………………………………………… 23

第五节 事件的独立性与伯努利试验 ……………………… 25

一、事件的独立性 …………………………………………… 25

二、伯努利概型 ……………………………………………… 27

习题 1-5 ……………………………………………………… 29

复习题一 ……………………………………………………… 30

第二章　随机变量及其分布 ···················· 32

第一节　随机变量的概念与分布函数 ·············· 32

一、随机变量的概念 ························ 32

二、随机变量的分布函数 ····················· 33

习题 2-1 ······························· 35

第二节　离散型随机变量及其分布 ·············· 36

一、离散型随机变量及其分布律 ·················· 36

二、常用的离散型随机变量的分布 ················· 38

习题 2-2 ······························· 41

第三节　连续型随机变量及其分布 ·············· 43

一、连续型随机变量及其密度函数 ················· 43

二、常用的连续型随机变量的分布 ················· 45

习题 2-3 ······························· 52

第四节　随机变量函数的分布 ················ 53

一、离散型随机变量函数的分布 ·················· 54

二、连续型随机变量函数的分布 ·················· 55

习题 2-4 ······························· 58

复习题二 ······························· 59

第三章　二维随机变量及其分布 ··············· 61

第一节　二维随机变量及其分布函数 ············· 61

一、二维随机变量及其联合分布函数 ··············· 61

二、边缘分布函数 ························· 63

习题 3-1 ······························· 64

第二节　二维离散型随机变量及其分布 ··········· 65

一、二维离散型随机变量及其联合分布律 ············· 65

二、边缘分布律 ·························· 66

习题 3-2 ······························· 68

第三节　二维连续型随机变量及其分布 ··········· 69

一、二维连续型随机变量及其联合密度函数 ············ 69

二、边缘密度函数 ························· 70

习题 3-3 ······························· 73

2

第四节　随机变量的条件分布与独立性 ················· 74

一、随机变量的条件分布 ······················· 74

二、随机变量的独立性 ························· 78

习题 3 - 4 ································ 84

第五节　二维随机变量函数的分布 ················· 85

习题 3 - 5 ································ 92

复习题三 ································ 94

第四章　随机变量的数字特征与极限定理 ············· 97

第一节　数学期望 ···························· 97

一、离散型随机变量的数学期望 ················· 97

二、连续型随机变量的数学期望 ················· 99

三、随机变量函数的数学期望 ··················· 100

四、数学期望的性质 ························· 103

习题 4 - 1 ································ 104

第二节　方差 ····························· 106

一、方差的概念 ··························· 106

二、方差的性质 ··························· 109

习题 4 - 2 ································ 112

第三节　协方差、相关系数与矩 ················· 113

一、协方差与相关系数的概念 ··················· 113

二、协方差、相关系数的性质 ··················· 115

三、矩与协方差矩阵 ························· 118

习题 4 - 3 ································ 119

第四节　大数定律与中心极限定理 ················· 120

一、大数定律 ····························· 121

二、中心极限定理 ························· 123

习题 4 - 4 ································ 125

复习题四 ································ 126

第五章　数理统计的基本概念 ················· 129

第一节　总体、样本与统计量 ··················· 129

一、总体与样本 ···································· 129

二、统计量 ··· 131

习题 5-1 ··· 133

第二节 样本分布函数 ·························· 133

一、频率分布表 ···································· 133

二、直方图 ··· 134

三、样本分布函数 ································· 136

习题 5-2 ··· 137

第三节 常用统计分布 ·························· 138

一、分位数 ··· 138

二、χ^2 分布 ·································· 139

三、t 分布 ······································· 141

四、F 分布 ······································· 143

习题 5-3 ··· 145

第四节 抽样分布 ······························ 146

一、U 统计量 ···································· 146

二、χ^2 统计量 ······························ 148

三、T 统计量 ···································· 149

四、F 统计量 ···································· 150

习题 5-4 ··· 151

复习题五 ·· 152

第六章 参数估计 ······························ 155

第一节 点估计 ································· 155

一、矩估计法 ······································ 155

二、极大似然估计法 ······························ 158

三、估计量的评价标准 ···························· 162

习题 6-1 ··· 164

第二节 区间估计 ······························ 165

一、一个正态总体均值的区间估计 ················· 166

二、一个正态总体方差的区间估计 ················· 168

三、单侧置信区间 ································· 170

习题 6-2 ……………………………………………………… 172

第三节　两个正态总体参数的区间估计 …………………… 173

　一、两个正态总体均值差的置信区间 …………………… 173

　二、两个正态总体方差比的置信区间 …………………… 175

习题 6-3 ……………………………………………………… 177

复习题六 ……………………………………………………… 178

第七章　假设检验 …………………………………………… 180

第一节　假设检验的基本概念 ……………………………… 180

　一、假设检验的基本思想 ………………………………… 180

　二、假设检验问题的提法与假设检验的步骤 …………… 182

　三、假设检验的两类错误 ………………………………… 183

习题 7-1 ……………………………………………………… 184

第二节　一个正态总体参数的假设检验 …………………… 184

　一、一个正态总体均值的假设检验 ……………………… 184

　二、一个正态总体的方差的假设检验 …………………… 188

习题 7-2 ……………………………………………………… 190

第三节　两个正态总体参数的假设检验 …………………… 192

　一、两个正态总体均值的假设检验 ……………………… 192

　二、两个正态总体方差的假设检验 ……………………… 195

习题 7-3 ……………………………………………………… 199

第四节　非参数的 χ^2-检验法 …………………………… 200

　一、离散型总体的非参数的 χ^2-检验法 ……………… 200

　二、连续型总体非参数的 χ^2-检验法 ………………… 204

习题 7-4 ……………………………………………………… 208

复习题七 ……………………………………………………… 209

第八章　方差分析与回归分析 ……………………………… 212

第一节　单因素方差分析 …………………………………… 212

　一、单因素方差分析问题的一般提法 …………………… 212

　二、统计分析 ……………………………………………… 213

习题 8-1 ……………………………………………………… 217

第二节 双因素方差分析 …………………………………………… 219
一、无重复试验双因素方差分析 …………………………… 219
二、等重复试验双因素方差分析 …………………………… 223
习题 8-2 …………………………………………………… 229
第三节 一元线性回归 ……………………………………………… 230
一、线性回归方程 …………………………………………… 231
二、相关性检验 ……………………………………………… 234
三、预测和控制 ……………………………………………… 235
四、一元非线性回归 ………………………………………… 236
习题 8-3 …………………………………………………… 239
复习题八 …………………………………………………… 240

第九章 MATLAB 软件在概率统计中的应用 ……………………… 243
第一节 MATLAB 软件在概率论中的应用 ……………………… 243
一、MATLAB 软件在随机变量分布中的应用 …………… 243
二、用 MATLAB 软件计算随机变量的数字特征 ………… 246
第二节 MATLAB 软件在统计量计算、参数估计与假设检验中的应用 …… 251
一、MATLAB 软件在统计量计算中的应用 ……………… 251
二、用 MATLAB 软件进行参数估计 ……………………… 252
三、用 MATLAB 软件进行假设检验 ……………………… 254
第三节 MATLAB 软件在方差分析与回归分析中的应用 ……… 256
一、用 MATLAB 软件进行方差分析 ……………………… 256
二、用 MATLAB 软件进行回归分析 ……………………… 258

附录一 排列与组合 ………………………………………………… 262
一、两个计数原理 …………………………………………… 262
二、排列与组合 ……………………………………………… 262
附录二 习题参考答案 ……………………………………………… 264
附录三 附表 ………………………………………………………… 286

第一章　随机事件及其概率

　　概率论与数理统计是研究随机现象及其规律性的一门数学学科,它广泛应用于工业、国防、国民经济及工程技术等领域,是重要的数学工具。本教材前四章介绍概率论方面的知识,其余讨论涉及数理统计的问题。本章在介绍随机事件、概率的统计定义、古典概型、几何概型后,给出概率的公理化定义及概率的性质,介绍计算事件概率的乘法公式、全概率公式和贝叶斯公式,最后讨论随机事件的独立性。

第一节　随机事件

　　本节介绍随机现象、随机事件和样本空间等基本概念,讨论了随机事件的关系与运算。

一、随机现象与统计规律性

　　在现实世界中发生的现象可分为两类。一类现象称为确定性现象,即在一定的条件下,可以确定某种结果必然发生或必然不发生的现象,如在标准大气压下,纯水加热到 $100\,^\circ\!C$ 必然会沸腾。另一类现象称为随机现象,即在一定的条件下,存在多种可能的结果,而在事前不能确定哪种结果会发生,如投掷一枚质地均匀的硬币,其结果,可能出现正面朝上,也可能出现反面朝上。但结果出现在哪一面,在投掷之前是不能确定的。

　　对于随机现象,虽然在一次观察或试验中出现的结果具有偶然性,然而在大量重复观察或试验中,其结果的出现具有某种规律性。例如,大量重复投掷一枚质地均匀的硬币时,出现正面朝上的次数和出现反面朝上的次数会大致相同。我们将随机现象所具有的客观属性称为统计规律性,概率论与统计分析就是研究随机现象所具有的统计规律性的学科。

二、随机事件与样本空间

　　为了研究随机现象的统计规律性,需要进行大量重复观察或试验,这是一类具有其特征的观察或试验,有如下定义。

　　定义1　具有下述三个特征的观察或试验称为**随机试验**,简称为**试验**。

(1) 观察或试验可以在相同的条件下重复进行．

(2) 每次观察或试验的可能结果不止一个，并且事前知道所有的可能结果。

(3) 进行一次试验或观察前不能确定哪个结果会出现。

【例 1】 分析下列试验是否为随机试验。

(1) 在一批灯泡里任取 1 只，测试它的寿命。

(2) 投掷 1 颗均匀质地的骰子，观察其出现的点数。

解 (1) 在一批灯泡里任取 1 只，测试它的寿命，这种试验可以重复进行，直到取完所有灯泡，每次测试的结果是 $[0, +\infty)$ 中的一个实数，但是测试前不能确定其寿命，即 $[0, +\infty)$ 中出现哪个数不能确定，所以这个试验是随机试验。

(2) 投掷 1 颗骰子可以在相同条件下重复进行，出现的可能结果是点数 1，2，3，4，5，6 之一，而投掷前不可能知道这次投掷是哪个点数出现，所以投掷一颗骰子，观察其出现的点数的试验是随机试验。

定义 2 随机试验中可能发生，也可能不发生的结果称为**随机事件**，简称**事件**。

通常用大写英文字母 A，B，C 等表示事件。

例如，对于[例 1](1) 这个随机试验，"灯泡寿命大于 5 000 小时"是一个随机事件，我们可以用 A 表示随机事件"灯泡寿命大于 5 000 小时"。

对于[例 1](2) 这个随机试验，"出现的点数小于 4"是随机事件，"出现的点数大于 3"也是随机事件，我们可以用 A 表示随机事件"出现的点数小于 4"，用 B 表示随机事件"出现的点数大于 3"。如果我们用 A_i 表示随机事件"出现的点数为 i"($i=1$，2，3，4，5，6)，则在一次试验中事件 A 发生当且仅当事件 A_1，A_2，A_3 中有一个发生，可见事件 A 可以分解，而事件 A_i($i=1$，2，3，4，5，6) 不能再分解。我们将事件 A_1，A_2，A_3，A_4，A_5，A_6 称为该随机试验的基本事件。

定义 3 在随机试验中不能再分解的随机事件称为**基本事件**或**样本点**，即样本点为随机试验的每一个可能结果。

由全体样本点组成的集合称为随机试验的**样本空间**，记为 Ω。

引入样本点和样本空间的概念后，从集合论的角度看，随机事件为具有某种特征的样本点的集合，即为样本空间 Ω 的某个子集，基本事件就是由一个样本点构成的 Ω 的子集。

对于[例 1](2) 这个随机试验，样本点是 A_1，A_2，A_3，A_4，A_5，A_6，如果我们简单地依次用"1"，"2"，"3"，"4"，"5"，"6"表示这些样本点，则样本空间可表示为

$$\Omega = \{1, 2, 3, 4, 5, 6\}$$

从而事件 $A_i=\{i\}(i=1,2,3,4,5,6)$，事件 $A=\{$出现的点数小于 $4\}$ 就是集合 $\{1,2,3\}$，事件 $B=\{$出现的点数大于 $3\}$ 就是集合 $\{4,5,6\}$。

例如，观察某网站的点击次数，如果样本点用"0 次"，"1 次"，"2 次"，…来表示，或简记为"0"，"1"，"2"，…则样本空间可表示为

$$\Omega=\{0\ 次,1\ 次,2\ 次,\cdots\}\ 或\ \Omega=\{0,1,2,\cdots\}$$

又如，测试某元件的使用寿命，样本点为非负实数，所以样本空间可表示为

$$\Omega=[0,+\infty)$$

根据上面的定义，有如下两个特殊的事件。

(1) 样本空间 Ω 作为 Ω 的子集，也表示一个事件。由于 Ω 包含试验的所有样本点，所以每次试验的任何结果都必然导致事件 Ω 的发生，则称此事件为必然事件，并用 Ω 表示必然事件。

(2) 空集 $\varnothing$ 作为 Ω 的子集，也表示一个事件。由于 $\varnothing$ 不含试验的任何样本点，每次试验中事件 $\varnothing$ 都不可能发生，则称此事件为不可能事件，并用 $\varnothing$ 表示。

必然事件和不可能事件都是确定性事件，但为了方便起见，通常将必然事件与不可能事件包括在全体随机事件中，作为两个特殊的随机事件。

三、事件的关系与运算

研究随机现象时往往要涉及多个随机事件，掌握随机事件之间的关系与运算，可以用简单的事件来表示复杂的事件。由于事件是样本空间 Ω 的子集，因此事件之间的关系与运算类似于集合之间的关系与运算。

1. 事件的包含与相等关系

定义 4 如果事件 A 发生必然导致事件 B 发生，则称**事件 B 包含事件 A**，或称**事件 A 包含于事件 B**，记为 $B\supset A$ 或 $A\subset B$，如图 1-1 所示。如果事件 B 包含事件 A，同时事件 A 也包含事件 B，则称**事件 A 与事件 B 相等**，记为 $A=B$。

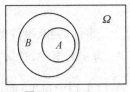

图 1-1 $A\subset B$

【**例 2**】 投掷 2 枚质地均匀的硬币，设事件 $A=\{2$ 枚都是正面向上$\}$，事件 $B=\{$至少有 1 枚正面向上$\}$，事件 $C=\{$不出现反面向上$\}$。分析事件 A，B，C 之间的关系。

解 当事件 A 发生时，即出现 2 枚硬币的正面都向上，也符合"至少有 1 枚正面向上"这一情况，因此事件 B 也发生，即 $A\subset B$。

由于"不出现反面向上"就是"2 枚都是正面向上"，所以 $A=C$，$C\subset B$。

3

2. 事件的和(并)与积(交)

定义5 事件 A 与事件 B 至少有一个发生的事件称为**事件 A 与事件 B 的和 (并)**,记为 $A \bigcup B$,如图1-2所示。

事件 A 与事件 B 同时发生的事件称为**事件 A 与事件 B 的积(交)**,记为 $A \bigcap B$ 或 AB,如图1-3所示。

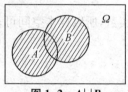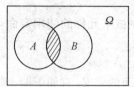

图1-2　$A \bigcup B$　　　　　　　　　图1-3　AB

【例3】 某产品需经过两道工序加工,任意一道工序加工不合格,就是产品不合格。设事件 $A=\{$第一道工序加工不合格$\}$,事件 $B=\{$第二道工序加工不合格$\}$,事件 $C=\{$第一道工序加工合格$\}$,事件 $D=\{$第二道工序加工合格$\}$,试问 $A \bigcup B$,CD 各表述什么事件?

解 由于 $A \bigcup B$ 表述事件 A 发生或事件 B 发生,即产品在第一道工序加工不合格或在第二道工序加工不合格,所以

$$A \bigcup B = \{产品不合格\}$$

由于 CD 表述"事件 C 发生且事件 D 发生",即产品在第一道工序加工合格且在第二道工序加工合格,所以

$$CD = \{产品合格\}$$

事件的和、事件的积可以推广到有限个或可列个事件的情况。设 A_1,A_2,$\cdots$,A_n 为 n 个事件,这 n 个事件中至少有一个发生的事件称为这 **n 个事件的和**,记为 $A_1 \bigcup A_2 \bigcup \cdots \bigcup A_n$,简记为 $\bigcup\limits_{i=1}^{n} A_i$,即

$$\bigcup\limits_{i=1}^{n} A_i = A_1 \bigcup A_2 \bigcup \cdots \bigcup A_n$$

类似地,n 个事件 A_1,A_2,$\cdots$,A_n 同时发生的事件称为这 **n 个事件的积**,记为 $A_1 \bigcap A_2 \bigcap \cdots \bigcap A_n$ 或 $A_1 A_2 \cdots A_n$,简记为 $\bigcap\limits_{i=1}^{n} A_i$,即

$$\bigcap\limits_{i=1}^{n} A_i = A_1 \bigcap A_2 \bigcap \cdots \bigcap A_n$$

3. 事件的互不相容(互斥)与对立(互逆)

定义6　如果事件 A 与事件 B 不会同时发生,即 $AB=\varnothing$,则称**事件 A 与事件 B 是互不相容(互斥)**。

如果 n 个事件 A_1,A_2,$\cdots$,A_n 中任意两个都互不相容,即 $A_iA_j=\varnothing(i\neq j$, i, $j=1$, 2, $\cdots$, $n)$,则称 n 个事件 A_1,A_2,$\cdots$,A_n **两两互不相容**。

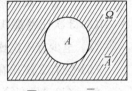

图1-4　A、$\overline{A}$

如果事件 A 与事件 B 互不相容,并且满足 $A\cup B=\Omega$,则称**事件 A 与事件 B 对立(互逆)**,并称事件 B 是事件 A 的**对立事件(逆事件)**,记为 $\overline{A}$,即 $B=\overline{A}$,如图1-4所示。同样称事件 A 是事件 B 的对立事件(逆事件),记为 $\overline{B}$,即 $A=\overline{B}$。

【例4】　投掷一颗骰子,观察出现的点数。设事件 $A=\{$点数大于4$\}$,事件 $B=\{$点数小于5$\}$,事件 $C=\{$点数小于4的奇数$\}$,试问事件 A 与事件 C 是否互不相容? 是否对立? 事件 A 与事件 B 是否对立?

解　因为事件 A 表示"点数大于4",事件 C 表示"点数小于4的奇数",所以事件 A 与事件 C 不可能同时发生,所以事件 A 与事件 C 是互不相容的。又由于 $A\cup C=\{1,3,5,6\}\neq\Omega$,所以事件 A 与事件 C 不是对立的。

由于 $AB=\varnothing$,$A\cup B=\Omega$,所以事件 A 与事件 B 是对立的。

4. 事件的差

定义7　事件 A 发生而事件 B 不发生的事件称为**事件 A 与事件 B 的差**,记为 $A-B$,如图1-5所示。

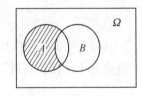

图1-5　$A-B$

【例5】　观察其交换台在上午8时至9时接到的电话呼唤次数。设事件 $A=\{$接到呼唤次数在30到50之间$\}$,事件 $B=\{$接到呼唤次数小于40$\}$,试问 AB,$A-B$ 表示什么事件?

解　事件 AB 表示事件 A、事件 B 同时发生的事件,所以 $AB=\{$接到呼唤次数在30到40之间(不包括40)$\}$。

事件 $A-B$ 表示事件 A 发生而事件 B 不发生的事件,所以 $A-B=\{$接到呼唤次数在40到50之间$\}$。

由集合的运算性质,可得事件的运算具有下列性质。

(1) **交换律** $A\cup B=B\cup A$;$AB=BA$。

(2) **结合律** $(A\cup B)\cup C=A\cup(B\cup C)$;$(AB)C=A(BC)$。

(3) **分配律** $(A\cup B)C=(AC)\cup(BC)$;$(AB)\cup C=(A\cup C)(B\cup C)$。

（4）**对偶律**$\overline{A \cup B} = \overline{A} \, \overline{B}$；$\overline{AB} = \overline{A} \cup \overline{B}$。

【例6】 某运动员参加 3 次比赛，用 A_i 表示事件"第 i 次比赛获胜"（$i=1$，2，3），试用事件 A_1，A_2，A_3 表示下列事件。

（1）只有第一次比赛获胜。

（2）只有一次比赛获胜。

（3）3 次比赛都获胜。

（4）至少有 1 次比赛获胜。

（5）恰有 2 次比赛获胜。

解 （1）"只有第一次比赛获胜"意味着第二次与第三次比赛没有获胜，即事件 A_1 发生，且事件 A_2 与 A_3 没有发生，所以事件"只有第一次比赛获胜"可表示成

$$A_1 \, \overline{A}_2 \, \overline{A}_3$$

（2）"只有 1 次比赛获胜"意味着 3 次比赛中有 1 次比赛获胜，而其他 2 次比赛没有获胜，所以事件"只有 1 次比赛获胜"可表示成

$$A_1 \overline{A}_2 \overline{A}_3 \cup \overline{A}_1 A_2 \overline{A}_3 \cup \overline{A}_1 \overline{A}_2 A_3$$

（3）"3 次比赛都获胜"意味着事件 A_1，A_2，A_3 同时发生，所以事件"3 次比赛都获胜"可表示成

$$A_1 A_2 A_3$$

（4）"至少有 1 次比赛获胜"就是事件 A_1，A_2，A_3 中至少有一个发生，所以事件"至少有 1 次比赛获胜"可表示成

$$A_1 \cup A_2 \cup A_3$$

（5）事件"恰有 2 次比赛获胜"，说明事件 A_1，A_2，A_3 中只有一个没有发生，可表示成

$$A_1 A_2 \overline{A}_3 \cup A_1 \overline{A}_2 A_3 \cup \overline{A}_1 A_2 A_3$$

习 题 1-1

1. 写出下列试验的样本空间

（1）某人射击 3 次，观察记录击中目标的次数。

（2）投掷 2 枚硬币，观察其出现正面与反面的情况。

（3）袋中有 1 个白球，3 个黑球，每次任取 1 个后不放回，直到取到白球，观察取球次数。

（4）袋中有 1 个白球，3 个黑球，每次任取 1 个后再放回袋中，直到取到白球，观察取球次数。

（5）圆心在坐标原点的单位圆内任意取一点，观察其坐标。

2. 设 A，B，C 为 3 个事件，试用 A，B，C 的运算表示下列事件。

（1）A，B，C 都发生。

（2）只有 A 发生。

（3）A，B 发生，C 不发生。

（4）A，B，C 中恰好有 2 个发生。

（5）A，B，C 至少有 1 个发生。

（6）A，B，C 中不多于 1 个发生。

（7）A，B，C 中至少有 2 个发生。

3. 每次从一批产品中任取 1 件，连取 3 件。设事件 A_i 表示"第 i 件是正品"（$i=1$，2，3），试用事件 A_1，A_2，A_3 表示下列事件。

（1）3 件产品都是正品。

（2）3 件产品中恰好有 1 件正品。

（3）3 件产品中至少有 1 件正品。

（4）3 件产品中至多有 1 件正品。

4. 事件 A 表示"5 件产品中至少有 1 件次品"，事件 B 表示"5 件产品中都是合格品"，则 $A \cup B$，AB 各表示什么事件？事件 A 与 B 之间是否相容，是否对立？

5. 随机抽检 3 件产品，设事件 $A=\{3$ 件中至少有 1 件是废品 $\}$，$B=\{3$ 件中至少有 2 件是废品 $\}$，$C=\{3$ 件都是正品 $\}$，试问事件 $\overline{A}$，$\overline{B}$，$\overline{C}$，$A \cup B$，AC 各表示什么事件？

第二节　随机事件的概率

一、概率的统计定义

在一次随机试验中，某个随机事件 A 可能发生也可能不发生。我们希望知道事件 A 在一次随机试验中发生的可能性的大小，给出随机事件 A 发生可能性大小的定量描述，这种定量描述就是随机事件的概率。

定义 1　设在相同条件下进行的 n 次重复试验中，事件 A 发生了 k 次，则称事件

A 的发生次数与试验次数之比 $\dfrac{k}{n}$ 为**事件 A 发生的频率**，记为 $f_n(A)$，即

$$f_n(A) = \frac{k}{n}$$

根据频率的定义，频率具有下列性质。

(1) 对于任意事件 A，有 $0 \leqslant f_n(A) \leqslant 1$。

(2) 对于不可能事件 $\varnothing$，有 $f_n(\varnothing) = 0$，对于必然事件 Ω，有 $f_n(\Omega) = 1$。

(3) 设 $A_1, A_2, \cdots, A_m$ 是两两互不相容事件，则 $f_n(A_1 \bigcup A_2 \bigcup \cdots \bigcup A_m) = f_n(A_1) + f_n(A_2) + \cdots + f_n(A_m)$。

事件发生的频率反映了事件在随机试验中发生的可能性。例如，投掷一枚硬币，事先无法确定会出现正面朝上还是反面朝上，但如果硬币的质地是均匀的，则在大量重复试验中出现正面朝上和反面朝上的频率都接近 0.5。为了验证这一结果，历史上曾有不少人做过投掷硬币试验，表 1-1 给出了其中的一部分结果。

表 1-1 历史上投掷硬币试验的部分结果

试验者	投掷硬币次数	出现正面次数	出现正面频率
蒲 丰	4 040	2 048	0.506 9
皮尔逊	12 000	6 019	0.501 6
皮尔逊	24 000	12 012	0.500 5
维 尼	30 000	14 994	0.499 8

由表 1-1 可以看出，投掷硬币出现正面朝上的频率接近 0.5，并且投掷次数越多，频率越接近 0.5。大量的试验表明，在相同条件下进行的重复试验中，事件发生的频率会呈现出明显的稳定性，即频率会在某个常数 p 附近摆动，它反映出事件固有的属性。这种属性是对随机事件发生的可能性大小的刻画，这个常数 p 称为随机事件的概率。一般地，有如下定义。

定义 2 （概率的统计定义）在相同条件下进行重复试验，如果事件 A 发生的频率稳定地在某个数值 p 附近摆动，并且一般说来，试验次数越多，摆动的幅度越小，则称数值 p 为**事件 A 的概率**，记为 $P(A)$，即

$$P(A) = p$$

根据上面讨论，在投掷硬币的试验中事件"正面朝上"的概率等于 0.5。

由概率的统计定义所定义的随机事件的概率也具有上述关于频率的三条基本性质。

二、古典概型

在概率的统计定义中,由于概率定义为频率的稳定值,这有利于理解概率与频率的关系,但是按此定义无法直接计算随机事件的概率,而只能通过大量的重复试验,由频率得到概率的估计值。

现在介绍一类可以直接计算随机事件概率的随机试验模型,称为**古典概型**,定义如下。

定义 3　如果随机试验满足下列条件,则称该试验为**古典概型**。

(1) **有限性**:试验的样本空间 Ω 是由有限个样本点组成,即

$$\Omega = \{\omega_1, \omega_2, \cdots, \omega_n\}$$

(2) **等可能性**:每次试验中各个样本点出现的可能性相同,即

$$P(\omega_1) = P(\omega_2) = \cdots = P(\omega_n) = \frac{1}{n}$$

例如,盒中有 10 个球,其中 1 个白球,9 个黑球,白球编号为 1,9 个黑球编号为 2,3,$\cdots$,10。如果我们从中任取一球,观察其编号,这是一个随机试验,样本空间 $\Omega=\{1, 2, \cdots, 10\}$。由于取球的任意性,于是取到编号为 1, 2, $\cdots$, 10 的每一个球的可能性都是一样的,所以这个随机试验是古典概型。

如果我们从中任取一球,观察其颜色,这也是一个随机试验,样本空间 $\Omega=\{$黑,白$\}$。由于取到白球的可能性与取到黑球的可能性不一样,所以这个随机试验不是古典概型。

定义 4　(概率的古典定义)在古典概型中,如果样本空间 Ω 所含的样本点个数为 n,事件 A 所含的样本点个数为 k,则定义**事件 A 的概率**为

$$P(A) = \frac{k}{n}$$

应用概率的古典定义计算事件 A 的概率时,涉及计数问题,我们可以参阅附录一,排列与组合,以助掌握计数技巧。

【例1】　从 0,1,2,$\cdots$,9 十个数字中任取一个,求取到数字是奇数的概率。

解　今随机试验为取到的数字可以是 0,1,2,$\cdots$,9 中的任意一个,所以样本空间为

$$\Omega = \{0, 1, 2, 3, 4, 5, 6, 7, 8, 9\}$$

所含样本点个数 $n=10$, 且样本点出现的可能性相同, 都是 $\frac{1}{10}$, 所以此随机试验是古典概型。

设事件 $A=\{$取到数字是奇数$\}$, 则 $A=\{1, 3, 5, 7, 9\}$, 所含样本点个数 $m=5$, 故所求事件 A 的概率为

$$P(A)=\frac{5}{10}=0.5$$

随机试验中, 通常采用两种抽样方法。

(1) 有放回的抽样: 每次抽取一个, 按要求进行观察后放回, 然后再从其中再抽取一个, 这种抽样方法称为有放回的抽样。

(2) 不放回的抽样: 每次抽取一个, 按要求进行观察后不放回, 然后从其余中再抽取一个, 这种抽样方法称为不放回的抽样。

对于有放回的抽样, 依次抽取的可能重复; 而对于不放回的抽样, 依次抽取是不会重复的。

【例2】 袋内有 3 个白球和 2 个黑球。

(1) 从中依次不放回地连续取 2 次, 每次取 1 球, 求取出的 2 个球都是白球的概率。

(2) 从中依次有放回地连续取 2 次, 每次取 1 球, 求取出的 2 个球都是白球的概率。

解 设事件 $A=\{$取出的 2 个球都是白球$\}$。

(1) 由于抽取是不放回的, 则每次抽 1 球, 连续抽取 2 次的结果相当于 5 个元素中选 2 个元素的排列, 共有 $P_5^2=20$ 种取法, 故样本空间 Ω 所包含的样本点个数为 20, 并且 20 个基本事件发生是等可能的, 因此试验是古典概型。又, 事件 A 所包含的样本点个数为 $P_3^2=6$, 因此事件 A 的概率为

$$P(A)=\frac{6}{20}=\frac{3}{10}$$

(2) 由于抽取是有放回的, 所以每次抽 1 球, 连续抽取 2 次的结果相当于 5 个元素中选 2 个元素的重复排列, 共有 $5^2=25$ 种取法, 故样本空间 Ω 所包含的样本点个数为 25, 并且基本事件发生是等可能的, 因此试验是古典概型。又, 事件 A 所包含的样本点个数为 $3^2=9$, 因此事件 A 的概率为

$$P(A)=\frac{9}{25}$$

【例3】 盒内有 n 张奖券,其中一张有奖,现有 n 个人依次从盒内取一张奖券,求第 k 个人中奖的概率。

解 这是古典概率问题。设事件 $A=\{$第 k 个人中奖$\}$,考虑将取出的奖券依次排成一排,则样本点总数为 $n!$。事件 A 发生相当于有奖奖券排在第 k 个位置,其余 $n-1$ 张奖券任意排在其余 $n-1$ 个位置,共有 $(n-1)!$ 种排法,故第 k 人中奖的概率为

$$P(A) = \frac{(n-1)!}{n!} = \frac{1}{n}$$

【例4】 设一袋内有 4 个白球和 4 个黑球,任取 3 个球,求取到 3 个白球的概率。

解 设事件 $A=\{$取到 3 个白球$\}$。从 8 个球中取 3 球相当于从 8 个元素中选取 3 个元素的组合,共有 $C_8^3=56$ 种取法,事件 A 发生相当于在 4 个白球中取到 3 个白球,共有 $C_4^3=4$ 种取法,故取到 3 个白球的概率为

$$P(A) = \frac{C_4^3}{C_8^3} = \frac{4}{56} = \frac{1}{14}$$

三、几何概型

古典概型是考虑只有有限个等可能结果的随机试验模型,我们突破有限的限制,讨论另一类可直接计算随机事件概率的随机试验模型,称为**几何概型**,定义如下。

定义 5 如果随机试验满足下列条件,则称该试验为几何概型。

(1) 几何性:试验的样本空间 Ω 为几何空间(直线或平面或立体区域)中的有界区域。

(2) 等可能性:每次试验中各个样本点出现的可能性相同。

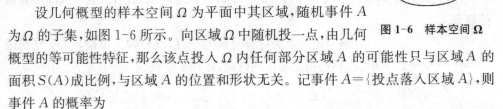

图 1-6 样本空间 Ω

设几何概型的样本空间 Ω 为平面中其区域,随机事件 A 为 Ω 的子集,如图 1-6 所示。向区域 Ω 中随机投一点,由几何概型的等可能性特征,那么该点投入 Ω 内任何部分区域 A 的可能性只与区域 A 的面积 $S(A)$ 成比例,与区域 A 的位置和形状无关。记事件 $A=\{$投点落入区域 $A\}$,则事件 A 的概率为

$$P(A) = \lambda S(A)$$

同理,$P(\Omega)=\lambda S(\Omega)$。

又 $P(\Omega)=1$,得 $\lambda = \frac{1}{S(\Omega)}$。

从而,事件 A 的概率为

$$P(A) = \frac{S(A)}{S(\Omega)}$$

一般地,给出几何概型中事件 A 的概率定义如下。

定义 6 设几何概型的样本空间 Ω 为一有界区域,其度量为 $m(\Omega)$,事件 A 为样本空间 Ω 内的某区域,其度量为 $m(A)$,则定义**事件 A 的概率**为

$$P(A) = \frac{m(A)}{m(\Omega)}$$

注:当样本空间 Ω 为某一线段时,其度量为线段的长度;当样本空间 Ω 为某平面区域时,其度量为平面区域的面积;当样本空间 Ω 为某立体区域时,其度量为立体区域的体积。

【例 5】 某人午觉醒来,发现表停了,他打开收音机,想听电台报时。设电台每正点报时一次,求他等待时间短于 10 分钟的概率。

解 以分钟为单位,记上一次报时时刻为 0,则下一次报时时刻为 60,t_0 为某人打开收音机时刻。于是,这个人打开收音机的时间必在 $(0,60)$ 内。设事件 $A = \{$等待时间短于 10 分钟$\}$,则有

$$\Omega = (0,60) \quad A = (t_0, t_0 + 10)$$

于是

$$P(A) = \frac{10}{60} = \frac{1}{6}$$

【例 6】 甲、乙 2 人相约在 7 点到 8 点之间在某地会面,先到者等候另一人 20 分钟,过时就离开。如果每个人可在指定的一小时内任意时刻到达,求这 2 人能够会面的概率。

解 记 7 点为计算时刻的 0 时,以分钟为单位,x,y 分别记甲、乙到达指定地点的时刻,则样本空间为

$$\Omega = \{(x,y) \mid 0 \leqslant x \leqslant 60, 0 \leqslant y \leqslant 60\}$$

设事件 $A = \{$两人能会面$\}$,则

$$A = \{(x,y) \mid (x,y) \in \Omega, \mid x - y \mid \leqslant 20\}$$

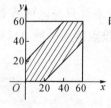

图 1-7 [例 6]图

如图 1-7 所示。

根据题意,这是一个几何概型问题,于是

$$P(A) = \frac{S(A)}{S(\Omega)} = \frac{60^2 - 40^2}{60^2} = \frac{5}{9}$$

习 题 1-2

1. 从 0,1,2,…,9 中任意选出 3 个不同的数字,求三个数字中不含 0 与 5 的概率。

2. 将 5 种价格不同的商品随机地放到货架上,求从左至右恰好按价格从大至小的顺序排列的概率。

3. 袋中装有 5 个白球,3 个黑球,从中一次任取 2 个。

(1) 求取到的 2 个球颜色不同的概率。

(2) 求取到的 2 个球中有黑球的概率。

4. 从 52 张扑克牌中任取 13 张,求下列事件的概率。

(1) 所取牌中有 5 张黑桃,4 张红心,3 张草花,1 张方块。

(2) 所取牌中有 4 张 A。

5. 已知 50 件产品中有 3 件次品,从中任取 4 件产品,求下列事件的概率。

(1) 恰好取到 1 次次品。

(2) 至少取到 1 件次品。

6. 袋内有 4 个白球和 6 个黑球,从中每次任取 1 球,求下列 2 种情况下,第三次才取到白球的概率。

(1) 每次取球后放回。

(2) 每次取球后不放回。

7. 一球队有 10 名队员,分别穿 4 号到 13 号球衣,任选 5 人上场,求上场队员的球衣号码最小为 8 的概率。

8. 一口袋中有编号分别为 1,2,…,10 的 10 只球,从中任取 3 只球观察其编号,求其最大编号为 5 的概率。

9. 将 3 个白色乒乓球随机地放入 4 只不同的杯子中,求杯子中球的最大个数为 2 的概率。

10. 公共汽车站每隔 5 分钟有 1 辆公共汽车通过,乘客在任一时刻等可能地到达车站,求乘客候车不超过 3 分钟的概率。

11. 在区间$(0，1)$内任取 2 个实数,求 2 个数之和小于$\dfrac{6}{5}$的概率。

第三节　概率的公理化定义与概率的性质

概率的统计定义存在着缺陷,即定义中"稳定地在某个数值 p 附近摆动",含义不清,又如何理解"摆动的幅度"? 为此,下面介绍概率公理化定义,并给出概率的性质。

一、概率的公理化定义

定义 1　(概率的公理化定义)设随机试验的样本空间为 Ω,如果对于试验中的每一个事件 A,都赋予一个实数 $P(A)$,且满足如下公理。

1. 非负性:对任意事件 A,有 $P(A) \geqslant 0$。

2. 规范性:对于必然事件 Ω,有 $P(\Omega) = 1$。

3. 可加性:对于有限个或可列个两面互不相容事件 A_1,A_2,…有

$$P(A_1 \bigcup A_2 \bigcup \cdots \bigcup A_n \bigcup \cdots) = P(A_1) + P(A_2) + \cdots + P(A_n) + \cdots \quad (1\text{-}1)$$

则称实数 $P(A)$ 为**事件 A 的概率**。

显然,概率的统计定义,古典概型中概率的定义及几何概型中概率的定义都满足概率的公理化定义。从而所定义的都是概率。

二、概率的性质

由概率的公理化定义可以推得概率的如下性质。

性质 1　对于不可能事件 $\varnothing$,有 $P(\varnothing) = 0$

证明　因为 $\varnothing = \varnothing \bigcup \varnothing$,且 $\varnothing \bigcap \varnothing = \varnothing$,由可加性得

$$P(\varnothing) = P(\varnothing) + P(\varnothing)$$

故　$P(\varnothing) = 0$。

性质 2　对事件 A 的逆事件 $\overline{A}$,有

$$P(\overline{A}) = 1 - P(A)$$

证明　因为 $A \bigcup \overline{A} = \Omega$, $A\overline{A} = \varnothing$,由可加性得

$$P(\Omega) = P(A \bigcup \overline{A}) = P(A) + P(\overline{A}) ; P(\Omega) = 1$$

故　　　　　　　　　$$P(\overline{A}) = 1 - P(A)$$

【例 1】　设袋中有 7 枚棋子,其中白色有 4 枚,黑色 3 枚,从中任取 3 枚,求能取

到白色棋子的概率。

解 设事件 $A=\{$取到白色棋子$\}$，事件 $B=\{$任取 3 枚棋子全是黑色的$\}$，则 $A=\overline{B}$，于是

$$P(A) = P(\overline{B}) = 1 - P(B) = 1 - \frac{C_3^3}{C_7^3} = \frac{34}{35}$$

对于[例1]，如果设事件 $A_i=\{$恰好取到 i 枚白色棋子$\}$（$i=1,2,3$），则 $A=A_1\bigcup A_2\bigcup A_3$，$A_1$，$A_2$，$A_3$ 两两互不相容，由可加性得

$$P(A) = P(A_1) + P(A_2) + P(A_3) = \frac{C_3^2 C_4^1}{C_7^3} + \frac{C_3^1 C_4^2}{C_7^3} + \frac{C_4^3}{C_7^3} = \frac{34}{35}$$

显然，应用性质2解[例2]的方法简便。

性质3 对任意事件 A，有 $0 \leqslant P(A) \leqslant 1$

证明 由概率的非负性及性质2，可得

$$0 \leqslant P(A) = 1 - P(\overline{A}) \leqslant 1$$

性质4 （减法公式）对于任意两个事件 A，B，有

$$P(A-B) = P(A) - P(AB)$$

证明 因为 $B=(B-A)\bigcup AB$，且 $(B-A)(AB)=\varnothing$，由可加性得

$$P(B) = P(B-A) + P(AB)$$

故

$$P(B-A) = P(B) - P(AB)$$

推论 对于任意两个事件 A，B，且 $A \subset B$，则

$$P(B-A) = P(B) - P(A)$$

对于互不相容事件和的概率计算，可应用概率的可加性。一般地，对于任意两事件和的概率计算，有如下概率加法公式

性质5 （加法公式）对于任意事件 A,B，有

$$P(A \bigcup B) = P(A) + P(B) - P(AB) \tag{1-2}$$

证明 因为 $A\bigcup B=A\bigcup(B-A)$，且 $A\bigcap(B-A)=\varnothing$，由可加性、性质4，得

$$P(A \bigcup B) = P(A) + P(B-A) = P(A) + P(B) - P(AB)$$

15

性质 5 可以推广到 n 个事件的情况:设 A_1,A_2,$\cdots$,A_n 是 n 个事件,则

$$P(A_1 \bigcup A_2 \bigcup \cdots \bigcup A_n) = \sum_{i=1}^{n} P(A_i) - \sum_{i<j} P(A_iA_j) + \sum_{i<j<k} P(A_iA_jA_k)$$
$$+ \cdots + (-1)^{n-1} P(A_1A_2\cdots A_n) \tag{1-3}$$

当 $n=3$ 时,有

$$P(A_1 \bigcup A_2 \bigcup A_3) = P(A_1) + P(A_2) + P(A_3) - P(A_1A_2)$$
$$- P(A_1A_3) - P(A_2A_3) + P(A_1A_2A_3)$$

【例 2】 某种产品的生产需经过甲、乙两道工序,若某道工序机器出故障,则产品停止生产。已知甲、乙工序机器的故障率分别为 0.3 和 0.2,两道工序同时发生故障的概率为 0.15,求产品停止生产的概率。

解 设事件 $A=\{$甲工序机器出故障$\}$,$B=\{$乙工序机器出故障$\}$,则

$$AB = \{两道工序同时发生故障\}$$
$$A \bigcup B = \{产品停止生产\}。$$

已知 $P(A)=0.3$,$P(B)=0.2$,$P(AB)=0.15$,所以由加法公式(1-2)式得

$$P(A \bigcup B) = P(A) + P(B) - P(AB)$$
$$= 0.3 + 0.2 - 0.15 = 0.35$$

即产品停止生产的概率为 0.35。

【例 3】 小张与老朱通电话,老朱处有甲、乙两部电话机,甲机接通的概率是 0.7,乙机接通的概率是 0.4,至少有一部电话机打不通的概率是 0.65,求小张与老朱能通话的概率。

解 设事件 $A=\{$小张与老朱通话$\}$,事件 $A_1=\{$甲机接通$\}$,$A_2=\{$乙机接通$\}$,则

$$A=A_1\bigcup A_2,且\overline{A_1}\bigcup\overline{A_2}=\{至少有一部电话机打不通\}$$

已知 $P(A_1) = 0.7$,$P(A_2) = 0.4$,$P(\overline{A_1} \bigcup \overline{A_2}) = 0.65$,因此

$$P(A_1A_2) = 1 - P(\overline{A_1A_2}) = 1 - P(\overline{A_1} \bigcup \overline{A_2}) = 1 - 0.65 = 0.35$$

由加法公式(1-2)得

$$P(A) = P(A_1 \bigcup A_2) = P(A_1) + P(A_2) - P(A_1A_2)$$
$$= 0.7 + 0.4 - 0.35 = 0.75$$

习 题 1-3

1. 已知事件 A，B 满足条件 $P(AB) = P(\overline{A}\,\overline{B})$，且 $P(A) = 0.3$，求 $P(B)$。

2. 设 A，B，C 是三个事件，且 $P(A) = P(B) = P(C) = \dfrac{1}{4}$，$P(AB) = P(BC) = 0$，$P(AC) = \dfrac{1}{8}$，求 A，B，C 至少有一个发生的概率。

3. 袋中有 5 个白球，3 个黑球，从中任取 2 球，求取得 2 球颜色相同的概率。

4. 从 52 张扑克牌中任取 13 张，求至少有 1 张是 A 的概率。

5. 电话号码由 8 个数字组成，每个数字可以是 0，1，2，…，9 中任意一个数，但电话号码的第一个数字不能为 0。求电话号码后面 4 个数是由完全不相同的数字组成的概率。

6. 设 40 件产品中有 4 件次品，今任取 3 件，求至少有 1 件次品的概率。

7. 某射手射击 1 次，击中 10 环的概率是 0.24，击中 9 环的概率是 0.28，击中 8 环的概率是 0.31，求下列事件的概率。

(1) 这位射手 1 次射击至多击中 8 环的概率。

(2) 这位射手 1 次射击至少击中 8 环的概率。

8. 班里有 10 位同学，出生于同一年，求

(1) 至少有 2 人的生日在同一个月的概率。

(2) 至少有 2 人的生日在同一天的概率（一年按 365 天计）。

9. 如图 1-8 所示，两元件串联，设元件 a 发生故障的概率为 0.05，元件 b 发生故障的概率为 0.06，两元件同时发生故障的概率为 0.003。求电路发生故障的概率。

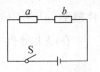

图 1-8 第 9 题图

10. 根据某校图书馆的统计，该校学生中借中文书的占 80%，借外文书的占 40%，既借中文书又借外文书的占 30%，求该校中下列学生所占的百分比。

(1) 至少借一种书。

(2) 至多借一种书。

(3) 只借中文书。

(4) 只借一种书。

第四节　条件概率与三个基本公式

本节引入条件概率概念后,给出计算随机事件概率的乘法公式、全概率公式及贝叶斯公式。

一、条件概率与乘法公式

在研究随机事件的概率时,除去考虑事件 A 的概率 $P(A)$ 外,有时还需要考虑在事件 B 已发生的情况下,求事件 A 发生的概率。我们先看一个例子。

设某家庭有两个孩子,假定男、女出生率相等,均为 $\frac{1}{2}$,考虑两个孩子的性别,则样本空间为

$$\Omega = \{(男,男)(男,女)(女,男)(女,女)\}$$

因此该家庭有女孩的概率为 $\frac{3}{4}$。

如果已经知道该家庭有男孩,则可能的性别构成仅有 3 个样本点 $\{(男,男)(男,女)(女,男)\}$,此时该家庭有女孩的概率为 $\frac{2}{3}$。

显然,上述两种情况所计算的概率的含义是不同的。若设事件 B 表示"该家庭有男孩",事件 A 表示"该家庭有女孩",则第一种情况是计算事件 A 的概率,即 $P(A)$;而第二种情况是计算已知事件 B 发生的条件下事件 A 的概率,此概率称为**条件概率**,记为 $P(A|B)$。

在以上分析中,分别有

$$P(B) = \frac{3}{4}, \ P(AB) = \frac{2}{4}, \ P(A \mid B) = \frac{2}{3}$$

三者之间存在关系式

$$P(A \mid B) = \frac{2}{3} = \frac{2/4}{3/4} = \frac{P(AB)}{P(B)}$$

一般地,给出条件概率的定义如下。

定义 1　设 A,B 为两个随机事件,且 $P(B) > 0$,则称

$$P(A \mid B) = \frac{P(AB)}{P(B)}$$

为在**事件 B 发生的条件下事件 A 的条件概率**。

根据条件概率的定义,不难验证它符合公理化概率定义中的三个条件。

1. 非负性:对任意事件 A,有 $P(A|B) \geqslant 0$。

2. 规范性:对必然事件 Ω,有 $P(\Omega|B)=1$。

3. 可加性:事件 A_1,A_2,…是两两互不相容事件,则

$$P(\bigcup_{i=1}^{\infty} A_i \mid B) = \sum_{i=1}^{\infty} P(A_i \mid B)$$

条件概率 $P(A|B)$ 即然是概率,也就满足概率的一般性质。条件概率是概率论中一个很重要的概念,必须很好地理解和掌握它。

条件概率也可利用"缩减样本空间"的方法来计算。例如,求概率 $P(A|B)$,可把事件 B 所包含的基本事件作为样本空间 Ω_B,在这个"小"的样本空间中求事件 A 发生的概率,如本节开始引入的问题所述。

【例 1】 某厂有男、女职工各 250 人,男、女职工中非熟练工人分别为 40 人和 10 人。现从该厂职工中任选一人,已知选出的是女职工。求该职工是非熟练工人的概率。

解 设事件 $A=${选出的是非熟练工人},事件 $B=${选出的是女职工},则事件 $AB=${选出的是非熟练工人且女职工},显然

$$P(B) = \frac{250}{500} = \frac{1}{2}, \quad P(AB) = \frac{10}{500} = \frac{1}{50}$$

因此,在已知选出的是女职工的条件下,该职工是非熟练工人的概率为

$$P(A \mid B) = \frac{P(AB)}{P(B)} = \frac{1/50}{1/2} = \frac{1}{25}$$

如果应用"缩减样本空间"的方法,即将事件 B 所包含的样本点作为样本空间 Ω_B,它含有 250 个样本点。事件 A 在此样本空间下,含有样本点 10 个,则

$$P(A \mid B) = \frac{10}{250} = \frac{1}{25}$$

【例 2】 设一袋内有 7 个白球和 3 个黑球,从中任取 2 球。已知 2 球中至少有 1 个是黑球,求 2 个球都是黑球的概率。

解法一 设事件 $A=${两个球都是黑球},事件 $B=${两球中至少有一个是黑球},由于 $A \subset B$,从而 $AB=A$,因此事件 AB 也表示"两球都是黑球"。显然

$$P(B) = \frac{C_3^1 C_7^1 + C_3^2}{C_{10}^2} = \frac{8}{15}$$

$$P(AB) = P(A) = \frac{C_3^2}{C_{10}^2} = \frac{1}{15}$$

因此,在已知2球中至少有1个是黑球的条件下,2个球都是黑球的概率为

$$P(A \mid B) = \frac{P(AB)}{P(B)} = \frac{1}{8}$$

解法二 事件 B 所含的样本点个数为 $C_3^1 C_7^1 + C_3^2 = 24$,在此样本空间下,事件 A 所含的样本点个数为 $C_3^2 = 3$,得

$$P(A \mid B) = \frac{C_3^2}{C_3^1 C_7^1 + C_3^2} = \frac{3}{24} = \frac{1}{8}$$

根据条件概率的定义,直接得到如下乘法公式。

定理1 (乘法公式)对于两个随机事件 A, B, 当 $P(A) > 0$ 时,有

$$P(AB) = P(A)P(B \mid A) \tag{1-4}$$

同理,当 $P(B) > 0$ 时,类似地有

$$P(AB) = P(B)P(A \mid B)$$

【例3】 已知100件产品中有5件次品,按如下两种方式从中连续抽取2次,每次取1件,求第二次才取到次品的概率。

(1) 不放回地依次抽取;(2) 有放回地依次抽取。

解 设事件 $A = \{$第一次取到正品$\}$,事件 $B = \{$第二次取到次品$\}$,则事件 $AB = \{$第二次才取到次品$\}$。

(1) 不放回地依次抽取时,得

$$P(A) = \frac{95}{100} = 0.95, \quad P(B \mid A) = \frac{5}{99} = 0.0505$$

由式(1-4),得

$$P(AB) = P(A)P(B \mid A) = 0.95 \times 0.0505 = 0.0480$$

(2) 有放回地依次抽取时,得

$$P(A) = \frac{95}{100} = 0.95, \quad P(B \mid A) = \frac{5}{100} = 0.05$$

由式(1-4),得

$$P(AB) = P(A)P(B \mid A) = 0.95 \times 0.05 = 0.047\,5$$

推论 设 $A_1, A_2, \cdots, A_n$ 是 n 个事件,$n \geqslant 2$,且 $P(A_1A_2\cdots A_{n-1}) > 0$,则

$$P(A_1A_2\cdots A_n) = P(A_1)P(A_2 \mid A_1)P(A_3 \mid A_1A_2)$$
$$\cdots P(A_n \mid A_1A_2\cdots A_{n-1}) \tag{1-5}$$

当 $n=3$ 时,有

$$P(A_1A_2A_3) = P(A_1)P(A_2 \mid A_1)P(A_3 \mid A_1A_2)$$

【例4】 一箱产品有 100 件,次品率为 10%,出厂时作不放回抽样,开箱连续地抽验 3 件。若 3 件产品都合格,则准予该箱产品出厂。求一箱产品准予出厂的概率。

解 设事件 A_i 为"抽到第 i 件为正品"$(i=1, 2, 3)$,则事件"一箱产品准予出厂"可表示为 $A_1A_2A_3$。

因为 $P(A_1) = \dfrac{90}{100} = 0.9$,$P(A_2 \mid A_1) = \dfrac{89}{99} = 0.899\,0$,$P(A_3 \mid A_1A_2) = \dfrac{88}{98} = 0.898\,0$

由公式(1-5),得

$$P(A_1A_2A_3) = P(A_1)P(A_2 \mid A_1)P(A_3 \mid A_1A_2) = 0.726\,6$$

二、全概率公式与贝叶斯公式

计算比较复杂的事件的概率时,经常将一个复杂事件分解为若干个互不相容的简单事件之和,从而复杂事件的概率化为简单事件的概率之和,这就是全概率公式。为此首先引入完备事件组概念。

定义2 设 $A_1, A_2, \cdots, A_n$ 为两两互不相容的 n 个事件,且 $A_1 \cup A_2 \cup \cdots \cup A_n = \Omega$,则称 $A_1, A_2, \cdots, A_n$ 为完备事件组。

定理2 (全概率公式)设 $B_1, B_2, \cdots, B_n$ 是完备事件组,且 $P(B_i) > 0(i=1, 2, \cdots, n)$,$A$ 是任意事件,则

$$P(A) = \sum_{i=1}^{n} P(B_i)P(A \mid B_i) \tag{1-6}$$

证明 因为 $B_1, B_2, \cdots, B_n$ 是完备事件组,如图 1-9 所示,所以

21

$$\bigcup_{i=1}^{n} B_i = \Omega, \ B_i B_j = \varnothing \quad (i, j = 1, 2, \cdots, n; \ i \neq j)$$

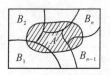

图 1-9 完备事件组

于是

$$A = A(\bigcup_{i=1}^{n} B_i) = \bigcup_{i=1}^{n} (AB_i)$$

且 $(AB_i)(AB_j) = \varnothing \quad (i, j = 1, 2, \cdots, n; \ i \neq j)$

因而

$$P(A) = P(\bigcup_{i=1}^{n} AB_i) = \sum_{i=1}^{n} P(AB_i) = \sum_{i=1}^{n} P(B_i)P(A \mid B_i)$$

【例5】 已知 5% 的男性和 2.5% 的女性是色盲,现任选一人,设女性与男性人数之比为 2：3,求选到的人是色盲的概率。

解 设事件 $A = \{$选到的人是色盲$\}$,事件 $B_1 = \{$选到的人是男性$\}$,事件 $B_2 = \{$选到的人是女性$\}$,则 B_1,B_2 两个事件构成完备事件组。

$$P(B_1) = 0.6, \ P(B_2) = 0.4$$
$$P(A \mid B_1) = 0.05, \ P(A \mid B_2) = 0.025$$

由全概率公式(1-6)得

$$P(A) = P(B_1)P(A \mid B_1) + P(B_2)P(A \mid B_2)$$
$$= 0.6 \times 0.05 + 0.3 \times 0.025 = 0.037\ 5$$

在[例5]中,如果现在任选一人,选到的是色盲,希望知道这个人是男性的概率是多少? 下面的贝叶斯公式给出了解决方法。

定理3 (贝叶斯公式)设 B_1,B_2,$\cdots$,B_n 是完备事件组,且 $P(B_i) > 0 \quad (i = 1, 2, \cdots, n)$,$A$ 为任意事件,$P(A) > 0$,则

$$P(B_i \mid A) = \frac{P(B_i)P(A \mid B_i)}{\sum_{j=1}^{n} P(B_j)P(A \mid B_j)} \tag{1-7}$$

证明 据全概率公式,有

$$P(A) = \sum_{j=1}^{n} P(B_j)P(A \mid B_j)$$

由条件概率的定义及乘法公式,得

$$P(B_i \mid A) = \frac{P(AB_i)}{P(A)} = \frac{P(B_i)P(A \mid B_i)}{\sum_{j=1}^{n} P(B_j)P(A \mid B_j)} (i = 1, 2, \cdots, n)$$

【例6】 继续[例9]的讨论,现在任选一人,选到的人是色盲,求这个人是男性的概率。

解 由贝叶斯公式

$$P(B_1 \mid A) = \frac{P(B_1)P(A \mid B_1)}{P(A)} = \frac{0.6 \times 0.05}{0.037\,5} = 0.8$$

贝叶斯公式的意义在于已知试验发生了事件 A,探讨事件 A 发生的原因,因此 $P(B_i \mid A)$ 称为后验概率。

【例7】 阿霞去 S 城,乘火车、轮船、汽车、飞机的概率分别是 0.3,0.2,0.1,0.4;乘这四种交通工具迟到的概率相应为 0.25,0.3,0.1,0.01。求阿霞迟到的概率。如果阿霞迟到了,问乘哪种交通工具的可能性大。

解 设事件 $A = \{$阿霞迟到了$\}$,$B_1 = \{$阿霞乘火车$\}$,$B_2 = \{$阿霞乘轮船$\}$,$B_3 = \{$阿霞乘汽车$\}$,$B_4 = \{$阿霞乘飞机$\}$。则 B_1, B_2, B_3, B_4 是完备事件组。由全概率公式,得阿霞迟到的概率为

$$P(A) = P(B_1)P(A \mid B_1) + P(B_2)P(A \mid B_2) + P(B_3)P(A \mid B_3) + P(B_4)P(A \mid B_4)$$
$$= 0.3 \times 0.25 + 0.2 \times 0.3 + 0.1 \times 0.1 + 0.4 \times 0.01 = 0.149$$

又
$$P(B_1 \mid A) = \frac{P(AB_1)}{P(A)} = \frac{P(B_1)P(A \mid B_1)}{P(A)} = \frac{0.3 \times 0.25}{0.149} = \frac{75}{149}$$

$$P(B_2 \mid A) = \frac{P(AB_2)}{P(A)} = \frac{P(B_2)P(A \mid B_2)}{P(A)} = \frac{0.2 \times 0.3}{0.149} = \frac{60}{149}$$

$$P(B_3 \mid A) = \frac{P(AB_3)}{P(A)} = \frac{P(B_3)P(A \mid B_3)}{P(A)} = \frac{0.1 \times 0.1}{0.149} = \frac{10}{149}$$

$$P(B_4 \mid A) = \frac{P(AB_3)}{P(A)} = \frac{P(B_4)P(A / B_4)}{P(A)} = \frac{0.4 \times 0.01}{0.149} = \frac{4}{149}$$

由此可知,如果阿霞迟到,乘火车来的可能性最大。

习 题 1-4

1. 已知 $P(A) = 0.4$,$P(B) = 0.5$,$P(A \mid B) = 0.6$,求 $P(\overline{A} \mid B)$,$P(\overline{B} \mid \overline{A})$。
2. 已知 $P(A) = 0.2$,$P(A \mid B) = 0.3$,$P(B \mid A) = 0.4$,求 $P(A \cup B)$、$P(\overline{A} \cup B)$。

3. 一盒子装有 5 只产品,其中有 3 只一等品,2 只二等品。从中取产品 2 次,每次任取一只,进行不放回抽样。设事件 A 为"第一次取到的是一等品",事件 B 为"第二次取到的是一等品",求 $P(B|A)$。

4. 某元件的使用寿命达到 20 000 h 的概率为 0.8,达到 30 000 h 的概率为 0.5。如果该元件的使用寿命已经达到 20 000 h,求可达到 30 000 h 的概率。

5. 已知某产品的次品率为 5%,在正品中 70% 为一级品,求任选一件产品是一级品的概率。

6. 用 3 个机床加工同一种零件,零件由各机床加工的概率分别为 0.5,0.3,0.2,各机床加工的零件为合格品的概率分别为 0.94,0.90,0.95,求全部产品的合格率。

7. 一台机床有 $\frac{1}{3}$ 的时间加工零件甲,其余时间加工零件乙。加工零件甲时,停机的概率是 0.3;加工零件乙时,停机的概率是 0.4。求这机床停机的概率。

8. 设 10 件产品中有 4 件不合格,现从中连续抽取两次,每次取 1 件,取出后不放回。求第二次取得合格品的概率。

9. 设一个仓库中有 10 箱同样规格的产品,已知其中有 5 箱是甲厂生产,其次品率为 $\frac{1}{10}$;3 箱是乙厂生产,其次品率为 $\frac{1}{15}$;2 箱是丙厂生产,其次品率是 $\frac{1}{20}$。现从 10 箱中任取 1 箱,再从取得的箱子中任取 1 个产品。求取得正品的概率。

10. 有 2 个口袋,甲袋中盛有 2 个白球,1 个黑球;乙袋中盛有 1 个白球,2 个黑球。由甲袋任取 1 个球放入乙袋,再从乙袋中取出 1 个球,求

(1)取到白球的概率;(2)如果从乙袋中取出的是白球。试问从甲袋中取出并放入乙袋的球,黑、白哪种颜色可能性大?

11. 将两个信号由甲与乙传输到接收站,已知将信号甲错收为乙的概率为 0.02,将信号乙错收为甲的概率为 0.01,而甲发射的机会是乙的 2 倍。求(1)收到信号甲的概率;(2)收到信号乙的概率;(3)收到信号乙而发射的是信号甲的概率。

12. 患肺结核的人通过胸部透视被诊断出的概率是 0.95,而未患肺结核的人通过胸部透视被误诊为有病的概率是 0.002。若已知某城市成年居民患肺结核的概率是0.001,从该城市成年居民中任选一人,经胸透诊断为有肺结核。求此人确患肺结核病的概率。

13. 12 个乒乓球中有 9 个新的,3 个旧的。第一次比赛取出了 3 个,用完后放回去,第二次比赛又取出 3 个。求第二次取到的 3 个球中有 2 个新球的概率。

14. 10 个考签中有 4 个难签,3 人参加抽签考试,每人抽 1 个考签,取出后不放回。甲先,乙次,丙最后。求每人抽到难签的概率。

第五节 事件的独立性与伯努利试验

本节在引入随机事件的独立性后,讨论伯努利试验。

一、事件的独立性

条件概率反映了一个事件 A 的发生对另一事件 B 发生的概率的影响。一般来说,条件概率 $P(B|A)$ 与概率 $P(B)$ 是不相等的,但在某些情况下,事件 A 的发生或不发生对事件 B 不产生影响,此时,$P(B|A)=P(B)$。

例如,袋中装有 3 只红球,2 只白球,从袋中任取一球,每次取 1 个,进行放回抽样。若用 A 表示"第一次取到红球",B 表示"第二次取到红球",则有

$$P(B \mid A) = \frac{3}{5}, \ P(B) = \frac{3}{5}$$

因而事件 B 发生的概率不受事件 A 发生与否的影响。这时,由乘法公式得

$$P(AB) = P(A)P(B \mid A) = P(A)P(B)$$

此时我们称事件 A 与事件 B 相互独立。一般地,给出如下定义。

定义 1 如果两个随机事件 A 与 B 满足

$$P(AB) = P(A)P(B)$$

则称事件 A 与事件 B 相互独立,简称 A 与 B 独立。

【例1】 甲、乙两人向同一目标射击,已知甲的命中率为 0.8,乙的命中率为 0.6,且两人击中目标与否相互独立,求目标被击中的概率。

解 设事件 $A=\{$甲击中目标$\}$,事件 $B=\{$乙击中目标$\}$,则事件 A 与事件 B 是相互独立的,事件"目标被击中"可表示为事件 $A \bigcup B$。因此所求概率为

$$P(A \bigcup B) = P(A) + P(B) - P(AB)$$
$$= P(A) + P(B) - P(A)P(B)$$
$$= 0.8 + 0.6 - 0.8 \times 0.6 = 0.92$$

定理 4 若事件 A 与 B 相互独立,则事件 A 与 $\overline{B}$,$\overline{A}$ 与 B,$\overline{A}$ 与 $\overline{B}$ 都相互独立。

25

证明 因为事件 A 与 B 相互独立,所以 $P(AB)=P(A)P(B)$

又因为 $A=AB\cup A\overline{B}$,且事件 AB 与 $A\overline{B}$ 互不相容,所以

$$P(A) = P(AB) + P(A\overline{B})$$

于是

$$P(A\overline{B}) = P(A) - P(AB) = P(A) - P(A)P(B)$$
$$= P(A)(1-P(B)) = P(A)P(\overline{B})$$

即事件 A 与 $\overline{B}$ 相互独立。可类似证明 $\overline{A}$ 与 B,$\overline{A}$ 与 $\overline{B}$ 相互独立。

在实际中还经常遇到多个事件之间的相互独立问题。一般地,给出如下 n 个事件的相互独立的定义。

定义 2 设 A_1,A_2,$\cdots$,A_n 是 n 个事件,如果对任意 $k(1\leqslant k\leqslant n)$ 个事件 A_{i_1},A_{i_2},$\cdots$,$A_{i_k}(1\leqslant i_1<i_2<\cdots<i_k\leqslant n)$ 均有

$$P(A_{i_1}A_{i_2}\cdots A_{i_k}) = P(A_{i_1})P(A_{i_2})\cdots P(A_{i_k}) \tag{1-8}$$

则称事件 A_1,A_2,$\cdots$,A_n 相互独立。

注(1) 式(1-8)包含的等式总数为

$$C_n^2 + C_n^3 + \cdots + C_n^n = (1+1)^n - C_n^1 - C_n^0 = 2^n - n - 1$$

所以,事件 A_{i_1},A_{i_2},$\cdots$,A_{i_k} 组合共有 2^n-n-1 个。

例如,如果 A_1,A_2,A_3 是三个相互独立的事件,由定义 2,应满足 $2^3-3-1=4$ 个条件,即

$$P(A_1A_2) = P(A_1)P(A_2), \quad P(A_1A_3) = P(A_1)P(A_3)$$
$$P(A_2A_3) = P(A_2)P(A_3), \quad P(A_1A_2A_3) = P(A_1)P(A_2)P(A_3)$$

注(2) 由定义 2 可见,n 个事件两两相互独立并不能保证它们相互独立,而当 n 个事件相互独立时,那么它们必两两相互独立。

关于多个相互独立事件具有如下性质。

性质 1 如果 n 个事件 A_1,A_2,$\cdots$,A_n 相互独立,则其中任意 $k(1\leqslant k\leqslant n)$ 个事件也相互独立。

性质 2 如果 n 个事件 A_1,A_2,$\cdots$,A_n 相互独立,则将 A_1,A_2,$\cdots$,A_n 中任意 $k(1\leqslant k\leqslant n)$ 个事件换成它们的对立事件,所得的 n 个事件仍相互独立。

【例 2】 生产某种产品需经过四道工序,设第一、第二、第三、第四道工序的次品

率分别为 2%，3%，3%，5%。且各道工序互不影响，求该产品的次品率。

解 设事件 $A_i=\{$第 i 道工序出次品$\}$，$i=1$，2，3，4；事件 $D=\{$产品为次品$\}$，则 $D=A_1\bigcup A_2\bigcup A_3\bigcup A_4$，且 A_1，A_2，A_3，A_4 相互独立。由性质 1，性质 2 得：$\overline{A_1}$，$\overline{A_2}$，$\overline{A_3}$，$\overline{A_4}$ 也相互独立，得

$$P(D)=P(A_1\bigcup A_2\bigcup A_3\bigcup A_4)=1-P(\overline{A_1\bigcup A_2\bigcup A_3\bigcup A_4})$$
$$=1-P(\overline{A_1}\,\overline{A_2}\,\overline{A_3}\,\overline{A_4})=1-P(\overline{A_1})P(\overline{A_2})P(\overline{A_3})P(\overline{A_4})$$
$$=1-(1-0.02)\times(1-0.03)\times(1-0.03)\times(1-0.05)$$
$$=0.124$$

二、伯努利概型

下面我们讨论另一类随机试验模型，即伯努利概型。

定义 3 在相同条件下重复进行某种试验 n 次，每次试验的结果不受其他各次试验结果的影响，则称这 n 次试验为 **n 次重复独立试验**。如果每次试验的结果只有两种可能，则这样的 n 次重复独立试验称为 **n 重伯努利试验**，简称为**伯努利概型**。

例如，从一批产品中有放回地抽取 n 次产品（每次抽取相同的产品个数）是 n 次重复独立试验，而投掷硬币 n 次是 n 重伯努利概型。

在伯努利概型中两种可能结果可以用事件 A 与事件 $\overline{A}$ 表述。设每次试验中事件 A 发生的概率 $P(A)=p$，那么事件 A 不发生的概率 $P(\overline{A})=q(q=1-p)$。用 $P_n(k)$ 表示伯努利概型中事件 A 恰好发生 k 次的概率。为计算概率 $P_n(k)$，先看下面一个例子。

【例 3】 一批产品的次品率为 0.1，每次抽取 1 件产品检验后放回，这样重复抽取 3 次，求 3 次中恰好 2 次抽到次品的概率。

解 每次试验的结果只有 2 种，事件 $A=\{$抽得次品$\}$，事件 $\overline{A}=\{$抽得正品$\}$。由于进行有放回抽样，因此每次试验抽得次品的概率为 0.1，抽得正品的概率为 0.9，这是不变的，而且各次试验的结果是相互独立的。所以上述试验可以看成 3 重伯努利概型，所求的问题转化为求 3 重伯努利概型中事件 A 发生 2 次的概率 $P_3(2)$。

设事件 $A_i=\{$第 i 次抽得次品$\}$ $i=1$，2，3，则

$$P(A_i)=0.1,\ P(\overline{A_i})=0.9$$

设事件 $B=\{3$ 次中恰好 2 次抽到次品$\}$，那么

$$B=A_1A_2\overline{A_3}\bigcup A_1\overline{A_2}A_3\bigcup \overline{A_1}A_2A_3.$$

27

对于事件 $A_1 A_2 \overline{A}_3$，$A_1 \overline{A}_2 A_3$，$A_1 A_2 \overline{A}_3$，每一种情况都可看成在 3 个位置上取出 2 个位置填上 A，另一个位置填上 $\overline{A}$。所以这些事件 $A_1 A_2 \overline{A}_3$，$A_1 \overline{A}_2 A_3$，$\overline{A}_1 A_2 A_3$ 的概率是相等的，并且这些情况的种数可看成从 3 个不同元素中取出 2 个元素的组合数 C_3^2。于是

$$P_3(2) = C_3^2 P(A_1 A_2 \overline{A}_3)$$

由于 A_1，A_2，$\overline{A}_3$ 相互独立，所以

$$P(A_1 A_2 \overline{A}_3) = P(A_1) P(A_2) P(\overline{A}_3) = 0.1^2 \times 0.9$$

得

$$P_3(2) = C_3^2 \times 0.1^2 \times 0.9^{3-2} = 0.027$$

借鉴[例 4]的讨论，对于一般的 n 重伯努利试验，由于试验是独立的，所以事件 A 在指定的 k 次试验中发生，而在其余 $n-k$ 次试验中不发生的概率为 $p^k q^{n-k}$。又由于事件 A 在 n 次试验中出现 k 次有 C_n^k 种不同的情况，且这些情况所表示的事件是两两互不相容的，因此根据概率加法公式得

$$P_n(k) = C_n^k p^k q^{n-k} (0 \leqslant k \leqslant n).$$

从而有如下定理。

定理 5 如果在一次试验中事件 A 发生的概率 $P(A) = p$，记 $q = 1 - p$，则在 n 重伯努利概型中事件 A 恰好发生 k 次的概率为

$$P_n(k) = C_n^k p^k q^{n-k}, \ k = 0, 1, 2, \cdots, n \tag{1-9}$$

由于 $C_n^k p^k q^{n-k} (k = 0, 1, \cdots, n)$ 恰好是 $(p+q)^n$ 按二项式展开的各项，因而 (1-9) 式又称为**二项概率公式**。

【例 4】 已知运动员甲在比赛中对运动员乙的胜率是 0.4，运动员甲与运动员乙进行了 5 场比赛，求 (1) 运动员甲胜 3 场比赛的概率；(2) 运动员甲至少胜 2 场的概率。

解 设事件 $A = \{$运动员甲获胜$\}$，则

$$P(A) = 0.4, \ P(\overline{A}) = 0.6$$

(1) 5 场比赛中运动员甲胜 3 场的概率是

$$P_5(3) = C_5^3 \times (0.4)^3 \times (0.6)^2 = 0.230\ 4$$

(2) 5 场比赛中运动员甲至少胜 2 场的概率可表示为 $P_5(k \geqslant 2)$，于是

$$P_5(k \geqslant 2) = 1 - P_5(k < 2) = 1 - P_5(0) - P_5(1)$$

$$= 1 - C_5^0 \times (0.4)^0 \times (0.6)^5 - C_5^1 \times (0.4)^1 \times (0.6)^4$$

$$= 0.663\ 04$$

习题 1-5

1. 从厂外打电话给这个工厂某一车间，要由工厂总机转。如果总机打通的概率为 0.6，车间的分机占线的概率为 0.3，假定两者是独立的，求从厂外向该车间打电话能打通的概率。

2. 甲、乙两人射击，甲击中的概率为 0.8，乙击中的概率为 0.7，两人同时射击，并假定中靶与否是独立的，求(1)两人都中靶的概率；(2)甲中乙不中的概念；(3)乙中甲不中的概率。

3. 一个自动报警器由雷达和计算机两部分组成，两部分有任何一个失灵，这个报警器就失灵。如果使用 100 小时后，雷达失灵的概率为 0.1，计算机失灵的概率为 0.3，而两部分失灵与否是独立的，求这个报警器使用 100 小时而不失灵的概率。

4. 加工某一零件共需 3 道工序，设第一、第二、第三道工序的次品率分别是 2%，3%，5%。假设各道工序是互不影响的，求加工出来的零件的次品率。

5. 三人独立破译一份密码，各人能破译成功的概率分别为 $\frac{1}{5}$，$\frac{1}{3}$，$\frac{1}{4}$，求密码被破译的概率。

6. 对一架敌机连续射击 3 次，每次的命中率为 0.3，且各次射击是否命中是相互独立的。已知敌机被击中后坠落的概率为 0.2，求(1)敌机被击中的概率；(2)敌机被击落的概率。

7. 一名工人管理 3 台机床，在 1 小时内，甲机床、乙机床、丙机床需要工人照看的概率分别为 0.9，0.8，0.85，求这段时间内下列事件的概率：(1)没有一台机床需要照看；(2)至少有一台机床不需要照看。

8. 灯泡使用寿命在 1 000 小时以上的概率为 0.2，求 3 只灯泡在使用 1 000 小时以后最多只损坏 1 只灯泡的概率。

9. 已知每枚地对空导弹击中来犯敌机的概率为 0.96。问需要发射多少枚导弹才能保证至少一枚导弹击中敌机的概率大于 0.999？

复 习 题 一

1. 选择题

(1) 设 A，B 是事件，下列关于事件的结论中，正确的是( )。

A. $\overline{AB}=\overline{A}\,\overline{B}$ 　　　　　　　　　　B. $\overline{A\cup B}=\overline{A}\cup\overline{B}$

C. $\overline{B}A=A-B$ 　　　　　　　　　　D. $(AB)(A\overline{B})=\varnothing$

(2) 一寝室住有 4 位同学，那么他们中至少有 2 人的生日在同一周内的同一天的概率是( )。

A. 0.25 　　　　B. 0.35 　　　　C. 0.55 　　　　D. 0.65

(3) 有 5 件产品，其中 3 件是一级品，2 件是二级品，做不放回抽样，接连抽取两次，每次取一件，设事件 $A=\{$第一次取得二级品，第二次取得一级品$\}$，则 $P(A)=$ ( )。

A. 0.3 　　　　B. 0.6 　　　　C. 0.24 　　　　D. 0.2

2. 填空题

(1) 做同时抛掷两枚硬币试验，则试验的样本空间 $\Omega=$ _____。

(2) 已知 $P(A)=0.5$，$P(AB)=0.2$，则 $P(B|A)=$ _____。

(3) 已知 $P(A)=0.6$，$P(B)=0.8$，$P(B|\overline{A})=0.2$，则 $P(A|B)=$ _____。

3. 在区间 $(0,1)$ 内任取 2 个数，求这 2 个数的积不大于 $\dfrac{1}{4}$ 的概率。

4. 设一袋中有 3 只白球，2 只黑球，进行不放回抽样，从中取球 2 次，每次取 1 只球，求恰好都取到白球的概率。

5. 某超市的自动寄包处第一箱柜有 40 个寄包柜，其编号为 01～40。某顾客在第一箱柜寄包时，均无寄存，求其取得号码含有数字 8 的概率。

6. 从一副扑克牌的 13 张黑桃中，进行放回抽样，抽取 3 次，每次抽取 1 张，求抽到有同号的概率。

7. 在 1，2，…，100 中任取一个数，求它能被 2 或 5 整除的概率。

8. 某城市中有 50% 的住户订日报，有 65% 的住户订晚报，有 85% 的住户至少订这两种报纸中的一种，求同时订这 2 种报纸住户的百分率。

9. 某车间有甲、乙两台机床独立运行工作，已知甲机床停机的概率为 0.06，乙机床停机的概率为 0.07，求甲、乙两台机床至少有 1 台停机的概率。

10. 某批产品中有甲厂的 80 件，其中有 5 件次品；有乙厂的 50 件，其中有 10 件次品。现从该批产品中任取 1 件,求抽取到的产品是甲厂正品的概率。

11. 从一副 52 张扑克牌中随机抽取 1 张,设事件 $A=\{$抽到红桃$\}$,事件 $B=\{$抽到 $K\}$,试问事件 A 与 B 是否独立?

12. 某艺术品成箱出售,每箱 20 个,其中没有次品,有 1 个次品,有 2 个次品的概率分别为 0.8,0.1,0.1。顾客在购买时任选 1 箱,开箱后任取 4 个观察,如果未发现次品,那么就买下该箱,否则退回,试求(1)顾客买下该箱的概率;(2)顾客买下的该箱确实没有次品的概率。

13. 某射手每次射击的命中率为 0.9,求他 5 次射击中恰好命中 3 次的概率。

14. 某次考试有 3 道选择题,每题有 4 个备选答案,其中只有一个答案是正确的。如果你不知道哪个答案是对的,靠猜回答问题的话,求做对 2 题的概率。

15. 某机构有一个 9 人组成的顾问小组,若每个顾问贡献正确意见的百分比是 0.7,现在该机构对某事可行与否分别征求各位顾问意见,并按多数人意见作出决策,求作出正确决策的概率。

第二章　随机变量及其分布

为了深入地研究随机现象,本章首先引入随机变量概念,它是概率论中最重要的基本概念之一,然后讨论随机变量的统计规律性:概率分布、常用的随机变量的分布、随机变量函数的分布。

第一节　随机变量的概念与分布函数

一、随机变量的概念

随机现象中许多试验的结果本身就是数量,如掷一颗骰子出现的点数、检测电子元件的使用寿命。但是,也存在一些随机试验的结果不是以数值形式来表示,如抛掷一枚硬币观察其哪一面朝上、做某个试验是否成功。为了深入地讨论随机现象,需要将随机试验的每一个结果数量化。先看下面例子。

【例1】 在相同条件下作抛掷一枚均质硬币的试验中,样本空间 $\Omega = \{\omega_0, \omega_1\}$,样本点 ω_0, ω_1 分别表示正面朝上、反面朝上。试将试验结果数量化。

解 我们引入变量 X,令

$$X = X(\omega) = \begin{cases} 0, & \text{当 } \omega = \omega_0 \text{ 时} \\ 1, & \text{当 } \omega = \omega_1 \text{ 时} \end{cases}$$

于是,我们将试验结果数量化。

[例1]中变量 X 是定义在 Ω 上的函数。由于试验前不能预料它的取值,因此,X 取 0 还是取 1 也是随机的。变量 X 它将随机试验的每一个结果与变量 X 的某个数值对应起来。我们称表示随机试验结果的变量 X 为随机变量。

一般地,给出如下定义。

定义1 设 Ω 为随机试验的样本空间,如果对于每一个样本点 $\omega \in \Omega$,变量 X 都有一个确定的实数值 $X(\omega)$ 与之对应,即确定 X 为定义在 Ω 上的函数,则称 X 为定义 Ω 上的**一维随机变量**,简称为**随机变量**。

通常用大写字母 X, Y, Z 等表示随机变量,用小写字母 x, y, z 等表示随机变量可能取的数值。

【例2】　统计某网站在1小时内点击的次数。试定义一个随机变量表示试验结果。

解　设 Y 表示"1小时内接到点击的次数"，则 Y 是一个随机变量，它的可能取值为 $0, 1, 2, \cdots, k, \cdots$。

【例3】　从一批灯泡中任取一只，测试其使用寿命(单位：h)试定义一个随机变量表示试验结果。

解　设 Z 表示"灯泡的使用寿命"，则 Z 是一个随机变量，它可以取 $[0, +\infty)$ 上的某个数。

引入随机变量以后，随机事件可以用随机变量 X 的取值范围来表示，反之亦然。例如，例1中

$$事件\{正面向上\} = \{X = 0\}$$

又如

$$事件\{正面向上或反面向上\} = \{X = 0 \text{ 或 } X = 1\} = \varnothing$$

又因为[例1]中随机变量 X 取 $0, 1$ 两值，所以随机变量 X 取值范围不含 $0, 1$ 值时，所构成的事件均为不可能事件。例如，

$$\{-5 < X < 0\} = \varnothing,$$
$$\{0 < X < 2\} = \{0 < X < 1\} \bigcup \{X = 1\} \bigcup \{1 < X < 2\}$$
$$= \varnothing \bigcup \{X = 1\} \bigcup \varnothing = \{X = 1\} = \{反面向上\}$$

随机变量按其可能取值的特点分为两类：如果随机变量 X 的所有可能取值是有限多个或可列无限多个(即能一个一个无限地排列出来)，则称 X 为**离散型随机变量**；否则称 X 为**非离散型随机变量**。

非离散型随机变量中最常见的是连续型随机变量，它的可能取值为某个区间内的一切值。例如，[例1]中的随机变量 X 和[例2]中的随机变量 Y 都是离散型随机变量，而[例3]中的随机变量 Z 是连续型随机变量。

二、随机变量的分布函数

对于随机变量，我们不仅要知道它可能取哪些值，而且要知道取这些值的规律，为此，引入分布函数的概念。

定义2　设 X 是一个随机变量，x 是一个任意实数，事件 $\{X \leqslant x\}$ 的概率 $P\{X \leqslant x\}$ 是 x 的函数，则称此函数为随机变量 X 的**分布函数**，记为 $F(x)$，即

$$F(x) = P\{X \leqslant x\}$$

为了说明 $F(x)$ 是随机变量 X 的分布函数,也可将 $F(x)$ 记为 $F_X(x)$。

随机变量 X 的分布函数 $F(x)$ 具有如下性质。

性质1 对一切 $x \in (-\infty, +\infty)$, $0 \leqslant F(x) \leqslant 1$。

性质2 分布函数 $F(x)$ 是单调非减函数,即若 $x_1 < x_2$,则 $F(x_1) \leqslant F(x_2)$。

证明 因为事件 $\{X \leqslant x_2\} \supset \{X \leqslant x_1\}$,

所以 $P\{X \leqslant x_1\} \leqslant P\{X \leqslant x_2\}$ 即 $F(x_1) \leqslant F(x_2)$。

性质3 $\lim\limits_{x \to -\infty} F(x) = 0$, $\lim\limits_{x \to +\infty} F(x) = 1$。

性质4 分布函数 $F(x)$ 在任意点 x_0 均为右连续,即 $\lim\limits_{x \to x_0^+} F(x) = F(x_0)$。

如果某一个函数 $F(x)$ 已满足上述四条性质,那么它一定是某一个随机变量的分布函数。

引入了分布函数,则随机变量 X 取某范围的概率可以用分布函数表示。

性质5 设 a, b 为任意实数,且 $a < b$,则

$$P\{a < x \leqslant b\} = F(b) - F(a) \tag{2-1}$$
$$P\{x > b\} = 1 - F(b)$$

证明 设事件 $A = \{X \leqslant a\}$,事件 $B = \{X \leqslant b\}$,则事件

$$B - A = \{a < X \leqslant b\}, AB = \{X \leqslant a\} = A, \bar{B} = \{X > b\}$$

据概率的减法公式,得

$$P(B - A) = P(B) - P(AB) = P(B) - P(A)$$

即

$$P\{a < X \leqslant b\} = P\{X \leqslant b\} - P\{X \leqslant a\} = F(b) - F(a)$$

又

$$P(\bar{B}) = 1 - P(B)$$

得

$$P\{X > b\} = 1 - F(b)$$

【例4】 设随机变量 X 的分布函数为

$$F(x) = \begin{cases} 0, & \text{当 } x < 1 \text{ 时} \\ \ln x, & \text{当 } 1 \leqslant x < e \text{ 时} \\ 1, & \text{当 } x \geqslant e \text{ 时} \end{cases}$$

求概率 $P\{-6<X\leqslant3\}$，$P\{X>1.5\}$ 及条件概率 $P\{X>1.2\,|\,X\leqslant2.4\}$。

解 由公式(2-1)，得

$$P\{-6<X\leqslant3\}=F(3)-F(-6)=1-0=1$$

$$P\{X>1.5\}=1-P\{X\leqslant1.5\}=1-F(1.5)=1-\ln1.5$$

事件 $\{X>1.2\}\bigcap\{X\leqslant2.4\}=\{1.2<X\leqslant2.4\}$

据条件概率

$$
\begin{aligned}
P\{X>1.2\,|\,X\leqslant2.4\} &=\frac{P\{1.2<X\leqslant2.4\}}{P\{X\leqslant2.4\}}\\
&=\frac{F(2.4)-F(1.2)}{F(2.4)}\\
&=\frac{\ln2.4-\ln1.2}{\ln2.4}=\frac{\ln2}{\ln2.4}
\end{aligned}
$$

习 题 2-1

1. 试定义一个随机变量，表达下列随机试验，并用随机变量的取值表示事件。

(1) 口袋内有 5 只乒乓球，编号分别为 1，2，3，4，5，进行从中任取 1 球的试验。设事件 $A=\{$取出的球号码为 4$\}$，$B=\{$取出的球号码不超过 3$\}$。

(2) 一批运动员参加了 100 米比赛，并记录他们的成绩。其中，最快的为 10 秒，最慢的为 12 秒。进行任意抽查一名运动员的成绩试验。设事件 $A=\{$成绩在 10 秒与 11 秒之间$\}$，$B=\{$成绩大于 10.5 秒$\}$。

(3) 进行观察某电话总机每分钟内收到的呼叫次数试验。设事件 $A=\{$收到呼叫 3 次$\}$，$B=\{$收到的呼叫次数不多于 6 次$\}$。

(4) 抽查一批产品，进行从中任取 1 件检查其长度试验。设事件 $A=\{$产品长度等于 10 cm$\}$，$B=\{$产品长度在 10 cm 到 10.2 cm 之间$\}$。

2. 设随机变量 X 的分布函数为

$$F(x)=\begin{cases}0, & \text{当 } x<0 \text{ 时}\\ x^2, & \text{当 } 0\leqslant x<1 \text{ 时}\\ 1, & \text{当 } x\geqslant1 \text{ 时}\end{cases}$$

求概率 $P\left\{X\leqslant\dfrac{1}{2}\right\}$；$P\left\{-1<X\leqslant\dfrac{3}{4}\right\}$；$P\left\{X>\dfrac{1}{2}\,\middle|\,X\leqslant\dfrac{3}{4}\right\}$。

3. 设随机变量 X 的分布函数为

$$F(x) = \begin{cases} 0, & \text{当 } x \leqslant -1 \text{ 时} \\ \dfrac{x+1}{3}, & \text{当 } -1 < x \leqslant 2 \text{ 时} \\ 1, & \text{当 } x > 2 \text{ 时} \end{cases}$$

求概率 $P\{X \leqslant 1\}$；$P\{-2 < X \leqslant 1.5\}$；$P\{X > 1.5\}$；$P\{X > 0.5 | X \leqslant 1.5\}$。

第二节　离散型随机变量及其分布

一、离散型随机变量及其分布律

我们知道,可能取值为有限多个或可列无限多个的随机变量为离散型随机变量。要全面描述一个离散型随机变量,除了要知道它的所有可能取值以外,还要知道它取这些值的概率,为此引入分布律的概念。

定义 1　设离散型的随机变量 X 所有可能取值为 x_1，x_2，$\cdots$，x_k，$\cdots$则称

$$p_k = P\{X = x_k\}, \, k = 1, 2, \cdots$$

为随机变量 X 的**概率分布律**,简称为**分布律**。

随机变量 X 的分布律也可以写成如表 2-1 所示形式。

表 2-1　　　　　　　　　　　　　**X 的分布律**

X	x_1	x_2	$\cdots$	x_k	$\cdots$
p	p_1	p_2	$\cdots$	p_k	$\cdots$

根据概率的性质,分布律具有下列性质。

性质 1　$p_k \geqslant 0 (k = 1, 2, \cdots)$。

性质 2　$\displaystyle\sum_k p_k = 1$。

【例 1】　某超市根据以往零售某种水果的经验知道,进货后,第一天售出的概率为 40%,每千克所得毛利(即商品销售后只除去成本而没有除去其他费用时的利润)为 3 元;第二天售出的概率为 30%,每千克的毛利为 2 元;第三天售出的概率为 20%,每千克的毛利为 1 元;第四天售出的概率为 10%,每千克的毛利为 −1 元(即,以 10% 概率入库,付每千克入库费 1 元),求该水果每千克所得毛利的分布律。

解　设 X 表示"每千克所得的毛利",则 X 的取值为 −1，1，2，3,随机变量 X 的分布律如表 2-2 所示。

表 2-2		X 的分布律		
X	-1	1	2	3
p	0.1	0.2	0.3	0.4

如果一个离散型随机变量 X 的分布律已知,则可以求出随机变量 X 在任意指定范围内的取值概率。例如,对于[例 1],设事件 $A = \{$每千克所得的毛利小于 2 元$\}$,则

$$A = \{X < 2\} = \{X = -1\} \bigcup \{X = 1\}$$

从而　　　$P(A) = P\{X < 2\} = P\{X = -1\} + P\{X = 1\} = 0.3$。

【例 2】　设随机变量 X 的分布律如表 2-3 所示。求随机变量 X 的分布函数 $F(x)$,作出其图形,并求概率 $P\{1 \leqslant X \leqslant 2\}$。

表 2-3		X 的分布律	
X	0	1	2
p	0.3	0.5	0.2

解　(1)根据分布函数的定义:$F(x) = P\{X \leqslant x\}(-\infty < x < +\infty)$。

据随机变量 X 所取的值分几种情况讨论。

当 $x < 0$ 时,事件$\{X \leqslant x\} = \varnothing$,得

$$F(x) = P\{X \leqslant x\} = 0$$

当 $0 \leqslant x < 1$ 时,事件$\{X \leqslant x\} = \{X = 0\}$,得

$$F(x) = P\{X \leqslant x\} = P\{X = 0\} = 0.3$$

当 $1 \leqslant x < 2$ 时,事件$\{X \leqslant x\} = \{X = 0\} \bigcup \{X = 1\}$,得

$$F(x) = P\{X \leqslant x\} = P\{X = 0\} + P\{X = 1\} = 0.8$$

当 $x \geqslant 2$ 时,事件$\{X \leqslant x\} = \Omega$,得

$$F(x) = P\{X \leqslant x\} = 1$$

因此,随机变量 X 的分布函数为

$$F(x) = \begin{cases} 0, & \text{当 } x < 0 \text{ 时} \\ 0.3, & \text{当 } 0 \leqslant x < 1 \text{ 时} \\ 0.8, & \text{当 } 1 \leqslant x < 2 \text{ 时} \\ 1, & \text{当 } x \geqslant 2 \text{ 时} \end{cases}$$

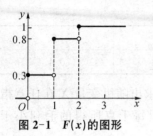

图 2-1　$F(x)$ 的图形

$F(x)$ 的图形如图 2-1 所示。

(2) $P\{1\leqslant X\leqslant 2\}=P\{X=1\}+P\{1<X\leqslant 2\}$
$$=0.5+F(2)-F(1)$$
$$=0.5+1-0.8=0.7$$

或者,因为事件

$$\{1\leqslant X\leqslant 2\}=\{X=1\}\bigcup\{X=2\}$$

得

$$P\{1\leqslant X\leqslant 2\}=P(\{X=1\}\bigcup\{X=2\})=P\{X=1\}+P\{X=2\}=0.7$$

【例 3】　设随机变量 X 的分布律为 $P\{X=k\}=\dfrac{k}{15}$,$k=1,2,3,4,5$。求概率 $P\left\{\dfrac{1}{2}<X<\dfrac{5}{2}\right\}$,$P\{X<3|X\neq 2\}$。

解　$P\left\{\dfrac{1}{2}<X<\dfrac{5}{2}\right\}=P\{X=1\}+P\{X=2\}=\dfrac{1}{15}+\dfrac{2}{15}=\dfrac{1}{5}$

由条件概率定义,得

$$P\{X<3\mid X\neq 2\}=\frac{P\{X<3,\,X\neq 2\}}{P\{X\neq 2\}}=\frac{P\{X=1\}}{P\{X\neq 2\}}$$

$$=\frac{P\{X=1\}}{1-P\{X=2\}}=\frac{\dfrac{1}{15}}{1-\dfrac{2}{15}}=\frac{1}{13}$$

二、常用的离散型随机变量的分布

下面介绍常用的离散型随机变量的分布

1. 两点分布

定义 2　如果随机变量 X 的分布律如表 2-4 所示,则称随机变量 X 服从**参数为 p 的两点分布**,其中,$0<p<1$,$q=1-p$。

表 2-4　　　　　　　　　　　　两点分布的分布律

X	x_1	x_2
p	p	q

特别地,当 $x_1=1$,$x_2=0$ 时,则称随机变量 X 服从参数为 p 的 0-1 分布,其分

布律如表 2-5 所示。其中，$0 < p < 1$，$q = 1 - p$。

表 2-5   0-1 分布的分布律

X	0	1
p	q	p

在随机试验中，凡是只有两种可能结果的试验，如产品是否合格，试验是否成功，判别新生婴儿的性别等，它们的样本空间为 $\Omega = \{\omega_1, \omega_2\}$，能定义一个服从 0-1 分布的随机变量 X 为

$$X = \begin{cases} 1, & \text{当 } \omega_1 \text{ 发生时} \\ 0, & \text{当 } \omega_2 \text{ 发生时} \end{cases}$$

仅仅是对于不同的问题，其参数 p 的值不同。

2. 二项分布

定义 3　如果随机变量 X 的分布律如表 2-6 所示，则称随机变量 X 服从**参数为 n、p 的二项分布**，记为 $X \sim B(n, p)$，其中，$0 < p < 1$，$q = 1 - p$。

表 2-6 $B(n, p)$ 的分布律

X	0	1	2	$\cdots$	k	$\cdots$	n
p	q^n	$C_n^1 p q^{n-1}$	$C_n^2 p^2 q^{n-2}$	$\cdots$	$C_n^k p^k q^{n-k}$	$\cdots$	p^n

由此可见，0-1 分布是二项分布的特殊情况。

在 n 重伯努利试验中，用 X 表示事件 A 在 n 次试验中出现的次数，设 $P(A) = p$，则 $X \sim B(n, p)$。

【例 4】　据调查，市场上假冒的某种名酒有 15%，某人每年买 20 瓶这种酒，求他至少买到 1 瓶假酒的概率。

解　将观察一瓶酒的真假看作一次试验，假的概率是 15%，真的概率是 85%，20 瓶酒的真假可以看作 20 次重复试验，设 X 为他"买到的假酒瓶数"，则 $X \sim B(20, 0.15)$。

20 瓶酒全真，即 $X = 0$，于是

$$P\{X = 0\} = C_{20}^0 \times 0.15^0 \times 0.85^{20} \approx 0.039$$

设事件 $A = \{$至少买到 1 瓶假酒$\}$，则 $A = \{X \geqslant 1\}$

$$\overline{A} = \{X < 1\} = \{X = 0\}$$

所以

$$P(A) = 1 - P(\bar{A}) = 1 - P\{X = 0\} \approx 1 - 0.039 = 0.961$$

【例 5】 某人进行射击,设每次射击的命中率为 0.02,独立射击 400 次,求至少击中 2 次的概率。

解 将射击一次看作一次试验,独立射击 400 次即作 400 次重复试验,设 X 为"击中的次数",则 $X \sim B(400, 0.02)$。于是,X 的分布律为

$$P\{X = k\} = C_{400}^k \times 0.02^k \times 0.98^{400-k}, \ k = 0, 1, \cdots, 400$$

得所求概率为

$$P\{X \geqslant 2\} = 1 - P\{X = 0\} - P\{X = 1\}$$
$$= 1 - 0.98^{400} - 400 \times 0.02 \times 0.98^{399} \approx 0.997\,2$$

3. 泊松分布

定义 4 如果随机变量 X 的可能取值为 $0, 1, 2, \cdots$ 它的分布律为

$$P(X = k) = \frac{\lambda^k}{k!} e^{-\lambda} \quad (k = 0, 1, 2, \cdots)$$

其中 $\lambda > 0$,则称随机变量 X 服从**参数为 λ 的泊松分布**,记为 $X \sim P(\lambda)$。

泊松分布是一种常见的分布。例如,在一段时间间隔内某电话交换台收到的呼叫数;某医院 1 天内的急诊病人数;某路口 1 年的交通事故数等都服从泊松分布。

在具体计算中,$\frac{\lambda^k}{k!} e^{-\lambda}$ 以及 $\sum_{k=0}^{m} \frac{\lambda^k}{k!} e^{-\lambda}$ 的值可以查泊松分布表(参见书末附表)。

例如,

$$\frac{0.6^0}{0!} e^{-0.6} \approx 0.548\,8$$

$$\sum_{k=0}^{4} \frac{0.8^k}{k!} e^{-0.8} \approx 0.998\,6$$

$$\frac{3^6}{6!} e^{-3} = \sum_{k=0}^{6} \frac{3^k}{k!} e^{-3} - \sum_{k=0}^{5} \frac{3^k}{k!} e^{-3} \approx 0.966\,5 - 0.916\,1 = 0.050\,4$$

【例 6】 设电话交换台每分钟接到的呼叫数 $X \sim P(3)$,求在 1 分钟内呼叫数不超过 1 的概率。

解 由于 $X \sim P(3)$,因此随机变量 X 的分布律为

$$P\{X=k\}=\frac{3^{k}}{k!}\mathrm{e}^{-3} \quad (k=0,1,2,\cdots)$$

$$P\{X\leqslant 1\}=P\{X=0\}+P\{X=1\}=\sum_{k=0}^{1}\frac{3^{k}}{k!}\mathrm{e}^{-3}=0.199\,1$$

可以证明,当 n 很大, p 很小时,二项分布 $B(n,p)$ 可以近似看作参数为 $\lambda=np$ 的泊松分布 $P(\lambda)$。在实际计算中,当 $n\geqslant 100$, $np\leqslant 10$ 时,有近似公式

$$C_{n}^{k}p^{k}q^{n-k}\approx\frac{\lambda^{k}}{k!}\mathrm{e}^{-\lambda}$$

【例7】 某台仪器由 1 000 个元件装配而成,每个元件在一年工作期间发生故障的概率均为 0.002,且各元件之间相互独立,求(1)在 1 年内有 2 个元件发生故障的概率;(2)在 1 年内至少有 2 个元件发生故障的概率。

解 设 X 表示"发生故障的元件数",则 $X\sim B(1\,000,0.002)$。由于 $n=1\,000$ 较大, $p=0.002$ 较小,因此,可以用泊松分布 $P(\lambda)(\lambda=np=2)$ 来近似计算。

(1) $P\{X=2\}=C_{1\,000}^{2}\times 0.002^{2}\times 0.998^{998}\approx\dfrac{2^{2}}{2!}\mathrm{e}^{-2}$

$$=\sum_{k=0}^{2}\frac{2^{k}}{k!}\mathrm{e}^{-2}-\sum_{k=0}^{1}\frac{2^{k}}{k!}\mathrm{e}^{-2}\approx 0.676\,7-0.406\,0=0.270\,7$$

(2) $P\{X\geqslant 2\}=1-P\{X<2\}=1-P\{X=0\}-P\{X=1\}$

$$\approx 1-\sum_{k=0}^{1}\frac{2^{k}}{k!}\mathrm{e}^{-2}=1-0.406\,0=0.594\,0$$

习 题 2-2

1. 设随机变量 X 的分布律如表 2-7 所示,求常数 k 的值及概率 $P\{X\leqslant 4\}$, $P\{X>-1\,|\,X<4\}$。

表 2-7 X 的分布律

X	-1	2	4	8
p	0.01	0.25	k	0.41

2. 设随机变量 X 的分布律如表 2-8 所示,求常数 k 的值及概率 $P\{X<3\,|\,X\neq 1\}$。

表 2-8 X 的分布律

X	0	1	2	3	...	n	...
p	k	$2k$	$\dfrac{2^2 k}{2!}$	$\dfrac{2^3 k}{3!}$	...	$\dfrac{2^n k}{n!}$	...

3. 据经验,某商场付款处某时段内排队等候付款的人数 X 的分布律如表 2-9 所示。求(1)至少两个人排队的概率;(2)至多两个人排队的概率。

表 2-9 X 的分布律

X	0	1	2	3	4	5 个人以上
p	0.10	0.16	0.30	0.30	0.10	0.04

4. 设随机变量 X 的分布律如表 2-10 所示,求随机变量 X 的分布函数 $F(x)$ 及概率 $P\left\{|X|<\dfrac{1}{2}\right\}$,$P\left\{X\geqslant\dfrac{1}{3}\right\}$。

表 2-10 X 的分布律

X	-1	0	1
p	$\dfrac{1}{3}$	$\dfrac{1}{6}$	$\dfrac{1}{2}$

5. 设随机变量 X 的分布函数如下,求随机变量 X 的分布律

$$F(x)=\begin{cases} 0, & x<-1 \\ 0.4, & -1\leqslant x<1 \\ 0.7, & 1\leqslant x<2 \\ 1, & x\geqslant 2 \end{cases}$$

6. 某射手每次射击击中目标的概率是 0.8,现在连续射击 5 次,求击中目标次数 X 的分布律。

7. 一个盒子中有 7 支铅笔,其中 4 支是红铅笔,3 支是黑铅笔,现从盒子中任取出 3 支铅笔,设取出的红铅笔支数为 X,求随机变量 X 的分布律及概率 $P\{0\leqslant X\leqslant 2\}$。

8. 猎人对一只野兽射击,直至首次命中为止。由于时间紧迫,他最多只能射击 4 次。如果猎人每次射击命中的概率为 0.7,并记在这段时间内猎人没有命中的次数为 X,求随机变量 X 的分布律及概率 $P\{X<2\}$,$P\{1<X\leqslant 3\}$。

9. 设袋中有 4 个标号分别为 1, 2, 3, 4 的同类小球, 从中接连抽 2 次, 每次抽 1 只球, 下列情况下求抽出的两球号码之和 X 的分布律。(1)作不放回抽样;(2)作放回抽样。

10. 一批外销商品, 次品率为 0.01。从这批产品中任取 5 件, 设其中含有的次品数为 X, 求 X 的分布律。

11. 设某种设备发生故障的概率为 0.01, 现有这种设备 20 台, 而维修人员只有 1 名。假定一个维修人员只能维修 1 台设备的故障, 求当这批设备发生故障时不能及时维修的概率。

12. 商店批货时进了 1 000 瓶矿泉水。设每瓶矿泉水在运输过程中碰碎的概率为 0.003, 在购进的 1 000 瓶矿泉水中。求(1)恰有 2 瓶破碎的概率;(2)至少有 1 瓶破碎的概率。

13. 某电话交换台每分钟收到的呼叫次数 X 服从参数 $\lambda=4$ 的泊松分布。求(1)每分钟恰好收到 6 次呼叫的概率;(2)每分钟收到呼叫的次数不超过 10 次的概率。

14. 有一大型汽车站, 每天有许多汽车通过。设每辆汽车在一天中的某段时间内发生交通事故的概率为 0.000 1。假定在这段时间内有 1 000 辆汽车通过, 求发生交通事故的次数不少于 2 的概率。(用泊松分布近似)

第三节　连续型随机变量及其分布

一、连续型随机变量及其密度函数

我们知道, 连续型随机变量 X 的取值是某个区间, 不能一一列出。为此用另一种形式来刻画连续型随机变量的统计规律, 引入概率密度函数的概念。

定义 1　设随机变量 X 的分布函数为 $F(x)$, 如果存在非负可积函数 $p(x)$, 使得对于任意实数 x, 都有

$$F(x) = P\{X \leqslant x\} = \int_{-\infty}^{x} p(t)\mathrm{d}t \tag{2-2}$$

成立, 则称 X 为**连续型随机变量**, 并称 $p(x)$ 为 X 的**概率密度函数**, 简称**密度函数**。为说明 $p(x)$ 是随机变量 X 的密度函数, 也可记为 $p_x(x)$。

根据无穷区间上的反常积分的几何意义, 连续型随机变量 X 的分布函数 $F(x)$ 等于曲线 $y=p(x)$ 在 $(-\infty, x]$ 上开口曲边梯形的面积, 如图 2-2 所示。

连续型随机变量 X 的密度函数 $p(x)$ 具有下列性质。

性质 1 $p(x) \geqslant 0$。

性质 2 $\displaystyle\int_{-\infty}^{+\infty} p(x)\mathrm{d}x = 1$。

证明 由密度函数的定义和分布函数的性质有

$$\int_{-\infty}^{+\infty} p(x)\mathrm{d}x = \lim_{x \to +\infty}\int_{-\infty}^{x} p(x)\mathrm{d}x = \lim_{x \to +\infty} F(x) = 1$$

性质 2 的几何意义是:曲线 $y = p(x)$ 与 x 轴之间的面积等于 1,如图 2-3 所示。

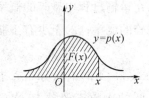

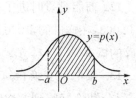

图 2-2 $F(x)$ 图2-3 性质 2 几何意义   图2-4 性质 3 几何意义

性质 3 对于任意实数 a,b,且 $a < b$,有 $P\{a < x \leqslant b\} = \displaystyle\int_a^b p(x)\mathrm{d}x$。

证明 $P\{a < x \leqslant b\} = F(b) - F(a) = \displaystyle\int_{-\infty}^b p(x)\mathrm{d}x - \int_{-\infty}^a p(x)\mathrm{d}x = \int_a^b p(x)\mathrm{d}x$

根据定积分的几何意义,性质 3 表示 $P\{a < x \leqslant b\}$ 等于曲线 $y = p(x)$ 在区间 $(a,b]$ 上的曲边梯形的面积,如图 2-4 所示。

性质 4 如果 $p(x)$ 在 x 处连续,则 $F'(x) = p(x)$。

证明 由导数定义及积分上限函数的求导公式,得

$$F'(x) = \lim_{\Delta x \to 0}\frac{F(x + \Delta x) - F(x)}{\Delta x} = \lim_{\Delta x \to 0}\frac{\displaystyle\int_x^{x+\Delta x} p(x)\mathrm{d}t}{\Delta x} = p(x)$$

性质 5 连续型随机变量 X 取任一定值 a 的概率为 0,即 $P\{X = a\} = 0$。

证明 对任意实数 $h > 0$,

$$0 \leqslant P(X = a) \leqslant P\{a - h < X \leqslant a\} = \int_{a-h}^a p(x)\mathrm{d}x$$

而

$$\lim_{h \to 0^+}\int_{a-h}^a p(x)\mathrm{d}x = 0$$

故 $$P\{X=a\}=0$$

由性质 5,对连续型随机变量 X 有

$$P\{a<X<b\}=P\{a<X\leqslant b\}=P\{a\leqslant X<b\}=P\{a\leqslant X\leqslant b\}$$

【例 1】 设随机变量 X 的密度函数为

$$p(x)=\begin{cases}k(1-x), & \text{当}\,0\leqslant x\leqslant 1\,\text{时}\\ 0, & \text{其他}\end{cases}$$

求常数 k 的值及概率 $P\left\{-\dfrac{1}{2}<X<\dfrac{1}{2}\right\}$。

解 因为 $\displaystyle\int_{-\infty}^{+\infty}p(x)\mathrm{d}x=\int_{-\infty}^{0}p(x)\mathrm{d}x+\int_{0}^{1}p(x)\mathrm{d}x+\int_{1}^{+\infty}p(x)\mathrm{d}x$

$$=\int_{0}^{1}k(1-x)\mathrm{d}x=\frac{k}{2}$$

又 $\displaystyle\int_{-\infty}^{+\infty}p(x)\mathrm{d}x=1$,得 $k=2$

于是

$$p(x)=\begin{cases}2(1-x), & \text{当}\,0\leqslant x\leqslant 1\,\text{时}\\ 0, & \text{其他}\end{cases}$$

所以

$$P\left\{-\frac{1}{2}<X<\frac{1}{2}\right\}=\int_{-\frac{1}{2}}^{\frac{1}{2}}p(x)\mathrm{d}x=\int_{0}^{\frac{1}{2}}2(1-x)\mathrm{d}x=0.75$$

二、常用的连续型随机变量的分布

下面介绍三种常用的连续型随机变量的分布。

1. 均匀分布

定义 2 如果随机变量 X 的密度函数为

$$p(x)=\begin{cases}\dfrac{1}{b-a}, & \text{当}\,a\leqslant x\leqslant b\,\text{时}\\ 0, & \text{其他}\end{cases}$$

则称随机变量 X 在区间 $[a,b]$ 上服从均匀分布,记为 $X\sim U[a,b]$。

显然,$p(x)\geqslant 0$,$\displaystyle\int_{-\infty}^{+\infty}p(x)\mathrm{d}x=1$。$p(x)$ 的图形如图 2-5 所示。

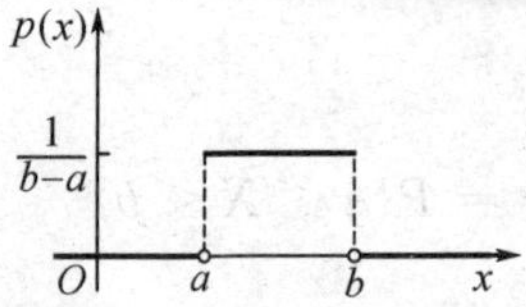

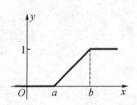

图 2-5 $p(x)$ 的图形

下面由均匀分布的密度函数 $p(x)$，求其分布函数 $F(x)$。

当 $x<a$ 时，有

$$F(x) = P\{X \leqslant x\} = \int_{-\infty}^{x} 0\mathrm{d}t = 0$$

当 $a \leqslant x \leqslant b$ 时，有

$$F(x) = P\{X \leqslant x\} = \int_{-\infty}^{x} p(t)\mathrm{d}t$$

$$= \int_{-\infty}^{a} 0\mathrm{d}t + \int_{a}^{x} \frac{1}{b-a}\mathrm{d}t = \frac{x-a}{b-a}$$

当 $x>b$ 时，有

$$F(x) = P\{X \leqslant x\} = \int_{-\infty}^{a} 0\mathrm{d}t + \int_{a}^{b} \frac{1}{b-a}\mathrm{d}t + \int_{b}^{x} 0\mathrm{d}t = 1$$

综上所述，得 X 的分布函数为

$$F(x) = \begin{cases} 0, & x < a \\ \dfrac{x-a}{b-a}, & a \leqslant x < b \\ 1, & x \geqslant b \end{cases}$$

图 2-6 $F(x)$ 图形

$F(x)$ 的图形如图 2-6 所示。

如果随机变量 X 在 $[a, b]$ 上服从均匀分布，则 X 落在 $[a, b]$ 中任一小区间 $[c, d]$ 内 $(a \leqslant c < d \leqslant b)$ 的概率为

$$P\{c \leqslant X \leqslant d\} = \int_{c}^{d} p(x)\mathrm{d}x = \int_{c}^{d} \frac{1}{b-a}\mathrm{d}x = \frac{d-c}{b-a}$$

这个概率与小区间的长度 $d-c$ 成正比，而与该小区间的位置无关，即 X 落在 $[a, b]$ 中任意等长度的子区间内的可能性相同。

【例 2】 某公共汽车站每隔 4 分钟有一辆汽车通过，乘客在 4 min 内任一时刻到达汽车站是等可能的。求乘客候车时间超过 3 分钟的概率。

解 设 X 表示"乘客到达汽车站候车的时间"，则 X 在 $[0, 4]$ 上服从均匀分布，即 X 的密度函数为

$$p(x) = \begin{cases} \dfrac{1}{4}, & \text{当 } 0 \leqslant x \leqslant 4 \text{ 时} \\ 0, & \text{其他} \end{cases}$$

于是，

$$P\{X > 3\} = \int_3^{+\infty} p(x)\mathrm{d}x = \int_3^4 \frac{1}{4}\mathrm{d}x = 0.25$$

2. 指数分布

定义 3　如果随机变量 X 的密度函数为

$$p(x) = \begin{cases} \lambda \mathrm{e}^{-\lambda x}, & \text{当 } x \geqslant 0 \text{ 时} \\ 0, & \text{当 } x < 0 \text{ 时} \end{cases}$$

其中 $\lambda > 0$ 为常数（如图 2-7 所示），则称随机变量 X 服从**参数为 λ 的指数分布**，记为 $X \sim E(\lambda)$。

显然，$p(x) \geqslant 0$，且 $\int_{-\infty}^{+\infty} p(x)\mathrm{d}x = 1$。

下面由指数分布的密度函数求其分布函数 $F(x)$。

当 $x < 0$ 时

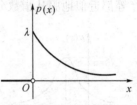

图 2-7　$p(x)$ 的图形

$$F(x) = P\{X \leqslant x\} = \int_{-\infty}^x p(t)\mathrm{d}t = \int_{-\infty}^x 0\mathrm{d}t = 0$$

当 $x \geqslant 0$ 时

$$F(x) = P\{X \leqslant x\} = \int_{-\infty}^x p(t)\mathrm{d}t = \int_{-\infty}^0 p(t)\mathrm{d}t + \int_0^x p(t)\mathrm{d}t = \int_0^x \lambda \mathrm{e}^{-\lambda t}\mathrm{d}t$$

$$= -\mathrm{e}^{-\lambda t}\Big|_0^x = 1 - \mathrm{e}^{-\lambda x}$$

综上所述，得 X 的分布函数为

$$F(x) = \begin{cases} 1 - \mathrm{e}^{-\lambda x}, & \text{当 } x \geqslant 0 \text{ 时} \\ 0, & \text{当 } x < 0 \text{ 时} \end{cases}$$

分布函数 $F(x)$ 的图形如图 2-8 所示。

图 2-8　$F(x)$ 的图形

【例 3】　某仪器装有 3 只独立工作的同型号电子元件，其寿命（单位：小时）都服从参数 $\lambda = \dfrac{1}{600}$ 的指数分布。求在仪器使用的最初 200 小时内，至少有一只电子元件损坏的概率。

47

解 设 X_i 为第 i 只电子元件的使用寿命($i=1, 2, 3$)。则 $X_i \sim E\left(\dfrac{1}{600}\right)$。令事件 $A_i = \{$在仪器使用的最初 200 小时内,第 i 只元件损坏$\}$($i=1, 2, 3$)。A_1, A_2, A_3 相互独立。

$$P(A_i) = P\{X_i \leqslant 200\} = F(200) = 1 - \mathrm{e}^{-\frac{1}{3}}$$
$$P(\overline{A_i}) = 1 - P(A_i) = \mathrm{e}^{-\frac{1}{3}}$$

得
$$P(A_1 \bigcup A_2 \bigcup A_3) = 1 - P(\overline{A_1 \bigcup A_2 \bigcup A_3}) = 1 - P(\overline{A_1}\,\overline{A_2}\,\overline{A_3})$$
$$= 1 - (\mathrm{e}^{-\frac{1}{3}})^3 = 1 - \frac{1}{\mathrm{e}}$$

在实际应用中,电子元件的寿命、动物的寿命以及随机服务系统中的服务时间等都近似地服从指数分布。

3. 正态分布

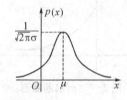

定义 4 如果随机变量 X 的密度函数为

$$p(x) = \frac{1}{\sqrt{2\pi}\sigma}\mathrm{e}^{-\frac{(x-\mu)^2}{2\sigma^2}} \quad (-\infty < x < +\infty)$$

图 2-9 $p(x)$ 的图形

其中 μ、σ 为常数,且 $\sigma > 0$(如图 2-9 所示),则称随机变量 X 服从**参数为 μ、σ 的正态分布**,记为 $X \sim N(\mu, \sigma^2)$。

显然,$p(x) \geqslant 0$,$\int_{-\infty}^{+\infty} p(x)\mathrm{d}x = 1$。

如果随机变量 $X \sim N(\mu, \sigma^2)$,则 X 的分布函数为

$$F(x) = \frac{1}{\sqrt{2\pi}\sigma}\int_{-\infty}^{x} \mathrm{e}^{-\frac{(t-\mu)^2}{2\sigma^2}}\mathrm{d}t。$$

正态分布的密度函数 $p(x)$ 具有下列性质。

性质 1 曲线 $y = p(x)$ 关于直线 $x = \mu$ 对称。

性质 2 密度函数 $p(x)$ 在 $x = \mu$ 处取得最大值 $\dfrac{1}{\sqrt{2\pi}\sigma}$。

性质 3 曲线 $y = p(x)$ 以 x 轴为水平渐近线。

性质 4 曲线 $y = p(x)$ 上有两个拐点 $\left[\mu \pm \sigma, \dfrac{1}{\sqrt{2\pi}\sigma}\mathrm{e}^{-\frac{1}{2}}\right]$。

特别地,当 $\mu = 0$,$\sigma = 1$ 时,正态分布 $N(0, 1)$ 称为标准正态分布,它的密度函数

和分布函数分别记为 $\varphi(x)$ 和 $\Phi(x)$,即

$$\varphi(x) = \frac{1}{\sqrt{2\pi}}e^{-\frac{x^2}{2}}$$

$$\Phi(x) = \frac{1}{\sqrt{2\pi}}\int_{-\infty}^{x}e^{-\frac{t^2}{2}}dt, \quad -\infty < x < +\infty$$

$\varphi(x)$ 的图形如图 2-10 所示。

在许多实际问题中,大量的随机变量都服从或近似服从正态分布。例如,人体的身高、体重,测量误差,考试成绩以及农作物的产量等等,它们都服从"中间大,两头小"的正态分布。因此,正态分布在理论和实际应用中具有重要的作用。

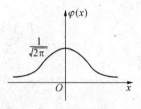

图 2-10 $\varphi(x)$ 的图形

如果随机变量 $X \sim N(0, 1)$,我们可以利用书末所附的标准正态分布函数表进行事件的概率计算,查表方法如下所列。

(1) 当 $0 \leqslant x < 3.3$ 时,可以从表直接得到 $\Phi(x)$ 值。

(2) 当 $x \geqslant 3.3$ 时,取 $\Phi(x) \approx 1$。

(3) 当 $x < 0$ 时,利用公式

$$\Phi(x) = 1 - \Phi(-x) \tag{2-3}$$

计算 $\Phi(x)$ 值。这是因为

$$\Phi(-x) = \int_{-\infty}^{-x}\varphi(t)dt \xrightarrow{\text{令}t=-s} -\int_{+\infty}^{x}\varphi(-s)ds$$

$$= \int_{x}^{+\infty}\varphi(t)dt = \int_{-\infty}^{+\infty}\varphi(t)dt - \int_{-\infty}^{x}\varphi(t)dt$$

$$= 1 - \Phi(x)$$

【例4】 设 $X \sim N(0, 1)$,利用标准正态分布函数表计算如下概率:(1) $P\{X < 2.35\}$;(2) $P\{1 < X \leqslant 2\}$;(3) $P\{X < -1.24\}$;(4) $P\{|X| > 2\}$。

解 (1) $P\{X < 2.35\} = \Phi(2.35) = 0.990\ 6$

(2) $P\{1 < X \leqslant 2\} = \Phi(2) - \Phi(1) = 0.977\ 2 - 0.841\ 3 = 0.135\ 9$

(3) $P\{X < -1.24\} = \Phi(-1.24) = 1 - \Phi(1.24) = 1 - 0.892\ 5 = 0.107\ 5$

(4) $P\{|X| > 2\} = 1 - P\{|X| \leqslant 2\} = 1 - P\{-2 \leqslant X \leqslant 2\} = 1 - [\Phi(2) - \Phi(-2)]$

$$= 2 - 2\Phi(2) = 2 - 2 \times 0.977\ 2 = 0.045\ 6$$

如果随机变量 $X \sim N(\mu, \sigma^2)$,我们也可以应用标准正态分布函数表进行事件概率的计算。为此,将正态分布 $N(\mu, \sigma^2)$ 转化为 $N(0, 1)$,有如下定理。

定理 1 如果随机变量 $X \sim N(\mu, \sigma^2)$,则 $Y = \dfrac{X - \mu}{\sigma} \sim N(0, 1)$

证明 随机变量 $Y = \dfrac{X - \mu}{\sigma}$ 的分布函数为

$$P\{Y \leqslant x\} = P\left\{\frac{X - \mu}{\sigma} \leqslant x\right\} = P\{X \leqslant \mu + \sigma x\}$$

$$= \int_{-\infty}^{\mu + \sigma x} \frac{1}{\sqrt{2\pi}\sigma} e^{-\frac{(t - \mu)^2}{2\sigma^2}} \, \mathrm{d}t$$

$$\xlongequal{u = \frac{t - \mu}{\sigma}} \frac{1}{\sqrt{2\pi}} \int_{-\infty}^{x} e^{-\frac{u^2}{2}} \, \mathrm{d}u = \Phi(x)$$

故 $Y = \dfrac{X - \mu}{\sigma} \sim N(0, 1)$

如果随机变量 $X \sim N(\mu, \sigma^2)$,由定理,$Y = \dfrac{X - \mu}{\sigma} \sim N(0, 1)$,那么 X 的分布函数为

$$F(x) = P\{X \leqslant x\} = P\left\{\frac{X - \mu}{\sigma} \leqslant \frac{x - \mu}{\sigma}\right\} = \Phi\left(\frac{x - \mu}{\sigma}\right)$$

即
$$F(x) = \Phi\left(\frac{x - \mu}{\sigma}\right) \tag{2-4}$$

从而,对于任意区间 $[a, b]$,有

$$P\{a \leqslant X \leqslant b\} = F(b) - F(a) = \Phi\left(\frac{b - \mu}{\sigma}\right) - \Phi\left(\frac{a - \mu}{\sigma}\right) \tag{2-5}$$

【例 5】 设 $X \sim N(1, 4)$,求概率:(1) $P\{X \leqslant 5\}$;(2) $P\{X > 3\}$;(3) $P\{|X| < 6\}$。

解 $\mu = 1$,$\sigma = 2$,由 (2-4)、(2-5) 式,得

(1) $P\{X \leqslant 5\} = F(5) = \Phi\left(\dfrac{5 - 1}{2}\right) = \Phi(2) = 0.977\ 2$

(2) $P\{X > 3\} = 1 - P\{X \leqslant 3\} = 1 - F(3) = 1 - \Phi\left(\dfrac{3 - 1}{2}\right) = 1 - 0.841\ 3 = 0.158\ 7$

(3) $P\{|X|<6\}=P\{-6<X<6\}=\Phi\left(\dfrac{6-1}{2}\right)-\Phi\left(\dfrac{-6-1}{2}\right)$

$\qquad =\Phi(2.5)-\Phi(-3.5)=\Phi(2.5)-[1-\Phi(3.5)]$

$\qquad =0.9938-(1-1)=0.9938$

【例6】 某校抽样调查结果表明,学生的外语成绩 X(百分制)服从正态分布 $N(65,10^2)$,试求学生成绩在 $60\sim80$ 分之间的概率.

解 由于 $X\sim N(65,10^2)$,由(2-5)式,得学生成绩在 $60\sim80$ 分之间的概率为

$$P\{60\leqslant X\leqslant80\}=\Phi\left(\frac{80-65}{10}\right)-\Phi\left(\frac{60-65}{10}\right)=\Phi(1.5)-\Phi(-0.5)$$

$$=0.9332-(1-0.6915)=0.6247$$

【例7】 设 $X\sim N(\mu,\sigma^2)$,求概率:(1) $P\{|X-\mu|<\sigma\}$;(2) $P\{|X-\mu|<2\sigma\}$;(3) $P\{|X-\mu|<3\sigma\}$.

解 (1) $P\{|X-\mu|<\sigma\}=P\{\mu-\sigma<X<\mu+\sigma\}$

$$=\Phi\left(\frac{\mu+\sigma-\mu}{\sigma}\right)-\Phi\left(\frac{\mu-\sigma-\mu}{\sigma}\right)$$

$$=\Phi(1)-\Phi(-1)=2\Phi(1)-1=0.6826$$

(2) $P\{|X-\mu|<2\sigma\}=\Phi(2)-\Phi(-2)=2\Phi(2)-1=0.9544$

(3) $P\{|X-\mu|<3\sigma\}=\Phi(3)-\Phi(-3)=2\Phi(3)-1=0.9974$

由[例6]可见,如果 $X\sim N(\mu,\sigma^2)$,则 X 的取值基本上落在 $(\mu-2\sigma,\mu+2\sigma)$ 内,而几乎全部落在 $(\mu-3\sigma,\mu+3\sigma)$ 内,这就是著名的"**3σ 规则**".在企业管理中,经常应用这个规则进行质量检查和工艺过程控制.

【例8】 海燕服装厂生产实行计件超产奖,为使 40% 工人获得超产奖,规定了工人每月需完成的产品定额数,对超过定额的产品数给予奖励.该厂工人每月生产的产品数服从正态分布 $N(200,46^2)$,求此定额数.

解 设 X 表示工人每月生产的产品数,则 $X\sim N(200,46^2)$,k 为每月定额数.由题意得 $P\{X\geqslant k\}=0.4$,于是

$$P\{X<k\}=1-P\{X\geqslant k\}=0.6$$

又 $X\sim N(200,46^2)$,得

$$P\{X<k\}=\Phi\left(\frac{k-200}{46}\right)$$

所以
$$\Phi\left(\frac{k-200}{46}\right)=0.6$$

查标准正态分布表得

$$\frac{k-200}{46}\approx0.25$$

即 $k=211.5$，取 $k=212$ 件，也就是说，工人要获奖，每月必须生产 212 件产品以上。

习 题 2-3

1. 如果 $p(x)=\begin{cases}kx, & \text{当 } 0\leqslant x\leqslant2 \text{ 时}\\0, & \text{其他}\end{cases}$ 是连续型随机变量 X 的密度函数，求常数 k 的值。

2. 设随机变量 X 的密度函数为

$$p(x)=\begin{cases}kx^2, & 0\leqslant x\leqslant1\\0, & \text{其他}\end{cases}$$

求：(1)常数 k 的值及概率 $P\left\{-2<X\leqslant\dfrac{1}{2}\right\}$；(2) X 的分布函数 $F(x)$。

3. 设随机变量 X 的分布函数为

$$F(x)=\begin{cases}0, & x<0;\\\dfrac{1}{2}x^2, & 0\leqslant x<1;\\-1+2x-\dfrac{1}{2}x^2, & 1\leqslant x<2;\\1, & x\geqslant2.\end{cases}$$

求：(1)密度函数 $p(x)$；(2)如果 $P\{a<X\leqslant1.5\}=0.695$，确定常数 a 的值。

4. 设随机变量 X 的分布函数为

$$F(x)=\begin{cases}k-e^{-x}, & \text{当 } x\geqslant0 \text{ 时}\\0, & \text{当 } x<0 \text{ 时}\end{cases}$$

求：(1)常数 k 的值；(2)概率 $P\{1<X\leqslant2\}$，$P\{X>3\}$；(3)密度函数 $p(x)$。

52

5. 设一批晶体管的使用寿命 X（单位：年）近似服从参数 $\lambda = \dfrac{1}{5}$ 的指数分布，求晶体管能使用 $1 \sim 5$ 年的概率和使用 5 年以上的概率。

6. 公共汽车站每隔 5 分钟有一班汽车通过。假定乘客在车站上候车时间为 X，如果 X 在 $[0,5]$ 上服从均匀分布，求候车时间不超过 2 分钟的概率。

7. 某种型号的电池，其寿命 X（单位：年）服从参数 $\lambda = \dfrac{1}{2}$ 的指数分布，求下列事件的概率：(1)1 节电池的寿命大于 4 年；(2)1 节电池的寿命为 1 年至 3 年；(3)5 节电池中至少有 2 节电池的寿命大于 4 年。

8. 随机变量设 $X \sim N(0,1)$，求：

(1) $P\{X \leqslant 2.2\}$；   (2) $P\{0.5 < X \leqslant 1.29\}$；

(3) $P\{X > 1.5\}$；   (4) $P\{|X| < 1.5\}$。

9. 随机变量设 $X \sim N(3,4)$，求：

(1) $P\{2 < X \leqslant 5\}$；   (2) $P\{-3 < X < 9\}$；

(3) $P\{|X| > 2\}$；   (4) $P\{X > 3\}$；

(5) $P\{X > c\} = P\{X \leqslant c\}$，确定 c。

10. 设随机变量 $X \sim N(5,4)$，求满足下列条件的常数 a 的值。

(1) $P\{X \leqslant a\} = 0.9$；   (2) $P\{|X-5| > a\} = 0.01$。

11. 某标准件厂生产的螺栓长度 $X \sim N(10.05, 0.06^2)$。若规定长度为 (10.05 ± 0.12) 毫米的螺栓为合格品，则从一批螺栓中任取 1 只，求该螺栓为不合格产品的概率。

12. 某批钢材的抗拉强度 $X \sim N(200, 18^2)$，现从中任取 1 件。

(1) 求取出的钢材抗拉强度不低于 180 N/平方毫米的概率。

(2) 如果要以 99% 的概率保证强度不低于 150，问这批钢材是否合格？

13. 某班的一次数学考试成绩 $X \sim N(70, 10^2)$，规定 85 分以上为优秀，60 分以下为不合格。求：(1)成绩达到优秀的学生占全班的百分之几？(2)成绩不合格的学生占全班的百分之几？

14. 设成年男子的身高 $X \sim N(170, 6^2)$（单位：厘米），公共汽车车门的高度 h 是按乘客头部与车门碰撞的概率小于 0.01 而设计的，问高度 h 至少应为多少厘米？

第四节　随机变量函数的分布

在实际应用中，不仅要研究随机变量，往往还要研究随机变量的函数。例如，我们通过测量圆轴截面的直径 X，希望知道截面面积 $Y=\dfrac{\pi}{4}X^2$ 的分布。一般地，如果 X 为随机变量，$f(x)$ 为连续函数，则 $Y=f(X)$ 也是**随机变量**，称 Y 为**随机变量 X 的函数**。

下面我们讨论如何由随机变量 X 的分布求随机变量函数 $Y=f(X)$ 的分布。

一、离散型随机变量函数的分布

如果 X 是离散型随机变量，其分布律为

$$P\{X=x_i\}=p_i,\ i=1,2,\cdots$$

则随机变量 X 的函数 $Y=f(X)$ 是离散型随机变量，其分布律如表 2-11 所示。

表 2-11 Y 的分布律

Y	$f(x_1)$	$f(x_2)$	$\cdots$	$f(x_i)$	$\cdots$
p	p_1	p_2	$\cdots$	p_i	$\cdots$

注：如果 $f(x_1)$，$f(x_2)$，$\cdots$，$f(x_i)$，$\cdots$中有相同的值，于是应予以合并，并将其对应的概率相加。

【**例 1**】 已知随机变量 X 的分布律如表 2-12 所示。

表 2-12 X 的分布律

X	-2	0	1	2
p	0.1	0.2	0.4	0.3

求随机变量 $Y=2X+3$，$Z=X^2$ 的分布律。

解 在随机变量 X 的分布律表 2-12 上增加随机变量 Y，Z 的取值两行，得表 2-13。

表 2-13   随机变量 X、Y、Z 取值及概率

X	-2	0	1	2
$Y=2X+3$	-1	3	5	7
$Z=X^2$	4	0	1	4
p	0.1	0.2	0.4	0.3

由于随机变量 Y 取值各不相同，据表 2-13，得 Y 的分布律，如表 2-14 所示。

表 2-14 Y 的分布律

Y	-1	3	5	7
p	0.1	0.2	0.4	0.3

在表 2-14 中,随机变量 Z 的取值有相同的,将取相同值所对应的概率相加,即得 Z 的分布律,如表 2-15 所示。

表 2-15 Z 的分布律

Z	0	1	4
p	0.2	0.4	0.4

注:$P\{Z=4\}=P\{X^2=4\}=P\{X=-2\}+P\{X=4\}=0.1+0.3=0.4$

二、连续型随机变量函数的分布

一般地,连续型随机变量的函数不一定是连续型随机变量,但我们主要讨论连续型随机变量 X 的函数 $f(X)$ 还是连续型随机变量的情形。

设随机变量 X 的密度函数为 $P_X(x)$,于是连续型随机变量 $f(X)$ 的分布函数为

$$F_Y(y) = P\{Y \leqslant y\} = P\{f(X) \leqslant y\} = \int_{f(x) \leqslant y} p_X(x)\mathrm{d}x \tag{2-6}$$

(2-6)式积分是被积函数 $p_X(x)$ 在区域 $D=\{x \mid f(x) \leqslant y\}$ 上的定积分。

【例 2】 如果随机变量 $X \sim N(0, 1)$,$Y=\mathrm{e}^X$,求 Y 的密度函数。

解 设 $F_Y(y)$、$p_Y(y)$ 分别为随机变量 Y 的分布函数和密度函数。

当 $y \leqslant 0$ 时,有

$$F_Y(y) = P\{Y \leqslant y\} = P\{\mathrm{e}^X \leqslant y\} = P(\Phi) = 0$$

当 $y > 0$ 时,有

$$F_Y(y) = P\{Y \leqslant y\} = P\{\mathrm{e}^X \leqslant y\} = P\{X \leqslant \ln y\}$$

$$= \frac{1}{\sqrt{2\pi}} \int_{-\infty}^{\ln y} \mathrm{e}^{-\frac{x^2}{2}} \mathrm{d}x$$

所以

$$p_Y(y) = F'_Y(y) = \left(\frac{1}{\sqrt{2\pi}} \int_{-\infty}^{\ln y} \mathrm{e}^{-\frac{x^2}{2}} \mathrm{d}x\right)' = \frac{1}{\sqrt{2\pi}y} \mathrm{e}^{-\frac{(\ln y)^2}{2}}$$

得 Y 的密度函数为

$$p_Y(y) = \begin{cases} \dfrac{1}{\sqrt{2\pi}\,y} e^{-\frac{(\ln y)^2}{2}}, & y > 0 \\ 0, & y \leqslant 0 \end{cases}$$

【例3】 设随机变量 X 的密度函数 $p_X(x) = \begin{cases} \dfrac{x}{8}, & 0 < x < 4 \\ 0, & \text{其他} \end{cases}$ 求随机变量函数 $Y = 2X + 8$ 的密度函数。

解 设 Y 的分布函数为 $F_Y(y)$，于是

$$F_Y(y) = P\{Y \leqslant y\} = P\{2X + 8 \leqslant y\} = P\left\{X \leqslant \frac{y-8}{2}\right\} = F_X\left(\frac{y-8}{2}\right)$$

从而 Y 的密度函数

$$p_Y(y) = F_Y'(y) = \frac{1}{2} p_X\left(\frac{y-8}{2}\right)$$

当 $0 < \dfrac{y-8}{2} < 4$ 时，即 $8 < y < 16$ 时，$p_X\left(\dfrac{y-8}{2}\right) = \dfrac{y-8}{16}$

当 $\dfrac{y-8}{2}$ 取其他值时，$p_X\left(\dfrac{y-8}{2}\right) = 0$

从而，Y 的密度函数为

$$p_Y(y) = \begin{cases} \dfrac{y-8}{16}, & 8 < y < 16 \\ 0, & \text{其他} \end{cases}$$

当 $f(x)$ 是单调函数时，下面的定理提供了计算随机变量函数 $Y = f(X)$ 的密度函数 $p_Y(y)$ 的一种简单方法。

定理 2 设随机变量 X 的密度函数为 $p_X(x)$，$x \in (-\infty, +\infty)$，又设 $y = f(x)$ 为可导函数且恒有 $f'(x) > 0$（或恒有 $f'(x) < 0$），则 $Y = f(X)$ 是一个连续型随机变量，其密度函数为

$$p_Y(y) = \begin{cases} p_X[h(y)] \, |\, h'(y)\,|, & \alpha < y < \beta \\ 0, & \text{其他} \end{cases} \tag{2-7}$$

其中 $x=h(y)$ 是 $y=f(x)$ 的反函数,区间 (α,β) 是由 X 的取值区间确定 $Y=f(X)$ 的相应取值区间。

证明 只证 $f'(x)>0$ 的情况。此时,$f(x)$ 在 $(-\infty,+\infty)$ 内严格单调增加,它的反函数 $h(y)$ 存在,且在 (α,β) 严格单调增加,可导。分别记 X,Y 的分布函数为 $F_X(x)$,$F_Y(y)$。现在先求 Y 的分布函数 $F_Y(y)$。

因为 $Y=f(Y)$ 在 (α,β) 上取值,故当 $y\leqslant\alpha$ 时,$F_Y(y)=P\{Y\leqslant y\}=0$,当 $y\geqslant\beta$ 时,$F_Y(y)=P\{Y\leqslant y\}=1$,而当 $\alpha<y<\beta$ 时,有

$$F_Y(y)=P\{Y\leqslant y\}=P\{f(X)\leqslant y\}=P\{X\leqslant h(y)\}=F_X[h(y)]$$

将 $F_X(Y)$ 关于 y 求导数,即得 Y 的概率密度。

$$p_Y(y)=\begin{cases}p_X[h(y)]h'(y), & \alpha<y<\beta\\ 0, & \text{其他}\end{cases} \tag{2-8}$$

对于 $f'(x)<0$ 的情况同样可以证明,此时有

$$p_Y(y)=\begin{cases}p_X[h(y)][-h'(y)], & \alpha<y<\beta\\ 0, & \text{其他}\end{cases} \tag{2-9}$$

由(2-8),(2-9)得出结论。

若 $p_X(x)$ 在区间 $[a,b]$ 以外等于零,则只需假设在 $[a,b]$ 上恒有 $f'(x)>0$(或恒有 $f'(x)<0$),此时

$$\alpha=\min\{f(a),f(b)\}, \quad \beta=\max\{f(a),f(b)\}$$

注:如果区间不是 $[a,b]$,而是开区间或半闭半开区间或无穷区间,在区间上 $f'(x)>0$(或 $f'(x)<0$),类似处理。

例如,对于[例2],

$$\alpha=\min\{e^{-\infty},e^{+\infty}\}=0, \quad \beta=\max\{e^{-\infty},e^{+\infty}\}=+\infty$$

从前面例题可见,在求 Y 的分布函数 $F_Y(y)=P\{Y\leqslant y\}$ 的过程中,关键是设法从 $\{f(X)\leqslant y\}$ 中解出 X,从而得到与 $\{f(X)\leqslant y\}$ 等价的 X 的不等式。而利用本定理,在满足条件时可直接用它求出随机变量函数的密度函数。

【例4】 设随机变量 $X\sim E(2)$,求随机变量 $Y=X^3$ 的密度函数。

解 由题意知随机变量 X 的密度函数为

$$p_X(x) = \begin{cases} 2e^{-2x}, & \text{当 } x \geqslant 0 \text{ 时} \\ 0, & \text{当 } x < 0 \text{ 时} \end{cases}$$

$p_X(x)$ 在 $[0, +\infty)$ 上取值不等于零,且在 $[0, +\infty)$ 上 $(x^3)' > 0$。

$$\alpha = \min\{y(0), y(+\infty)\} = 0, \quad \beta = \max\{y(0), y(+\infty)\} = +\infty$$

$y = x^3$ 是单调增加的连续函数,反函数为 $x = \sqrt[3]{y}$,所以,据定理 1 得 $Y = X^3$ 的密度函数为

$$p_Y(y) = \begin{cases} p_X(\sqrt[3]{y})(\sqrt[3]{y})', & \text{当 } y \geqslant 0 \text{ 时}, \\ 0, & \text{当 } y < 0 \text{ 时}。 \end{cases} = \begin{cases} \dfrac{2}{3\sqrt[3]{y^2}} e^{-2\sqrt[3]{y}}, & \text{当 } y \geqslant 0 \text{ 时} \\ 0, & \text{当 } y < 0 \text{ 时} \end{cases}$$

习 题 2-4

1. 设随机变量 X 的分布律如表 2-16 所示,求随机变量 $Y = ZX - \pi$,$Z = \sin X$ 的分布律。

表 2-16 X 的分布律

X	0	$\dfrac{\pi}{2}$	π
p	0.25	0.25	0.5

2. 设随机变量 X 的分布律如表 2-17 所示,求随机变量 $Y = \sin\left(\dfrac{\pi}{2} X\right) + 1$ 的分布律。

表 2-17 X 的分布律

X	0	1	2	3
p	0.1	0.3	0.4	0.2

3. 设随机变量 X 的密度函数 $p(x)$ 如下,求随机变量 $Y = X^2$ 的密度函数。

$$p(x) = \begin{cases} \dfrac{3}{4}(1 - x^2), & -1 < x < 1 \\ 0, & \text{其他} \end{cases}$$

4. 设随机变量 $X \sim N(0, 1)$,试求下列随机变量函数的密度函数:

(1) $Y=2X^2+1$;　　　　　　　(2) $Z=X^3$。

5. 设随机变量 X 服从 $[0,1]$ 上的均匀分布,求随机变量 $Y=e^X$ 的密度函数。

复习题二

1. 选择题

(1) 设 $F(x)=P\{X\leqslant x\}$ 是连续型随机变量 X 的分布函数,则下列结论中不正确的是( )。

 A. $F(x)$ 不是不减函数   B. $F(x)$ 是不减函数

 C. $0\leqslant F(x)\leqslant 1$ D. $\lim\limits_{x\to-\infty}F(x)=0$

(2) 设 $X\sim N(0,1)$,$\varphi(x)$ 为 X 的密度函数,则 $\varphi(0)=($)。

 A. 0   B. $\dfrac{1}{\sqrt{2\pi}}$ C. 1   D. $\dfrac{1}{2}$

2. 填空题

(1) 设随机变量 X 服从 0-1 分布,且 $P\{X=1\}=4P\{X=0\}$。则 X 的分布函数 $F(x)=$ _____。

(2) 设随机变量 X 的分布律为 $P\{X=k\}=\dfrac{a}{2+k}$($k=0,1,2$),则 $a=$ _____。

3. 已知随机变量 X 的分布律如表 2-18 所示,确定常数 k 的值,并计算概率 $P\{X<1\mid X\neq 0\}$。

表 2-18　　　　　　　　　　　　**X 的分布律**

X	-1	0	1	2
p	$\dfrac{1}{2k}$	$\dfrac{3}{4k}$	$\dfrac{5}{6k}$	$\dfrac{7}{16k}$

4. 在长度为 t 的时间间隔内,某急救中心收到紧急呼救的次数 X 服从参数为 $\dfrac{t}{2}$ 的泊松分布,而与时间间隔的起点无关(时间以小时计)。求:(1)某一天从中午 12 时至下午 3 时没有收到紧急呼救的概率;(2)某一天从中午 12 时至下午 5 时至少收到 1 次紧急呼救的概率。

5. 设事件 A 在每次试验中发生的概率为 0.3。当 A 发生不少于 3 次时,指示灯发出信号,求进行 7 次独立试验,指示灯发出信号的概率。

6. 有 2 500 名同一年出生的人参加保险公司的人寿保险,在 1 年中每个人死亡的概率为 0.002,每个参加保险的人在 1 月 1 日须交 120 元保险费,而在死亡时家属可以从保险公司里领取 20 000 元赔偿金,从 1 月 1 日至 12 月 31 日止,求保险公司亏本的概率。

7. 设随机变量 X 的密度函数为

$$p(x) = \begin{cases} k\cos x, & \text{当 } |x| \leqslant \dfrac{\pi}{2} \text{ 时} \\ \\ 0, & \text{当 } |x| > \dfrac{\pi}{2} \text{ 时} \end{cases}$$

求:(1) 常数 k 的值;(2) X 的分布函数;(3) X 落在区间 $\left(0, \dfrac{\pi}{4}\right)$ 内的概率。

8. 设随机变量 $X \sim N(108, 9)$,求:(1) $P\{101.1 < X < 117.6\}$;(2) k 使 $P\{X < k\} = 0.9$。

9. 测量某目标的距离时发生的随机误差 X(单位:米)服从正态分布 $N(0, 40^2)$,求在 3 次测量中至少有 1 次误差的绝对值不超过 30 米的概率。

10. 设随机变量 X 的分布律如表 2-19 所示,求随机变量 $Y = X^2$ 的分布律。

表 2-19 X 的分布律

X	-2	-1	0	1	3
p	0.1	0.2	0.4	0.1	0.2

11. 设随机变量 X 的密度函数 $p_X(x)$ 如下,求随机变量函数 $Y = X^2$ 的密度函数。

$$p_X(x) = \begin{cases} \dfrac{1}{2}x + \dfrac{3}{4}, & 0 < x < 1 \\ \\ 0, & \text{其他} \end{cases}$$

12. 设随机变量 X 的密度函数为

$$p_X(x) = \begin{cases} 1 - |x|, & -1 < x < 1 \\ \\ 0, & \text{其他} \end{cases}$$

求随机变量 $Y = X^2$ 的密度函数。

第三章 二维随机变量及其分布

在许多随机试验中,所涉及的指标不止一个,需要用定义在同一个样本空间上的两个或两个以上的随机变量来描述,为此本章首先引入多维随机变量的概念,然后重点讨论二维随机变量的统计规律性,即联合分布、边缘分布、条件分布,最后讨论随机变量的独立性。

第一节 二维随机变量及其分布函数

一、二维随机变量及其联合分布函数

在研究某地区小学生身高与体重之间的联系时,要从该地区内抽一定数量的小学生进行测量,于是,样本空间 $\Omega=\{$该地区所抽取的小学生$\}$。每抽一个学生,就有一个由身高、体重组成的有序数组 (X_1, X_2),X_1 和 X_2 是定义 Ω 上的两个随机变量,这个有序数组是根据试验结果而确定的,有序数组 (X, Y) 称为二维随机变量。

对企业经济效益的评定,有时需要综合考虑劳动生产率、资金产值、资金利润等多个指标。于是,样本空间 $\Omega=\{$该企业的经济效益$\}$,每一次测定,就有一个由劳动生产率、资金产值、资金利润等组成的有序数组 (X_1, X_2, X_2)。同样地,这个有序数组也是根据测试的结果而确定的,有序数组 (X_1, X_2, X_3) 称为三维随机变量。

一般地,有如下定义。

定义 1 设 Ω 为随机试验的样本空间,随机试验的结果用定义在 Ω 上的 n 个随机变量 $X_1, X_2, \cdots, X_n$ 来描述,则称这 n 个随机变量组成的有序数组 $(X_1, X_2, \cdots, X_n)$ 为一个 n 维随机变量。

下面我们主要对二维随机变量进行讨论,所得结果可以推广到 n 维随机变量的情形。

定义 2 设 (X, Y) 是二维随机变量,对于任意实数 x、y,事件 $\{X \leqslant x\}$、$\{Y \leqslant y\}$ 的积事件的概率,即二元函数,称为二维随机变量 (X, Y) 的联合分布函数,记为 $F(x, y)$,即

$$F(x, y) = P\{X \leqslant x, Y \leqslant y\} \tag{3-1}$$

其中事件 $\{X \leqslant x, Y \leqslant y\} = \{X \leqslant x\} \cap \{Y \leqslant y\}$。

如果将二维随机变量 (X, Y) 看成是平面上随机点的坐标,那么,联合分布函数 $F(x, y)$ 在点 (x_0, y_0) 处的函数值 $F(x_0, y_0)$ 就是随机点 $(X、Y)$ 落在如图 3-1 所示区域 $D = \{(x, y) | x \leqslant x_0, y \leqslant y_0\}$ 的概率。

二维随机变量的分布函数 $F(x, y)$ 具有如下性质。

性质 1 $0 \leqslant F(x, y) \leqslant 1$。

性质 2 $F(x, y)$ 对 x 和 y 分别是单调不减的,即对任意的 y,如果 $x_1 < x_2$,则 $F(x_1, y) \leqslant F(x_2, y)$;对任意的 x,如果 $y_1 < y_2$,则 $F(x, y_1) \leqslant F(x, y_2)$。

性质 3 $F(x, y)$ 对 x 是右连续,对 y 也是右连续。

性质 4 对任意 y,$\lim\limits_{x \to -\infty} F(x, y) = 0$;对任意 x,$\lim\limits_{y \to -\infty} F(x, y) = 0$; $\lim\limits_{\substack{x \to +\infty \\ y \to +\infty}} F(x, y) = 1$。

以上结果常记为

$$F(-\infty, y) = 0, \quad F(x, -\infty) = 0, \quad F(+\infty, +\infty) = 1$$

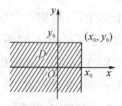

图 3-1 区域 D

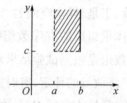

图 3-2 $\{a < X \leqslant b, Y > c\}$

【例 1】 设二维随机变量 (X, Y) 的联合分布函数为 $F(x, y)$,试用 $F(x, y)$ 的取值表示概率 $P\{a < X \leqslant b, Y > c\}$。

解 如图 3-2 可见,事件 $\{a < X \leqslant b, Y > c\}$ 可化为

$$\{a < X \leqslant b, Y > c\} = \{X \leqslant b, Y > c\} - \{X \leqslant a, Y > c\}$$
$$= \{X \leqslant b\} - \{X \leqslant b, Y \leqslant c\} - \{X \leqslant a\} + \{X \leqslant a, Y \leqslant c\}$$

由此得

$$P\{a < X \leqslant b, Y > c\} = P\{X \leqslant b\} - P\{X \leqslant b, Y \leqslant c\}$$
$$- P\{X \leqslant a\} + P\{X \leqslant a, Y \leqslant c\}$$
$$= F(b, +\infty) - F(b, c) - F(a, +\infty) + F(a, c)$$

二、边缘分布函数

随机变量 X 与 Y 是同一试验的结果,作为整体,我们用二维随机变量 (X, Y) 的联合分布函数来描述。而 X、Y 作为随机变量,它们分别反映试验的某一侧面,也有各自的分布函数,这就是如下的边缘分布函数概念。

定义 3 设 (X, Y) 为二维随机变量,随机变量 X 的分布函数称为二维随机变量 (X, Y) **关于 X 的边缘分布函数**,记为 $F_X(x)$;随机变量 Y 的分布函数称为二维随机变量 (X, Y) **关于 Y 的边缘分布函数**,记为 $F_Y(y)$。

对于二维随机变量 (X, Y),由于事件 $\{X < +\infty\}$,$\{Y < +\infty\}$ 为必然事件,所以事件 $\{X \leqslant x\}$、$\{Y \leqslant y\}$ 满足

$$\{X \leqslant x\} = \{X \leqslant x, Y < +\infty\}, \quad \{Y \leqslant y\} = \{X < +\infty, Y \leqslant y\}$$

于是我们可由 (X, Y) 的联合分布函数 $F(x, y)$ 得到 X 和 Y 的边缘分布函数。

$$F_X(x) = P\{X \leqslant x\} = P\{X \leqslant x, Y < +\infty\} = F(x, +\infty)$$

$$F_Y(x) = P\{Y \leqslant y\} = P\{X < +\infty, Y \leqslant y\} = F(+\infty, y)$$

即

$$F_X(x) = F(x, +\infty), \quad F_Y(y) = F(+\infty, y) \tag{3-2}$$

从几何上来看,$F_X(x)$ 和 $F_Y(y)$ 的函数值就是随机点 (X, Y) 分别落在图 3-3、图 3-4 所示斜线区别 D_1、D_2 内的概率。

图 3-3 区域 D_1

图 3-4 区域 D_2

【例 2】 设二维随机变量 (X, Y) 的联合分布函数为

$$F(x, y) \begin{cases} 1 - \dfrac{1}{e^y}, & x > 0, y \geqslant 0 \\ 0, & \text{其他} \end{cases}$$

求 (X, Y) 关于 X 和 Y 的边缘分布函数。

解 当 $x \leqslant 0$ 时,由公式 (3-2),得

$$F_X(x) = F(x, +\infty) = \lim_{y \to +\infty} F(x, y) = 0$$

当 $x > 0$ 时,得

$$F_X(x) = \lim_{y \to +\infty} F(x, y) = \lim_{y \to +\infty} \left(1 - \frac{1}{e^y}\right) = 1$$

所以,关于 X 的边缘分布函数为

$$F_X(x) = \begin{cases} 1, & x > 0 \\ 0, & 其他 \end{cases}$$

同理可得 $(X、Y)$ 关于 Y 的边缘分布函数为

$$F_Y(y) = \begin{cases} 1 - \dfrac{1}{e^y}, & y \geqslant 0 \\ 0, & 其他 \end{cases}$$

习 题 3-1

1. 设二维随机变量 (X, Y) 的联合分布函数为 $F(x, y)$。试用 $F(x, y)$ 表示下列概率。

$$P\{a < X \leqslant b, Y \leqslant c\};\ P\{a < Y \leqslant b\};\ P\{X > a, Y \leqslant b\}$$

2. 设二维随机变量 (X, Y) 的联合分布函数 $F(x, y)$ 如下,求 (X, Y) 关于 X, Y 的边缘分布函数。

$$(1)\ F(x, y) = \begin{cases} (1 - e^{-x})(1 - e^{-y}), & x \geqslant 0, y \geqslant 0 \\ 0, & 其他 \end{cases}$$

$$(2)\ F(x, y) = \begin{cases} \left(\dfrac{1}{2} + \dfrac{1}{\pi}\arctan x\right)(1 - e^{-y}), & -\infty < x < +\infty, y > 0 \\ 0, & 其他 \end{cases}$$

3. 设二维随机变量 (X, Y) 的联合分布函数为

$$F(x, y) = A\left(B + \arctan \frac{x}{2}\right)\left(c + \arctan \frac{y}{2}\right)$$

试确定常数 A, B, C 的值,并求 X, Y 的边缘分布函数及概率 $P\{X > 2\}$。

第二节　二维离散型随机变量及其分布

一、二维离散型随机变量及其联合分布律

定义 1　设 (X, Y) 是二维随机变量，如果它的所有可能取值是有限对或可列对时，则称 (X, Y) 为**二维离散型随机变量**。

设二维离散型随机变量 (X, Y) 的所有可能取值为 (x_i, y_j)，$i, j = 1, 2, \cdots$ 则称

$$P\{X = x_i, Y = y_j\} = p_{ij} \quad (i, j = 1, 2, \cdots) \tag{3-3}$$

或表 3-1 为 (X, Y) 的**联合分布律**。

表 3-1　　　　　　　　　　　　　　联合分布律

X \\ Y	y_1	y_2	$\cdots$	y_j	$\cdots$
x_1	p_{11}	p_{12}	$\cdots$	p_{1j}	$\cdots$
x_2	p_{21}	p_{22}	$\cdots$	p_{2j}	$\cdots$
$\vdots$	$\vdots$	$\vdots$	$\vdots$	$\vdots$	$\vdots$
x_i	p_{i1}	p_{i2}	$\cdots$	p_{ij}	$\cdots$
$\vdots$	$\vdots$	$\vdots$	$\vdots$	$\vdots$	$\vdots$

联合分布律具有以下基本性质。

(1) $p_{ij} \geqslant 0 \quad (i, j = 1, 2, \cdots)$

(2) $\sum_i \sum_j p_{ij} = 1$

【例 1】　袋中装有 5 只白球，2 只红球，进行有放回抽样，从袋中随机抽取 2 次，每次抽取 1 只。如果定义随机变量 X, Y 如下，求二维随机变量 (X, Y) 的联合分布律。

$$X = \begin{cases} 1, & \text{第一次取得白球} \\ 0, & \text{第一次取得红球} \end{cases}$$

$$Y = \begin{cases} 1, & \text{第二次取得白球} \\ 0, & \text{第二次取得红球} \end{cases}$$

解　二维随机变量 (X, Y) 可取值为 $(0, 0)$，$(0, 1)$，$(1, 0)$，$(1, 1)$。

$$P\{X=0,\, Y=0\} = \frac{2}{7} \times \frac{2}{7} = \frac{4}{49}$$

$$P\{X=0,\, Y=1\} = \frac{2}{7} \times \frac{5}{7} = \frac{10}{49}$$

$$P\{X=1,\, Y=0\} = \frac{5}{7} \times \frac{2}{7} = \frac{10}{49}$$

$$P\{X=1,\, Y=1\} = \frac{5}{7} \times \frac{5}{7} = \frac{25}{49}$$

表 3-2 联合分布律

X \ Y	0	1
0	$\frac{4}{49}$	$\frac{10}{49}$
1	$\frac{10}{49}$	$\frac{25}{49}$

得 (X, Y) 的联合分布律如表 3-2 所示。

二、边缘分布律

设 (X, Y) 是二维离散型随机变量,它的联合分布律如表 3-1 所示。那么 X 是一维随机变量,它的分布律为

$$P\{X=x_i\} = P\{X=x_i,\, Y=y_1\} + P\{X=x_i,\, Y=y_2\} + \cdots$$

$$+ P\{X=x_i,\, Y=y_j\} + \cdots$$

$$= p_{i1} + p_{i2} + \cdots + p_{ij} + \cdots$$

$$= \sum_j p_{ij} \quad (i=1, 2, \cdots)$$

记 $$p_{i\cdot} = P\{X=x_i\} = \sum_j p_{ij} \quad (i=1, 2, \cdots) \tag{3-4}$$

式(3-4)称为二维随机变量 (X, Y) **关于 X 的边缘分布律**。同样地,Y 作为一维离散型随机变量,它的分布律是

$$P\{Y=y_j\} = p_{1j} + p_{2j} + \cdots + p_{ij} + \cdots = \sum_i p_{ij} \quad (j=1, 2, \cdots)$$

记 $$p_{\cdot j} = P\{Y=y_j\} = \sum_i p_{ij} \quad (j=1, 2, \cdots) \tag{3-5}$$

式(3-5)称为二维随机变量 (X, Y) **关于 Y 的边缘分布律**。

由于 $P\{X=x_i\} = p_{i\cdot}$ 恰好是表 3-1 联合分布律中第 i 行各概率之和,$i=1$, 2, $\cdots$ 这些和数在联合分布律表 3-1 的最右构成新的一列。即为 (X, Y) 关于 X 的边缘分布律,如表 3-3 所示。

同样地,$P\{Y=y_j\} = p_{\cdot j}$ 恰好是表 3-1 联合分布律中第 j 列各概率之和,$j=1$, 2, $\cdots$ 这些和数在联合分布律表 3-1 的最下构成新的一行,即为 (X, Y) 关于 Y 的边缘分布律,如表 3-3 所示。

表 3 - 3　　　　　　　　　　　　联合分布律与边缘分布律

X \ Y	y_1	y_2	$\cdots$	y_j	$\cdots$	$P\{X=x_i\}$
x_1	p_{11}	p_{12}	$\cdots$	p_{1j}	$\cdots$	$p_1.$
x_2	p_{21}	p_{22}	$\cdots$	p_{2j}	$\cdots$	$p_2.$
$\vdots$	$\vdots$	$\vdots$	$\cdots$	$\vdots$		$\vdots$
x_i	p_{i1}	p_{i2}	$\cdots$	p_{ij}	$\cdots$	$p_i.$
$\vdots$	$\vdots$	$\vdots$	$\cdots$	$\vdots$		$\vdots$
$P\{Y=y_j\}$	$p_{\cdot 1}$	$p_{\cdot 2}$	$\cdots$	$p_{\cdot j}$	$\cdots$	1

【例 2】　设二维随机变量 (X, Y) 只取数值 $(0, 0)$, $(-1, 1)$, $\left(-1, \dfrac{1}{3}\right)$, $(2, 0)$,

取这些值的相应概率依次为 $\dfrac{1}{6}$, $\dfrac{1}{3}$, $\dfrac{1}{12}$, $\dfrac{5}{12}$, 求 (X, Y) 关于 X, Y 的边缘分布律。

解　因为所给的一组概率 $\dfrac{1}{6}$, $\dfrac{1}{3}$, $\dfrac{1}{12}$, $\dfrac{5}{12}$ 均大于零, 且

$$\frac{1}{6} + \frac{1}{3} + \frac{1}{12} + \frac{5}{12} = 1$$

所以这组数是二维随机变量 (X, Y) 的联合分布律。

由于 (X, Y) 只取这四组数, 因此事件

$$\{X = -1, Y = 0\}, \left\{X = 0, Y = \frac{1}{3}\right\}, \{X = 0, Y = 1\}$$

$$\left\{X = 2, Y = \frac{1}{3}\right\}, \{X = 2, Y = 1\}$$

均为不可能事件, 其概率为零, 得 (X, Y) 的联合分布律, 如表 3 - 4 所示。

表 3 - 4　联合分布律

X \ Y	0	$\dfrac{1}{3}$	1
-1	0	$\dfrac{1}{12}$	$\dfrac{1}{3}$
0	$\dfrac{1}{6}$	0	0
2	$\dfrac{5}{12}$	0	0

表 3 - 5　边缘分布律

X \ Y	0	$\dfrac{1}{3}$	1	$P\{X=x_i\}$
-1	0	$\dfrac{1}{12}$	$\dfrac{1}{3}$	$\dfrac{5}{12}$
0	$\dfrac{1}{6}$	0	0	$\dfrac{1}{6}$
2	$\dfrac{5}{12}$	0	0	$\dfrac{5}{12}$
$P\{Y=y_j\}$	$\dfrac{7}{12}$	$\dfrac{1}{12}$	$\dfrac{1}{3}$	1

在表 3-4 中增加最右一列,将联合分布律表 3-4 每行概率和填入,该列即为 (X,Y) 关于 X 的边缘分布律。同样地,在表 3-4 中增加最下一行,将表 3-4 每列概率和填入。该行即为 (X,Y) 关于 Y 的边缘分布律。如表 3-5 所示。

习 题 3-2

1. 二维随机变量 (X,Y) 的联合分布律如表 3-6 所示,求常数 k 的值及概率 $P\{1 \leqslant X < 2 \mid 1 \leqslant Y < 3\}$。

表 3-6 联合分布律

X \ Y	−1	1	3
0	k	$\frac{1}{12}$	$\frac{1}{16}$
1	$\frac{5}{12}$	$\frac{1}{12}$	$\frac{1}{12}$

2. 设二维随机变量 (X,Y) 的联合分布函数为 $F(x,y)$,其联合分布律如表 3-7 所示,求:(1)常数 k 的值;(2)概率 $P\{1 \leqslant X \leqslant 2, 3 \leqslant y \leqslant 4\}$ 及 $F(2,3)$ 的值。

表 3-7 联合分布律

X \ Y	1	2	3	4
1	k	0	0	$\frac{1}{16}$
2	$\frac{1}{16}$	$\frac{1}{4}$	0	$\frac{1}{4}$
3	0	$\frac{1}{16}$	$\frac{1}{16}$	0

3. 袋中装有标上号码 1,2,2 的 3 个球,进行不放回抽样,从中取 2 次,每次任取 1 球,以 X,Y 分别记为第一、第二次取到球上的号码数。求 (X,Y) 的联合分布律及 (X,Y) 关于 X、Y 的边缘分布律。

4. 把一枚均匀硬币抛掷 3 次,设 X 为 3 次抛掷中正面出现的次数,而 Y 为正面出现次数与反面出现次数之差的绝对值。求二维随机变量 (X,Y) 的联合分布律及 (X,Y) 关于 X,Y 的边缘分布律。

第三节　二维连续型随机变量及其分布

一、二维连续型随机变量及其联合密度函数

定义 1　设二维随机变量(X, Y)的联合分布函数为$F(x, y)$,如果存在非负可积函数$p(x, y)$,使得对于任意实数x, y有

$$F(x, y) = \int_{-\infty}^{x} \int_{-\infty}^{y} p(x, y) \mathrm{d}x \mathrm{d}y \qquad (3\text{-}6)$$

则称(X, Y)是二维连续型随机变量,$p(x, y)$称为(X, Y)的**联合概率密度函数**,简称**联合密度函数**。

联合密度函数$p(x, y)$具有下列基本性质。

(1) 对一切实数x, y有$p(x, y) \geqslant 0$。

(2) $\int_{-\infty}^{+\infty} \int_{-\infty}^{+\infty} p(x, y) \mathrm{d}x \mathrm{d}y = 1$。

(3) $P\{X, Y\} \in D\} = \iint\limits_{D} p(x, y) \mathrm{d}x \mathrm{d}y$。

其中,D为xOy平面内任一区域。

特别地,对任意实数$a < b, c < d$有

$$P\{a < X \leqslant b, c < Y \leqslant d\} = \int_{a}^{b} \int_{c}^{d} p(x, y) \mathrm{d}x \mathrm{d}y$$

(4) 如果$p(x, y)$在点(x, y)处连续,则

$$\frac{\partial^2 F(x, y)}{\partial x \partial y} = p(x, y)$$

【例 1】　设二维随机变量(X, Y)的联合密度函数为

$$p(x, y) = \begin{cases} k\mathrm{e}^{-(x+y)}, & x \geqslant 0 \ y \geqslant 0 \\ 0, & \text{其他} \end{cases}$$

求常数k的值和联合分布函数$F(x, y)$,并求概率$P\{Y \leqslant X\}$。

解　由联合密度函数性质,可知

$$1 = \int_{-\infty}^{+\infty} \int_{-\infty}^{+\infty} p(x, y) \mathrm{d}x \mathrm{d}y = \int_{0}^{+\infty} \int_{0}^{+\infty} k\mathrm{e}^{-(x+y)} \mathrm{d}x \mathrm{d}y$$

$$= k \int_0^{+\infty} \mathrm{e}^{-x} \mathrm{d}x \cdot \int_0^{+\infty} \mathrm{e}^{-y} \mathrm{d}y = k$$

所以 $k = 1$。

当 $x < 0$ 或 $y < 0$ 时，有 $p(x, y) = 0$，从而

$$F(x, y) = \int_{-\infty}^x \int_{-\infty}^y p(x, y) \mathrm{d}x \mathrm{d}y = \int_{-\infty}^x \int_{-\infty}^y 0 \mathrm{d}x \mathrm{d}y = 0$$

当 $x \geqslant 0, y \geqslant 0$ 时，

$$F(x, y) = \int_{-\infty}^x \int_{-\infty}^y p(x, y) \mathrm{d}x \mathrm{d}y = \int_0^x \int_0^y \mathrm{e}^{-(x+y)} \mathrm{d}x \mathrm{d}y$$

$$= \int_0^x \mathrm{e}^{-x} \mathrm{d}x \cdot \int_0^y \mathrm{e}^{-y} \mathrm{d}y = (1 - \mathrm{e}^{-x})(1 - \mathrm{e}^{-y})$$

所以联合分布函数为

$$F(x, y) = \begin{cases} (1 - \mathrm{e}^{-x})(1 - \mathrm{e}^{-y}), & x \geqslant 0, y \geqslant 0 \\ 0, & \text{其他} \end{cases}$$

设区域 D 为 xOy 平面上直线 $y = x$ 及其下方部分，如图 3-5 所示。由联合密度函数性质 3 得

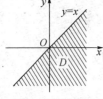

$$P\{Y \leqslant X\} = P\{(X, Y) \in D\} = \iint_D p(x, y) \mathrm{d}x \mathrm{d}y$$

$$= \int_0^{+\infty} \left(\int_y^{+\infty} \mathrm{e}^{-(x+y)} \mathrm{d}x \right) \mathrm{d}y = \int_0^{+\infty} \mathrm{e}^{-2y} \mathrm{d}y = \frac{1}{2}$$

图 3-5　区域 D

二、边缘密度函数

设二维随机变量 (X, Y) 的联合密度函数为 $p(x, y)$，按公式(3-6)，有

$$F_X(x) = P\{X \leqslant x, Y < +\infty\} = \int_{-\infty}^x \left[\int_{-\infty}^{+\infty} p(x, y) \mathrm{d}y \right] \mathrm{d}x$$

$$F_Y(y) = P\{X < +\infty, Y \leqslant y\} = \int_{-\infty}^y \left[\int_{-\infty}^{+\infty} p(x, y) \mathrm{d}x \right] \mathrm{d}y$$

可见，X 和 Y 均是一维连续型随机变量，且它们的密度函数分别为

$$p_X(x) = \int_{-\infty}^{+\infty} p(x, y) \mathrm{d}y \tag{3-7}$$

$$p_Y(y) = \int_{-\infty}^{+\infty} p(x, y) \mathrm{d}x \qquad (3-8)$$

称 $p_X(x)$ 为 (X, Y) **关于 X 的边缘密度函数**,称 $p_Y(y)$ 为 (X, Y) **关于 Y 的边缘密度函数**。

【例2】 设二维随机变量 (X, Y) 的联合密度函数为

$$p(x, y) = \begin{cases} 9(x-1)^2(y-1)^2, & 1 \leqslant x \leqslant 2, 1 \leqslant y \leqslant 2 \\ 0, & \text{其他} \end{cases}$$

求 (X, Y) 关于 X, Y 的边缘密度函数。

解 当 $1 \leqslant x \leqslant 2$ 时

$$p_X(x) = \int_{-\infty}^{+\infty} p(x, y) \mathrm{d}y = \int_1^2 9(x-1)^2(y-1)^2 \mathrm{d}y = 3(x-1)^2$$

当 x 为其他情况时,$p_X(x) = 0$。

因此 (X, Y) 关于 X 的边缘密度函数为

$$p_X(x) = \begin{cases} 3(x-1)^2, & 1 \leqslant x \leqslant 2 \\ 0, & \text{其他} \end{cases}$$

当 $1 \leqslant y \leqslant 2$ 时

$$p_Y(y) = \int_{-\infty}^{+\infty} p(x, y) \mathrm{d}x = \int_1^2 9(x-1)^2(y-1)^2 \mathrm{d}x = 3(y-1)^2$$

当 y 为其他情况时,$p_Y(y) = 0$。

所以 (X, Y) 关于 Y 的边缘密度函数为

$$p_Y(y) = \begin{cases} 3(y-1)^2, & 1 \leqslant y \leqslant 2 \\ 0, & \text{其他} \end{cases}$$

定义2 设区域 D 为平面上的有界区域,其面积为 $S(D)$,如果二维随机变量 (X, Y) 的联合密度函数为

$$p(x, y) = \begin{cases} \dfrac{1}{S(D)}, & (x, y) \in D \\ 0, & \text{其他} \end{cases} \qquad (3-9)$$

则称二维随机变量 (X, Y) 在区域 **D 上服从均匀分布**。

显然,均匀分布的联合密度函数 $p(x, y) \geqslant 0$,且

$$\int_{-\infty}^{+\infty}\int_{-\infty}^{+\infty}p(x,\ y)\mathrm{d}x\mathrm{d}y=\iint_{D}p(x,\ y)\mathrm{d}x\mathrm{d}y=1$$

【例3】 设二维随机变量(X,Y)在闭区域D上服从均匀分布,其中D是由直线 $x=0,\ y=0,\ x+y=1$ 所围成的三角形域,求(X,Y)关于X的边缘密度函数。

解 由题意,(X,Y)的联合密度函数为

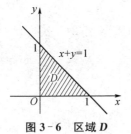

图 3-6 区域 **D**

$$p(x,\ y)=\begin{cases}\dfrac{1}{2},&(x,\ y)\in D\\[2mm]0,&(x,\ y)\overline{\in}D\end{cases}$$

当$0\leqslant x\leqslant1$时,由图3-6可知,

$$p_X(x)=\int_{-\infty}^{+\infty}p(x,\ y)\mathrm{d}y=\int_0^{1-x}\frac{1}{2}\mathrm{d}x=\frac{1}{2}(1-x)$$

当$x<0$或$x>1$时,$p_X(x)=0$,得(X,Y)关于X的边缘密度函数为

$$p_X(x)=\begin{cases}\dfrac{1}{2}(1-x),&0\leqslant x\leqslant1\\[2mm]0,&\text{其他}\end{cases}$$

定义3 如果二维随机变量(X,Y)的联合密度函数为

$$p(x,\ y)=\frac{1}{2\pi\sigma_1\sigma_2\sqrt{1-\rho^2}}\mathrm{e}^{-\frac{1}{2(1-\rho^2)}\left[\left(\frac{x-\mu_1}{\sigma_1}\right)^2-2\rho\frac{(x-\mu_1)(y-\mu_2)}{\sigma_1\sigma_2}+\left(\frac{y-\mu_2}{\sigma_2}\right)^2\right]}\qquad(3-10)$$

$x,\ y\in(-\infty,\ +\infty)$,其中$\mu_1,\ \mu_2,\ \sigma_1,\ \sigma_2,\ \rho$都是常数,且$\sigma_1>0,\ \sigma_2>0,\ -1<\rho<1$.则称$(X,Y)$为服从参数为$\mu_1,\ \mu_2,\ \sigma_1,\ \sigma_2,\ \rho$的**二元正态分布**,简记为$(X,Y)\sim N(\mu_1,\ \mu_2,\ \sigma_1^2,\ \sigma_2^2,\ \rho)$。

显然二维正态分布的联合密度函数 $p(x,\ y)\geqslant0$,且可证明$\int_{-\infty}^{+\infty}\int_{-\infty}^{+\infty}p(x,\ y)\mathrm{d}x\mathrm{d}y\mathrm{d}x\mathrm{d}y=1$。

【例4】 设二维随机变量$(X,Y)\sim N(\mu_1,\ \mu_2,\ \sigma_1^2,\ \sigma_2^2,\ \rho)$。求$(X,Y)$关于$X,Y$的边缘密度函数。

解 $p_X(x)=\int_{-\infty}^{+\infty}p(x,\ y)\mathrm{d}y$

由于 $\dfrac{(y-\mu_2)^2}{\sigma_2^2}-2\rho\dfrac{(x-\mu_1)(y-\mu_2)}{\sigma_1\sigma_2}=\left(\dfrac{y-\mu_2}{\sigma_2}-\rho\dfrac{x-\mu_1}{\sigma_1}\right)^2-\rho^2\dfrac{(x-\mu_1)^2}{\sigma_1^2}$

于是

$$p_X(x) = \frac{1}{2\pi\sigma_1\sigma_2\sqrt{1-\rho^2}} e^{-\frac{(x-\mu_1)^2}{2\sigma_1^2}} \int_{-\infty}^{+\infty} e^{-\frac{1}{(1-\rho^2)}\left(\frac{y-\mu_2}{\sigma_2}-\rho\frac{x-\mu_1}{\sigma_1}\right)^2} \mathrm{d}y$$

令 $t = \frac{1}{\sqrt{1-\rho^2}}\left(\frac{y-\mu_2}{\sigma_2} - \rho\frac{x-\mu_1}{\sigma_1}\right)$，则 $\mathrm{d}y = \sigma_2\sqrt{1-\rho^2}\,\mathrm{d}t$。于是

$$p_X(x) = \frac{1}{2\pi\sigma_1} e^{-\frac{(x-\mu_1)^2}{2\sigma_1^2}} \int_{-\infty}^{+\infty} e^{-\frac{t^2}{2}} \mathrm{d}t$$

$$= \frac{1}{\sqrt{2\pi}\sigma_1} e^{-\frac{(x-\mu_1)^2}{2\sigma_1^2}} \quad (-\infty < x < +\infty)$$

所以 $X \sim N(\mu_1, \sigma_1^2)$。

同理可得

$$p_Y(y) = \frac{1}{\sqrt{2\pi}\sigma_2} e^{-\frac{(y-\mu_2)^2}{2\sigma_2^2}} \quad (-\infty < y < +\infty)$$

所以 $Y \sim N(\mu_2, \sigma_2^2)$。

习 题 3-3

1. 设二维随机变量 (X, Y) 的联合密度函数为

$$p(x, y) = \begin{cases} x^2 + \dfrac{1}{3}xy, & 0 \leqslant x \leqslant 1, 0 \leqslant y \leqslant 2 \\ 0, & \text{其他} \end{cases}$$

求概率 $P\{X+Y \geqslant 1\}$。

2. 设二维随机变量 (X, Y) 的联合密度函数为

$$p(x, y) = \begin{cases} k(6-x-y), & 0 \leqslant x \leqslant 2, 2 \leqslant y \leqslant 4 \\ 0, & \text{其他} \end{cases}$$

求常数 k 的值及概率 $P\{x < 1, Y < 3\}$、$P\{X+Y \leqslant 4\}$。

3. 设二维随机变量 (X, Y) 的联合密度函数为

$$p(x, y) = \begin{cases} 4xy, & 0 \leqslant x < 1, 0 \leqslant y < 1 \\ 0, & \text{其他} \end{cases}$$

求(X,Y)的联合分布函数$F(x,y)$。

4. 设二维随机变量(X,Y)的联合密度函数为

$$p(x,y) = \begin{cases} k\sin(x+y), & 0<x<\dfrac{\pi}{2}, 0<y<\dfrac{\pi}{2} \\ 0, & \text{其他} \end{cases}$$

求常数k的值及(X,Y)关于X、Y的边缘密度函数。

5. 设二维随机变量(X,Y)的联合密度函数为

$$p(x,y) = \frac{k}{(1+x^2)(1+y^2)}, \quad -\infty<x, y<+\infty$$

求常数k的值及(X,Y)关于X、Y的边缘密度函数。

第四节　随机变量的条件分布与独立性

一、随机变量的条件分布
1. 离散型随机变量的条件分布

在第一章第四节,我们指出:事件 B 发生的条件下事件 A 的条件概率 $P(A|B)$ 为

$$P(A \mid B) = \frac{P(AB)}{P(B)} \quad (P(B)>0 \text{ 时})$$

现在,我们应用随机事件的条件概率概念,引入二维离散型随机变量的条件分布的概念。

设二维离散型随机变量(X,Y)的联合分布律为

$$P\{X=x_i, Y=y_j\} = p_{ij}, \quad i,j=1,2,\cdots$$

(X,Y)关于X和Y的边缘分布律分别为

$$P\{X=x_i\} = p_{i\cdot} = \sum_{j=1}^{+\infty} p_{ij}, \quad i=1,2,\cdots$$

$$P\{Y=y_j\} = p_{\cdot j} = \sum_{i=1}^{+\infty} p_{ij}, \quad j=1,2,\cdots$$

因为事件 $\{X=x_i, Y=y_j\} = \{X=x_i\} \bigcap \{Y=y_j\}$,所以当 $p_{\cdot j}>0$ 时,在事件 $\{Y=y_j\}$ 已经发生的条件下,事件 $\{X=x_i\}$ 发生的条件概率为

$$P\{X = x_i \mid Y = y_j\} = \frac{P\{X = x_i, Y = y_j\}}{P\{Y = y_j\}}$$

$$= \frac{p_{ij}}{p_{\cdot j}}, \quad i = 1, 2, \cdots$$

且满足

$$P(X = x_i \mid Y = y_j) \geqslant 0$$

$$\sum_{i=1}^{\infty} P(X = x_i \mid Y = y_j) = \sum_{i=1}^{+\infty} \frac{p_{ij}}{p_{\cdot j}} = \frac{1}{p_{\cdot j}} \sum_{i=1}^{+\infty} p_{ij} = \frac{1}{p_{\cdot j}} \cdot p_{\cdot j} = 1$$

由此得如下定义。

定义 1　设 (X, Y) 是二维离散型随机变量,对于固定的 j,当 $P\{Y = y_j\} > 0$ 时,则称

$$P\{X = x_i \mid Y = y_j\} = \frac{p_{ij}}{p_{\cdot j}} \quad (i = 1, 2, \cdots) \tag{3-11}$$

为在**条件 $Y = y_j$ 下随机变量 X 的条件分布律**。

同样,对固定的 i,当 $P\{X = x_i\} > 0$ 时,则称

$$P\{Y = y_j \mid X = x_i\} = \frac{p_{ij}}{p_{i\cdot}} \quad (j = 1, 2, \cdots) \tag{3-12}$$

为在**条件 $X = x_i$ 下随机变量 Y 的条件分布律**。

【例 1】　袋中装有 2 只白球、3 只黑球,进行不放回抽样摸球两球,每次摸取 1 只,设随机变量 X, Y 分别为

$$X = \begin{cases} 1, & \text{第一次摸出的是白球} \\ 0, & \text{第一次摸出的是黑球} \end{cases}$$

$$Y = \begin{cases} 1, & \text{第二次摸出的是白球} \\ 0, & \text{第二次摸出的是黑球} \end{cases}$$

求在条件 $X = 0$ 下,随机变量 Y 的条件分布律及在条件 $Y = 1$ 下,随机变量 X 的条件分布律。

解　因为 (X, Y) 的所有可能取值为 $(0, 0), (0, 1), (1, 0), (1, 1)$,且

$$P\{X=0, Y=0\}=\frac{3}{5}\times\frac{2}{4}=\frac{3}{10}$$

$$P\{X=0, Y=1\}=\frac{3}{5}\times\frac{2}{4}=\frac{3}{10}$$

$$P\{X=1, Y=0\}=\frac{2}{5}\times\frac{3}{4}=\frac{3}{10}$$

$$P\{X=1, Y=1\}=\frac{2}{5}\times\frac{1}{4}=\frac{1}{10}$$

所以(X,Y)的联合分布律和边缘分布律如表 3-8 所示。

表 3-8　　　　联合分布律与边缘分布律

X＼Y	0	1	$p_i.$
0	$\frac{3}{10}$	$\frac{3}{10}$	$\frac{3}{5}$
1	$\frac{3}{10}$	$\frac{1}{10}$	$\frac{2}{5}$
$p._j$	$\frac{3}{5}$	$\frac{2}{5}$	

又由

$$P\{Y=0 \mid X=0\}=\frac{3}{10}\div\frac{3}{5}=\frac{1}{2}$$

$$P\{Y=1 \mid X=0\}=\frac{3}{10}\div\frac{3}{5}=\frac{1}{2}$$

得　　在条件 $X=0$ 下，Y 的条件分布律如表 3-9 所示。

表 3-9　　　　条件 $X=0$ 下 Y 的条件分布律

$Y \mid X=0$	0	1
p	$\frac{1}{2}$	$\frac{1}{2}$

同理，在条件 $Y=1$ 下，X 的条件分布律如表 3-10 所示。

表 3-10　　　　条件 $Y=1$ 下 X 的条件分布律

$X \mid Y=1$	0	1
p	$\frac{3}{4}$	$\frac{1}{4}$

2. 连续型随机变量的条件分布

设(X,Y)是二维连续型随机变量,因为对于任意实数x,y均有$P\{X=x\}=0$,$P\{Y=y\}=0$,所以不能直接用条件概率公式得到连续型随机变量的条件分布,用条件密度函数来描述,定义如下。

定义 2 设二维连续型随机变量(X,Y)的联合密度函数为$p(x,y)$,(X,Y)关于X,Y的边缘密度函数分别为$p_X(x)$,$p_Y(y)$,对于一切使$p_X(x)>0$的x,则称$\dfrac{p(x,y)}{p_X(x)}$为条件 $X=x$ 下 Y 的条件密度函数,记为$p_{Y|X}(y\mid x)$,即

$$p_{Y|X}(y\mid x)=\frac{p(x,y)}{p_X(x)} \tag{3-13}$$

类似地,对于一切使$p_Y(y)>0$的y,则称$\dfrac{p(x,y)}{p_Y(y)}$为条件 $Y=y$ 下 X 的条件密度函数,记为$p_{X|Y}(x\mid y)$,即

$$p_{X|Y}(x\mid y)=\frac{p(x,y)}{p_Y(y)} \tag{3-14}$$

由此可得关系式

$$p(x,y)=p_X(x)p_{Y|X}(y\mid x)=p_Y(y)p_{X|Y}(x\mid y)$$

这在形式上与第一章的乘法公式很相似,它反映了联合密度函数边缘密度函数和条件密度函数的关系。

【例2】 设二维随机变量(X,Y)在闭区域$D=\{(x,y)\mid x^2+y^2\leqslant 1\}$上服从均匀分布,求条件密度函数$p_{X|Y}(x\mid y)$及$p_{Y|X}(y\mid x)$。

解 由题意,(X,Y)的联合密度函数为

$$p(x,y)=\begin{cases}\dfrac{1}{\pi}, & x^2+y^2\leqslant 1\\[2mm] 0, & \text{其他}\end{cases}$$

当$-1\leqslant x\leqslant 1$时,如图 3-7 可知

$$p_X(x)=\int_{-\infty}^{+\infty}f(x,y)\mathrm{d}y=\int_{-\sqrt{1-x^2}}^{\sqrt{1-x^2}}\frac{1}{\pi}\mathrm{d}y=\frac{2}{\pi}\sqrt{1-x^2}$$

当$|x|>1$时,$p_X(x)=0$,所以(X,Y)关于 X 的边缘密度函数为

$$p_X(x) = \begin{cases} \dfrac{2}{\pi}\sqrt{1-x^2}, & -1 \leqslant x \leqslant 1 \\ 0, & \text{其他} \end{cases}$$

同理可得(X, Y)关于Y的边缘密度函数为

$$p_Y(y) = \begin{cases} \dfrac{2}{\pi}\sqrt{1-y^2}, & -1 \leqslant y \leqslant 1 \\ 0, & \text{其他} \end{cases}$$

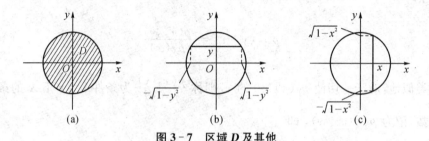

(a)　　　　　　(b)　　　　　　(c)

图 3 - 7　区域 *D* 及其他

当$-1 < y < 1$时，$p_Y(y) > 0$，得条件$Y = y$下X的条件密度函数为

$$p_{X|Y}(x \mid y) = \begin{cases} \dfrac{1}{2\sqrt{1-y^2}}, & -\sqrt{1-y^2} < x < \sqrt{1-y^2} \\ 0, & \text{其他} \end{cases} \quad \text{（如图 3 - 7(b)所示）}$$

当$-1 < x < 1$时，$p_X(x) > 0$，得条件$X = x$下Y的条件密度函数为

$$p_{Y|X}(y \mid x) = \begin{cases} \dfrac{1}{2\sqrt{1-x^2}}, & -\sqrt{1-x^2} < y < \sqrt{1-x^2} \\ 0, & \text{其他} \end{cases} \quad \text{（如图 3 - 7(c)所示）}$$

二、随机变量的独立性

1. 随机变量 *X* 与 *Y* 的独立性

在具体的实际问题中涉及的随机变量 X, Y，两者之间可能一个随机变量 X 的取值概率影响另一个随机变量 Y 的取值概率，但也可能 X 与 Y 互不影响，具体"独立性"。由于随机变量的取值是随机事件，因此可以借助于第一章随机事件的独立性来刻画随机变量的独立性，给出如下随机变量独立性的概念。

定义 3　设(X, Y)是二维随机变量，如果对任意实数 x, y，事件 $\{X \leqslant x\}$，$\{Y \leqslant y\}$ 相互独立，即

$$P\{X \leqslant x, Y \leqslant y\} = P\{X \leqslant x\} \cdot P\{Y \leqslant y\}$$

成立,则称随机变量 X 与 Y 是相互独立的。

注 事件 $\{X \leqslant x, Y \leqslant y\} = \{X \leqslant x\} \bigcap \{Y \leqslant y\}$。

据定义 3 易得如下定理。

定理 1 设二维随机变量 (X, Y) 的联合分布函数和边缘分布函数分别为 $F(x, y)$ 和 $F_X(x)$,$F_Y(y)$,则 X 与 Y 相互独立的充分必要条件是,对任意实数 x, y,有

$$F(x, y) = F_X(x)F_Y(y) \tag{3-15}$$

关于二维离散型随机变量的独立性有如下定理。

定理 2 设二维离散型随机变量 (X, Y) 的联合分布律为

$$P\{X = x_i, Y = y_j\} = p_{ij}, i, j = 1, 2, \cdots$$

(X, Y) 关于 X, Y 的边缘分布律分别为

$$P\{X = x_i\} = p_{i\cdot}, P\{Y = y_j\} = p_{\cdot j}, i, j = 1, 2, \cdots$$

则随机变量 X 与 Y 相互独立的充分必要条件是

$$p_{ij} = p_{i\cdot} \cdot p_{\cdot j}, i, j = 1, 2, \cdots \tag{3-16}$$

【例 3】 设二维随机变量 (X, Y) 的联合分布律如表 3-11 所示,X 与 Y 相互独立,求常数 a, b 的值。

解 (X, Y) 关于 X, Y 的边缘分布律如表 3-12 所示。

表 3-11 联合分布律

X \ Y	1	2	3
1	$\frac{1}{3}$	a	b
2	$\frac{1}{6}$	$\frac{1}{9}$	$\frac{1}{18}$

表 3-12 联合分布律与边缘分布律

X \ Y	1	2	3	$p_{i\cdot}$
1	$\frac{1}{3}$	a	b	$\frac{1}{3}+a+b$
2	$\frac{1}{6}$	$\frac{1}{9}$	$\frac{1}{18}$	$\frac{1}{3}$
$p_{\cdot j}$	$\frac{1}{2}$	$\frac{1}{9}+a$	$\frac{1}{18}+b$	1

因为 X 与 Y 相互独立,所以

$$p_{ij} = p_{i\cdot} \cdot p_{\cdot j} \quad i = 1, 2; j = 1, 2, 3$$

得

$$P\{X = 2, Y = 2\} = P\{X = 2\} \cdot P\{Y = 2\}$$

$$P\{X = 2, Y = 3\} = P\{X = 2\} \cdot P\{Y = 3\}$$

即

$$\frac{1}{9} = \frac{1}{3} \times \left(\frac{1}{9} + a\right), \ \frac{1}{18} = \frac{1}{3} \times \left(\frac{1}{18} + b\right)$$

解得

$$a = \frac{2}{9}, \ b = \frac{1}{9}$$

关于二维连续型随机变量的独立性有如下定理。

定理 3　设二维连续型随机变量 (X, Y) 的联合密度函数为 $p(x, y)$，(X, Y) 关于 X, Y 的边缘密度函数分别为 $p_X(x)$，$p_Y(y)$，则随机变量 X 与 Y 相互独立的充分必要条件是：对任意 x, y，有

$$p(x, y) = p_X(x) \cdot p_Y(y) \tag{3-17}$$

【例 4】　设二维随机变量 (X, Y) 的联合密度函数为

$$p(x, y) = \begin{cases} 4xy, & 0 \leqslant x \leqslant 1, \ 0 \leqslant y \leqslant 1 \\ 0, & 其他 \end{cases}$$

试问 X 与 Y 是否相互独立？

解　当 $0 \leqslant x \leqslant 1$ 时，有

$$p_X(x) = \int_{-\infty}^{+\infty} p(x, y) \mathrm{d}y = \int_0^1 4xy \mathrm{d}y = 2x$$

当 $x < 0$ 或 $x > 1$ 时，$p_X(x) = 0$。所以 (X, Y) 关于 X 的边缘密度函数为

$$p_X(x) = \begin{cases} 2x, & 0 \leqslant x \leqslant 1 \\ 0, & 其他 \end{cases}$$

同理可得关于 Y 的边缘密度函数为

$$p_Y(y) = \begin{cases} 2y, & 0 \leqslant y \leqslant 1 \\ 0, & 其他 \end{cases}$$

由于对任意实数 x, y 均有

$$p(x, y) = p_X(x) \cdot p_Y(y)$$

所以随机变量 X 与 Y 是相互独立的。

【例5】 设二维随机变量 (X, Y) 服从正态分布 $N(\mu_1, \mu_2, \sigma_1^2, \sigma_2^2, \rho)$，试证 X 与 Y 相互独立的充分必要条件是 $\rho = 0$。

证明 由题意知，(X, Y) 的联合密度函数为

$$p(x, y) = \frac{1}{2\pi\sigma_1\sigma_2\sqrt{1-\rho^2}} \cdot e^{-\frac{1}{2(1-\rho^2)}\left[\left(\frac{x-\mu_1}{\sigma_1}\right)^2 - \frac{2\rho(x-\mu_1)(y-\mu_2)}{\sigma_1\sigma_2} + \left(\frac{y-\mu_2}{\sigma_2}\right)^2\right]}$$

$$-\infty < x < +\infty, \ -\infty < y < +\infty$$

由本章第三节例 4 知，(X, Y) 关于 X，Y 的边缘密度函数分别为

$$p_X(x) = \frac{1}{\sqrt{2\pi}\sigma_1}e^{-\frac{(x-\mu_1)^2}{2\sigma_1^2}}, \ -\infty < x < +\infty,$$

$$p_Y(y) = \frac{1}{\sqrt{2\pi}\sigma_2}e^{-\frac{(x-\mu_2)^2}{2\sigma_2^2}}, \ -\infty < y < +\infty,$$

由此易得，$p(x, y) = p_X(x)p_Y(y)$ 成立的充分必要条件是 $\rho=0$，即 X 与 Y 相互独立的充分必要条件是 $\rho=0$。

【例6】 设二维随机变量 (X, Y) 在闭区域 $D = \{(X, Y) \mid a \leqslant x \leqslant b, c \leqslant y \leqslant d\}$ 上服从均匀分布，试问 X 与 Y 是否相互独立？

解 由题意知，(X, Y) 的联合密度函数为

$$p(x, y) = \begin{cases} \dfrac{1}{(b-a)(d-c)}, & a \leqslant x \leqslant b, c \leqslant y \leqslant d \\ 1, & \text{其他} \end{cases}$$

当 $a \leqslant x \leqslant b$ 时，$p_X(x) = \displaystyle\int_{-\infty}^{+\infty} p(x, y)\mathrm{d}y = \int_c^d \frac{1}{(b-a)(d-c)}\mathrm{d}y = \frac{1}{b-a}$

当 x 为其他情况时，$p_X(x) = 0$。得 (X, Y) 关于 X 的边缘密度函数为

$$p_X(x) = \begin{cases} \dfrac{1}{b-a}, & a \leqslant x \leqslant b \\ 0, & \text{其他} \end{cases}$$

同理可得，(X, Y) 关于 Y 的边缘密度函数为

$$p_Y(y) = \begin{cases} \dfrac{1}{d-c}, & c \leqslant y \leqslant d \\ 0, & \text{其他} \end{cases}$$

从而对任意实数 x, y，得

$$p(x, y) = p_X(x) \cdot p_Y(y)$$

因此，X 与 Y 相互独立。

注 ［例5］、［例6］的结论要记住，在以后的解题中可以直接应用。

2. 随机变量 $X_1, X_2, \cdots, X_n$ 的独立性

前面我们讨论了两个随机变量 X 与 Y 的独立性，为了推广到 n 个随机变量 $X_1, X_2, \cdots, X_n$ 的独立性，我们首先将二维随机变量的有关概念、结论推广到 n 维随机变量的情况。

设 $(X_1, X_2, \cdots, X_n)$ 为 n 维随机变量，对任意实数 $x_1, x_2, \cdots, x_n$，事件 $\{X_1 \leqslant x_1\}$，$\{X_2 \leqslant x_2\}$，$\cdots$，$\{X_n \leqslant x_n\}$ 的积的概率称为 **n 维随机变量 $(X_1, X_2, \cdots, X_n)$ 的联合分布函数**，记为 $F(x_1, x_2, \cdots, x_n)$，即

$$F(x_1, x_2, \cdots, x_n) = P\{X_1 \leqslant x_1, X_2 \leqslant x_2, \cdots, X_n \leqslant x_n\}$$

其中事件 $\{X_1 \leqslant x_1, X_2 \leqslant x_2, \cdots, X_n \leqslant x_n\} = \{X_1 \leqslant x_1\} \bigcap \{X_2 \leqslant x_2\} \bigcap \cdots \bigcap \{X_n \leqslant x_n\}$。

随机变量 X_i 的分布函数 $F_{X_i}(x_i)$ 称为 n 维随机变量 $(X_1, X_2, \cdots, X_n)$ **关于 X_i 的边缘分布函数**，$i = 1, 2, \cdots, n$。

定义 4 如果 n 维随机变量 $(X_1, X_2, \cdots, x_n)$ 的联合分布函数 $F(x_1, x_2, \cdots, x_n)$，边缘分布函数 $F_{X_1}(x_1), F_{X_2}(x_2), \cdots, F_X(x_n)$ 满足

$$F(x_1, x_2, \cdots, x_n) = F_{X_1}(x_1) F_{X_2}(x_2) \cdots F_{X_n}(x_n)$$

则称随机变量 **$X_1, X_2, \cdots, X_n$ 相互独立**。

如果 n 维随机变量 $(X_1, X_2, \cdots, x_n)$ 的可能取值为有限组或可列组值 $(x_1, x_2, \cdots, x_n)$，则称 $(X_1, X_2, \cdots, X_n)$ 为 **n 维离散型随机变量**，称 $(X_1, X_2, \cdots, X_n)$ 取值 $(x_1, x_2, \cdots, x_n)$ 的概率

$$P\{X_1 = x_1, X_2 = x_2, \cdots X_n = x_n\}$$

为 $(X_1, X_2, \cdots, X_n)$ 的**联合分布律**。随机变量 X_i 的分布律 $P\{X_i = x_i\}$ 称为**关于 X_i 的边缘分布律**。

对于 n 维离散型随机变量的独立性有如下定理。

定理 4　离散型随机变量 X_1, X_2, $\cdots$, X_n 相互独立的充分必要条件是：对 $(X_1,$ $X_2,$ $\cdots,$ $X_n)$ 的所有可能取值 $(x_1,$ $x_2,$ $\cdots,$ $x_n)$, 有

$$P\{X_1 = x_1, X_2 = x_2, \cdots, X_n = x_n\} = P\{X_1 = x_1\} P\{X_2 = x_2\} \cdots P\{X_n = x_n\}$$

对于 n 维随机变量 $(X_1,$ $X_2,$ $\cdots,$ $X_n)$, 如果存在非负可积函数 $p(x_1, x_2, \cdots,$ $x_n)$, 使

$$F(x_1, x_2, \cdots, x_n) = \int_{-\infty}^{x_1} \int_{-\infty}^{x_2} \cdots \int_{-\infty}^{x_n} p(u_1, u_2, \cdots, u_n) \mathrm{d}u_1 \mathrm{d}u_2 \cdots \mathrm{d}u_n$$

则称 $(X_1,$ $X_2,$ $\cdots,$ $X_n)$ 为 **n 维连续型随机变量**。

随机变量 X_i 的密度函数称为 $(X_1,$ $X_2,$ $\cdots,$ $X_n)$ **关于 X_i 的边缘密度函数**，记为 $p_{X_i}(x_i)$。

$$p_{X_i}(x_i) = \int_{-\infty}^{+\infty} \cdots \int_{-\infty}^{+\infty} p(t_1, t_2, \cdots, t_{i-1}, x_i, t_{i+1}, \cdots t_n) \mathrm{d}t_1 \cdots \mathrm{d}t_{i-1} \mathrm{d}t_{i+1} \cdots \mathrm{d}t_n$$

对于 n 维连续型随机变量的独立性有如下定理。

定理 5　设 $(X_1,$ $X_2,$ $\cdots,$ $X_n)$ 为 n 维连续型随机变量，则 X_1, X_2, $\cdots$, X_n 相互独立的充分必要条件是：对任意实数 x_1, x_2, $\cdots x_n$ 有

$$p(x_1, x_2, \cdots, x_n) = p_{X_1}(x_1) p_{X_2}(x_2) \cdots p_{X_n}(x_n) \tag{3-18}$$

【例 7】　设三维随机变量 (X, Y, Z) 的联合密度函数为

$$p(x, y, z) = \begin{cases} \lambda_1 \lambda_2 \lambda_3 \mathrm{e}^{-(\lambda_1 x + \lambda_2 y + \lambda_3 z)}, & x, y, z > 0 \\ 0, & \text{其他} \end{cases}$$

其中 λ_1, λ_2, $\lambda_3 > 0$, 试证 X, Y, Z 相互独立。

证明　当 $x > 0$ 时，

$$p_X(x) = \int_{-\infty}^{+\infty} \int_{-\infty}^{+\infty} p(x, y, z) \mathrm{d}y \mathrm{d}z = \int_0^{+\infty} \int_0^{+\infty} \lambda_1 \lambda_2 \lambda_3 \mathrm{e}^{-(\lambda_1 x + \lambda_2 y + \lambda_3 z)} \mathrm{d}y \mathrm{d}z$$

$$= \lambda_1 \mathrm{e}^{-\lambda_1 x} \left(-\mathrm{e}^{-\lambda_2 y} \Big|_0^{+\infty} \right) \left(-\mathrm{e}^{-\lambda_3 z} \Big|_0^{+\infty} \right) = \lambda_1 \mathrm{e}^{-\lambda_1 x}$$

当 $x \leqslant 0$ 时，$p_X(x) = 0$, 得 (X, Y, Z) 关于 X 的边缘密度函数为

$$p_X(x) = \begin{cases} \lambda_1 \mathrm{e}^{-\lambda_1 x}, & x > 0 \\ 0, & x \leqslant 0 \end{cases}$$

83

同理可得关于 Y,Z 的边缘密度函数分别为

$$p_Y(y) = \begin{cases} \lambda_2 e^{-\lambda_2 y}, & y > 0 \\ 0, & y \leqslant 0 \end{cases} \qquad p_Z(z) = \begin{cases} \lambda_3 e^{-\lambda_3 z}, & z > 0 \\ 0, & z \leqslant 0 \end{cases}$$

由此可得，对任意实数 x,y,z 有

$$p(x,y,z) = p_X(x) p_Y(y) p_Z(z)$$

所以 X,Y,Z 相互独立。

习 题 3-4

表 3-13 联合分布律

X\Y	2	3
0	0.1	0.4
1	0.3	0.2

表 3-14 联合分布律

X\Y	0	1	2
0	0.3	0.25	0.2
1	0.1	0.15	0

1. 设二维随机变量 (X,Y) 的联合分布律如表 3-13 所示，求 $X=0$ 条件下随机变量 Y 的条件分布律及 $Y=3$ 条件下随机变量 X 的条件分布律。

2. 设二维随机变量 (X,Y) 的联合分布律如表 3-14 所示，求 $X=1$ 条件下随机变量 Y 的条件分布律及 $Y=1$ 条件下随机变量 X 的条件分布律。

3. 袋中有 3 个球，其编号分别为 $1,2,3$，进行不放回抽样。从中取 2 次，每次取 1 球。以 X,Y 分别表示第一次、第二次取得的球的编号。求 $Y=3$ 条件下 X 的条件分布律。

4. 设二维随机变量 (X,Y) 的联合密度函数为

$$p(x,y) = \begin{cases} 3x, & 0 < x < 1, \ 0 < y < x \\ 0, & \text{其他} \end{cases}$$

求 $X=x$ 条件下 Y 的条件密度函数和 $Y=y$ 条件下 X 的条件密度函数

5. 设二维随机变量 (X,Y) 的联合密度函数为

$$p(x,y) = \begin{cases} e^{-x}, & 0 < y < x \\ 0, & \text{其他} \end{cases}$$

求 $X=x$ 条件下 Y 的条件密度函数和条件 $Y=y$ 下 X 的条件密度函数。

表 3-15 联合分布律

X\Y	0	1
0	$\frac{7}{15}$	$\frac{7}{30}$
1	$\frac{7}{30}$	$\frac{1}{15}$

6. 设二维随机变量 (X,Y) 的联合分布律如表 3-15

所示，求(X, Y)关于X, Y的边缘分布律，并判断X与Y是否相互独立。

7. 设随机变量X与Y相互独立，其分布律分别如表$3-16$及表$3-17$所示，求(X, Y)的联合分布律及概率$P\{X+Y=1\}$，$P\{X+Y\neq0\}$。

表 3-16　X 的分布律

X	$-\dfrac{1}{2}$	1	3
p	$\dfrac{1}{2}$	$\dfrac{1}{4}$	$\dfrac{1}{4}$

表 3-17　Y 的分布律

Y	-2	-1	0	$\dfrac{1}{2}$
p	$\dfrac{1}{4}$	$\dfrac{1}{3}$	$\dfrac{1}{12}$	$\dfrac{1}{3}$

8. 设二维随机变量(X, Y)的联合密度函数为

$$p(x, y) = \begin{cases} 4xy e^{-(x^2+y^2)}, & x \geqslant 0, y \geqslant 0 \\ 0, & \text{其他} \end{cases}$$

求(X, Y)关于X, Y的边缘密度函数，并判断X与Y是否相互独立。

9. 设随机变量X在$[0, 1]$上服从均匀分布，随机变量Y服从参数$\lambda = \dfrac{1}{2}$的指数分布，且X与Y相互独立，求二维随机变量(X, Y)的联合密度函数。

10. 某旅客到达火车站的时间X均匀分布在早上$7:55\sim8:00$，而火车在此时间段内开出的时间Y(时间单位:分)的密度函数为

$$p_Y(y) = \begin{cases} \dfrac{2(5-y)}{25}, & 0 \leqslant y \leqslant 5 \\ 0, & \text{其他} \end{cases}$$

求此人能及时上火车的概率。

第五节　二维随机变量函数的分布

在第二章中，我们曾讨论了一个随机变量的函数的分布，本节我们将讨论二维随机变量的函数的分布。即，已知二维随机变量(X, Y)的分布，求随机变量$Z = g(X, Y)$的分布，其中$z = g(x, y)$是x, y的连续函数。

表 3-18　联合分布律

X＼Y	1	2	3
1	0.1	0.2	0.1
2	0.4	0	0.2

我们举例说明求二维随机变量函数的分布的方法。

【例1】　设二维随机变量(X, Y)的联合分布律如表$3-18$所示，求随机变量

$Z = X + Y$, $M = \max(X, Y)$ 的分布律。

解 将 (X, Y) 的取值与 Z, M 的相应取值及概率一起列表, 如表 3-19 所示。

表 3-19 (X, Y), Z, M 的相应取值及概率

(X, Y)	(1, 1)	(1, 2)	(1, 3)	(2, 1)	(2, 2)	(2, 3)
Z	2	3	4	3	4	5
M	1	2	3	2	2	3
p	0.1	0.2	0.1	0.4	0	0.2

得随机变量 Z, M 的分布律分别如表 3-20, 表 3-21 所示。

表 3-20 Z 的分布律

Z	2	3	4	5
p	0.1	0.6	0.1	0.2

表 3-21 M 的分布律

M	1	2	3
p	0.1	0.6	0.3

【例 2】 设随机变量 X 与 Y 相互独立, 它们分别服从参数为 λ_1 和 λ_2 的泊松分布, 求随机变量 $Z = X + Y$ 的分布律。

解 由题意知 X, Y 的分布律是

$$P\{X = i\} = \frac{\lambda_1^i}{i!} e^{-\lambda_1}, \quad i = 0, 1, 2, \cdots$$

$$P\{X = j\} = \frac{\lambda_2^j}{j!} e^{-\lambda_2}, \quad j = 0, 1, 2, \cdots$$

Z 的所有可能取值为 $0, 1, 2, \cdots$ 而

$$P\{Z = i\} = P\{X + Y = i\}$$

$$= \sum_{k=0}^{i} P\{X = k, Y = i - k\}$$

$$= \sum_{k=0}^{i} P\{X = k\} P\{Y = i - k\}$$

$$= \sum_{k=0}^{i} \frac{\lambda_1^k}{k!} e^{-\lambda_1} \cdot \frac{\lambda_2^{i-k}}{(i-k)!} e^{-\lambda_2}$$

$$= e^{-(\lambda_1 + \lambda_2)} \cdot \frac{1}{i!} \sum_{k=0}^{i} \frac{i!}{k!(i-k)!} \lambda_1^k \cdot \lambda_2^{i-k}$$

$$= \frac{1}{i!} e^{-(\lambda_1 + \lambda_2)} \sum_{k=0}^{i} C_i^k \lambda_1^k \lambda_2^{i-k}$$

$$= \frac{(\lambda_1 + \lambda_2)^i}{i!} e^{-(\lambda_1 + \lambda_2)}, \quad i = 0, 1, 2, \cdots$$

故 $Z = X + Y$ 服从以 $\lambda_1 + \lambda_2$ 为参数的泊松分布。

设二维连续型随机变量(X, Y)的联合密度函数为 $p(x, y)$，二维随机变量(X, Y)的函数 $Z = g(X, Y)$ 是一维随机变量，Z 的分布函数为

$$F_Z(x) = P\{Z \leqslant z\} = P\{g(x, y) \leqslant z\}$$

$$= \iint\limits_{g(x, y) \leqslant z} p(x, y) \mathrm{d}x\mathrm{d}y \qquad (3-19)$$

即 $F_Z(z)$ 可以由被积函数 $p(x, y)$ 在平面区域 $g(x, y) \leqslant z$ 上的二重积分得到。从而可得 Z 的密度函数

$$p_Z(z) = \frac{d}{\mathrm{d}z} F_Z(z) = \frac{d}{\mathrm{d}z} \iint\limits_{g(x, y) \leqslant z} p(x, y) \mathrm{d}x\mathrm{d}y$$

【例3】 设 X 和 Y 是两个相互独立的随机变量，它们的密度函数分别为

$$p_X(x) = \begin{cases} 1, & 0 < x < 1 \\ 0, & \text{其他} \end{cases} \qquad p_Y(y) = \begin{cases} e^{-y}, & y > 0 \\ 0, & y \leqslant 0 \end{cases}$$

求随机变量 $Z = 2X + Y$ 的密度函数。

解 由题意知，(X, Y)的联合密度函数为

$$p(x, y) = p_X(x)p_Y(y) = \begin{cases} e^{-y}, & 0 < x < 1, y > 0 \\ 0, & \text{其他} \end{cases}$$

由式(3-19)，Z 的分布函数为

$$F_Z(z) = P\{Z \leqslant z\} = P\{2X + Y \leqslant z\}$$

$$= \iint\limits_{2x+y \leqslant z} p(x, y) \mathrm{d}x\mathrm{d}y$$

$p(x, y) \neq 0$ 的区域 $D = \{(x, y) \mid 0 < x < 1, y > 0\}$，如图 3-8 所示。

当 $z < 0$ 时，$F_Z(z) = 0$。

87

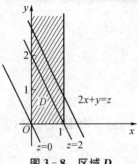
图 3-8 区域 D

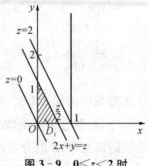
图 3-9 $0 \leqslant z < 2$ 时

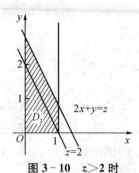
图 3-10 $z > 2$ 时

当 $0 \leqslant z < 2$ 时,由图 3-9 可得

$$F_Z(z) = \iint\limits_{D_1} p(x, y)\mathrm{d}x\mathrm{d}y = \int_0^{z/2} \left(\int_0^{z-2x} \mathrm{e}^{-y}\mathrm{d}y \right) \mathrm{d}x = \int_0^{z/2} (1 - \mathrm{e}^{2x-z})\mathrm{d}z$$

$$= \frac{1}{2}(z + \mathrm{e}^{-z} - 1)$$

当 $z \geqslant 2$ 时,由图 3-10 可得

$$F_Z(x) = \iint\limits_{D_2} p(x, y)\mathrm{d}x\mathrm{d}y = \int_0^1 \left(\int_0^{z-2x} \mathrm{e}^{-y}\mathrm{d}y \right) \mathrm{d}x = \int_0^1 (1 - \mathrm{e}^{2x-z})\mathrm{d}x$$

$$= 1 - \frac{1}{2}(\mathrm{e}^2 - 1)\mathrm{e}^{-z}$$

故得 Z 的分布函数为

$$F_Z(x) = \begin{cases} 0, & z < 0 \\ \dfrac{1}{2}(z + \mathrm{e}^{-z} - 1), & 0 \leqslant x < 2 \\ 1 - \dfrac{1}{2}(\mathrm{e}^2 - 1)\mathrm{e}^{-z}, & z \geqslant 2 \end{cases}$$

于是,Z 的密度函数为

$$p_Z(z) = \frac{\mathrm{d}}{\mathrm{d}z}F(z) - \begin{cases} 0, & z < 0 \\ \dfrac{1}{2}(1 - \mathrm{e}^{-z}), & 0 \leqslant z < 2 \\ \dfrac{1}{2}(\mathrm{e}^2 - 1)\mathrm{e}^{-z}, & z \geqslant 2 \end{cases}$$

【例4】 设二维随机变量(X, Y)在矩形闭区域$G = \{(x, y) \mid 0 \leqslant x \leqslant 2, 0 \leqslant y \leqslant 1\}$上服从均匀分布，试求$Z = XY$的密度函数。

解 由题意知，二维随机变量(X, Y)的联合密度函数为

$$p(x, y) = \begin{cases} \dfrac{1}{2}, & (x, y) \in G \\ 0, & \text{其他} \end{cases}$$

Z的分布函数

$$F_Z(z) = P\{XY \leqslant z\}$$

$$= \iint\limits_{xy \leqslant z} p(x, y)\mathrm{d}x\mathrm{d}y$$

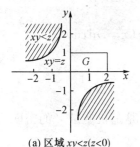
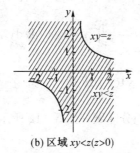
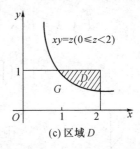

(a) 区域$xy<z(z<0)$ (b) 区域$xy<z(z>0)$ (c) 区域D

图 3-11 区域

当$z < 0$时，由图3-11(a)得$F_Z(z) = 0$

当$0 \leqslant z < 2$时，由图3-11(b)(c)得

$$F_Z(z) = P\{XY \leqslant z\} = 1 - P\{XY > z\}$$

$$= 1 - \iint\limits_{xy > z} p(x, y)\mathrm{d}x\mathrm{d}y = 1 - \iint\limits_{D} \frac{1}{2}\mathrm{d}x\mathrm{d}y$$

$$= 1 - \frac{1}{2}\int_z^2 \left(\int_{z/x}^1 \mathrm{d}y \right) \mathrm{d}x = \frac{1}{2}(1 + \ln 2 - \ln z)z$$

当$z \geqslant 2$时，由图3-11(b)知

$$F_Z(z) = \iint\limits_{xy \leqslant z} p(x, y)\mathrm{d}x\mathrm{d}y = \iint\limits_{G} p(x, y)\mathrm{d}x\mathrm{d}y = 1$$

从而随机变量Z的分布函数为

$$F_Z(z) = \begin{cases} 0, & z < 0 \\ \dfrac{1}{2}(1 + \ln 2 - \ln z)z, & 0 \leqslant z < 2 \\ 1, & z \geqslant 2 \end{cases}$$

得 Z 的密度函数为

$$p_Z(z) = \begin{cases} \dfrac{1}{2}(\ln 2 - \ln z), & 0 \leqslant z \leqslant 2 \\ 0, & \text{其他} \end{cases}$$

下面我们介绍几个常用的函数的概率分布。

1. $Z = X + Y$ 的分布

设 (X, Y) 的联合密度函数为 $p(x, y)$，则 $Z = X + Y$ 的分布函数

$$F_Z(z) = P(X + Y \leqslant z) = \iint\limits_{x+y \leqslant z} p(x, y)\mathrm{d}x\mathrm{d}y = \iint\limits_{D} p(x, y)\mathrm{d}x\mathrm{d}y$$

$$= \int_{-\infty}^{+\infty} \left(\int_{-\infty}^{z-y} p(x, y)\mathrm{d}x \right) \mathrm{d}y$$

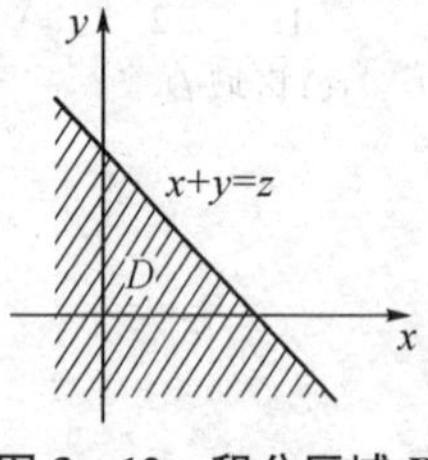

其中积分区域如图 3-12 所示，于是随机变量 Z 的密度函数为

图 3-12　积分区域 D

$$p_Z(z) = \frac{d}{\mathrm{d}z}F_Z(z)$$

$$= \int_{-\infty}^{+\infty} p(z - y, y)\mathrm{d}y$$

利用 X, Y 的对称性，又可得

$$p_Z(z) = \int_{-\infty}^{+\infty} p(x, z - x)\mathrm{d}x$$

特别，当 X 与 Y 相互独立时，有

$$p_Z(z) = \int_{-\infty}^{+\infty} p_X(z - y)p_Y(y)\mathrm{d}y = \int_{-\infty}^{+\infty} p_X(x)p_Y(z - x)\mathrm{d}x$$

其中，$p_X(x)$ 和 $p_Y(y)$ 分别是 X 和 Y 的密度函数。

上式又称为 $p_X(z)$ 和 $p_Y(z)$ 的卷积，常记为 $p_X(z) * p_Y(z)$，即当 X 与 Y 相互独立时，有

$$p_Z(z) = p_X(z) * p_Y(z) \qquad\qquad (3-20)$$

【例5】 设(X, Y)服从二维正态分布$N(0, 0, 1, 1, 0)$，求随机变量$Z = X+Y$的密度函数。

解 由题意可知，X与Y是相互独立的，且X, Y的密度函数分别为

$$p_X(x) = \frac{1}{\sqrt{2\pi}}e^{-\frac{x^2}{2}}, \; -\infty < x < +\infty$$

$$p_Y(y) = \frac{1}{\sqrt{2\pi}}e^{-\frac{y^2}{2}}, \; -\infty < y < +\infty$$

由式$(3-20)$，得Z的密度函数为

$$p_Z(z) = p_X(z) * p_Y(z) = \int_{-\infty}^{+\infty} p_X(x)p_Y(z-x)\mathrm{d}x$$

$$= \frac{1}{2\pi}\int_{-\infty}^{+\infty} e^{-\frac{x^2}{2}} e^{-\frac{(z-x)^2}{2}}\mathrm{d}x$$

$$= \frac{1}{2\pi}e^{-\frac{z^2}{4}}\int_{-\infty}^{+\infty} e^{-\left(x-\frac{z}{2}\right)^2}\mathrm{d}x$$

令$u = x - \frac{z}{2}$，得

$$p_Z(z) = \frac{1}{2\pi}e^{-\frac{z^2}{4}}\int_{-\infty}^{+\infty} e^{-u^2}\mathrm{d}u = \frac{1}{2\pi}e^{-\frac{z^2}{4}} \cdot \sqrt{\pi} = \frac{1}{2\sqrt{\pi}}e^{-\frac{z^2}{4}}$$

即Z服从正态分布$N(0, 2)$。

一般地，若$X_1, X_2, \cdots, X_n$相互独立，且

$$X_k \sim N(\mu_k, \sigma_k^2), \; k = 1, 2, \cdots, n$$

则随机变量$Z = X_1 + X_2 + \cdots + X_n$服从正态分布，即

$$Z = \sum_{k=1}^{n} X_k \sim N\left(\sum_{k=1}^{n}\mu_k, \sum_{k=1}^{n}\sigma_k^2\right)$$

2. $M=\max(X, Y)$及$N=\min(X, Y)$的分布

设随机变量X与Y相互独立，其分布函数分别为$F_X(x)$, $F_Y(y)$。由于事件

$$\{\max(X, Y) \leqslant z\} = \{X \leqslant z, Y \leqslant z\}$$

于是，随机变量M的分布函数为

91

$$F_M(z) = P\{\max(X, Y) \leqslant z\} = P\{X \leqslant z, Y \leqslant z\}$$

$$= P\{X \leqslant z\} \cdot P\{Y \leqslant z\} = F_X(z)F_Y(z) \qquad (3-21)$$

同理，可得随机变量 N 的分布函数为

$$F_N(z) = P\{\min(X, Y) \leqslant z\} = 1 - P\{\min(X, Y) > z\}$$

$$= 1 - P\{X > z, Y > z\} = 1 - P\{X > z\} \cdot P\{Y > z\}$$

$$= 1 - [1 - F_X(z)][1 - F_Y(z)] \qquad (3-22)$$

【例6】 设随机变量 X 与 Y 相互独立，均服从参数为 λ 的指数分布，求 $M = \max(X, Y)$，$N = \min(X, Y)$ 的分布函数。

解 由题意知，X, Y 的分布函数分别为

$$F_X(x) = \begin{cases} 1 - e^{-\lambda x}, & x \geqslant 0 \\ 0, & x < 0 \end{cases} \quad F_Y(y) = \begin{cases} 1 - e^{-\lambda y}, & y \geqslant 0 \\ 0, & y < 0 \end{cases}$$

据式(3-21),(3-22)，得

$$F_M(z) = F_X(z) \cdot F_Y(z) = \begin{cases} (1 - e^{-\lambda z})^2, & z \geqslant 0 \\ 0, & z < 0 \end{cases}$$

$$F_N(z) = 1 - [1 - F_X(z)][1 - F_Y(z)] = 1 - [1 - F_X(z)]^2$$

$$= \begin{cases} 1 - e^{-2\lambda z}, & z \geqslant 0 \\ 0, & z < 0 \end{cases}$$

求导数，得 M、N 的密度函数，分别为

$$p_M(z) = F'_M(z) = \begin{cases} 2\lambda(1 - e^{-\lambda z})e^{-\lambda z}, & z \geqslant 0 \\ 0, & z < 0 \end{cases}$$

$$p_N(z) = F'_N(z) = \begin{cases} 2\lambda e^{-2\lambda z}, & z \geqslant 0 \\ 0, & z < 0 \end{cases}$$

表 3-22 联合分布律

X \ Y	0	1	2
0	0.125	0.25	6
1	0.125	0.25	0.25

习 题 3-5

1. 设二维随机变量(X, Y)的联合分布律如表 3-22所示，求 $M = \max(X, Y)$，$N = \min(X, Y)$，

$Z = X + Y$ 的分布律。

2. 设随机变量 X 与 Y 相互独立,其分布律分别如表 3 - 23、表 3 - 24 所示,求 $M = \max(X, Y)$,$N = \min(X, Y)$,$Z = X + Y$ 的分布律。

表 3 - 23 X 的分布律

X	1	2	3
p	$\frac{1}{2}$	$\frac{1}{3}$	$\frac{1}{6}$

表 3 - 24 Y 的分布律

Y	1	2
p	$\frac{2}{3}$	$\frac{1}{3}$

3. 设随机变量 X 与 Y 相互独立,分布律为 $P\{X = k\} = P\{Y = k\} = \frac{1}{2^k}$,$k = 1, 2, \cdots$ 求随机变量 $Z = X + Y$ 的分布律。

4. 设随机变量 X 与 Y 相互独立,均服从正态分布 $N(0, 1)$,求随机变量 $Z = X^2 + Y^2$ 的密度函数。

5. 设二维随机变量 (X, Y) 的联合密度函数为

$$p(x, y) = \begin{cases} 2e^{-(x+2y)}, & x > 0, \ y > 0 \\ 0, & 其他 \end{cases}$$

求随机变量 $Z = X + 2Y$ 的密度函数。

6. 设二维随机变量 (X, Y) 在区域 $D = \{(x, y) \mid 0 < x < 2, 0 < y < 2\}$ 上服从均匀分布,求随机变量 $Z = |X - Y|$ 的密度函数。

7. 设随机变量 X 与 Y 相互独立,均服从 $[0, 1]$ 上的均匀分布,求随机变量 $Z = X + Y$ 的密度函数。

8. 设随机变量 X 与 Y 相互独立,其密度函数分别为

$$p_X(x) = \begin{cases} 1, & 0 \leqslant x \leqslant 1 \\ 0, & 其他 \end{cases} \qquad p_Y(y) = \begin{cases} e^{-y}, & y \geqslant 0 \\ 0, & y < 0 \end{cases}$$

求随机变量 $Z = X + Y$ 的密度函数。

9. 设二维随机变量 (X, Y) 的联合密度函数为

$$p(x, y) = \begin{cases} xe^{-y}, & 0 < x < y < +\infty \\ 0, & 其他 \end{cases}$$

求随机变量 $M = \max(X, Y)$,$N = \min(X, Y)$ 的分布函数。

10. 设随机变量 X 与 Y 相互独立,其密度函数分别为

$$p_X(x) = \begin{cases} xe^{-\frac{x^2}{2}}, & x > 0 \\ 0, & x \leqslant 0 \end{cases} \qquad p_Y(y) = \begin{cases} ye^{-\frac{y^2}{2}}, & y > 0 \\ 0, & y \leqslant 0 \end{cases}$$

求随机变量 $M = \max(X, Y)$ 的分布函数及概率 $P\{\max(X, Y) > 4\}$。

复习题三

1. 选择题

(1) 设 $F(x, y)$ 为二维随机变量 (X, Y) 的联合分布函数，则 $F(x, +\infty) =$ (   )。

A. $\displaystyle\int_{-\infty}^{+\infty} p(x, y) \mathrm{d}y$ B. $\displaystyle\int_{-\infty}^{+\infty} p(x, y) \mathrm{d}x$

C. $F_X(x)$ D. $F_Y(y)$

(2) 设二维随机变量 (X, Y) 的联合密度函数为

$$p(x, y) = \begin{cases} x + y, & 0 \leqslant x \leqslant 1, 0 \leqslant y \leqslant 1 \\ 0, & \text{其他} \end{cases}$$

则 $P\{0 < X < 0.5, 0 < Y < 0.5\} = $ (   )。

A. $\dfrac{1}{2}$ B. $\dfrac{1}{4}$ C. $\dfrac{1}{8}$ D. $\dfrac{1}{16}$

(3) 设随机变量 X 与 Y 相互独立，都服从两点分布

$$P\{X = 0\} = P\{X = 1\} = P\{Y = 0\} = P\{Y = 1\} = 0.5$$

则下列等式中正确的是(   )。

A. $X = Y$ B. $P\{X = Y\} = 0.5$

C. $P\{X = Y\} = 0$ D. $P\{X = Y\} = 1$

2. 填空题

(1) 设二维随机变量 (X, Y) 的联合密度函数为

$$p(x, y) = \begin{cases} ke^{-(3x+4y)}, & x > 0, y > 0 \\ 0, & \text{其他} \end{cases}$$

则常数 k 的值 $=$ _____。

(2) 设二维随机变量 (X, Y) 的联合密度函数为

$$p(x, y) = \begin{cases} x^2 + \dfrac{1}{3}xy, & 0 \leqslant x \leqslant 1, 0 \leqslant y \leqslant 2 \\ 0, & \text{其他} \end{cases}$$

则 $P\{X + Y \geqslant 1\} = $ _____。

(3) 设二维随机变量 (X, Y) 在区域 D 上服从均匀分布，区域 D 是由直线 $y = 0$，$y = x$，$x + y = 4$ 所围成的闭区域，设区域 $D_1 = \{(x, y) | -1 \leqslant x \leqslant 1, -0.5 \leqslant y \leqslant 0.5\}$，则 $P\{(X, Y) \in D_1\} = $ _____。

3. 一箱玻璃制品有 12 件，其中 2 件是次品，进行放回抽样，从箱中取 2 次，每次取 1 件，设随机变量 X，Y 分别为

$$X = \begin{cases} 0, & \text{第一次取得正品} \\ 1, & \text{第一次取得次品} \end{cases} \qquad Y = \begin{cases} 0, & \text{第二次取得正品} \\ 1, & \text{第二次取得次品} \end{cases}$$

求二维随机变量 (X, Y) 的联合分布律和关于 X，Y 的边缘分布律。

4. 设二维随机变量 (X, Y) 的联合密度函数为

$$p(x, y) = \begin{cases} kx, & 0 \leqslant x \leqslant 1, 0 \leqslant y \leqslant x \\ 0, & \text{其他} \end{cases}$$

求常数 k 的值及关于 X，Y 的边缘密度函数。

5. 设二维随机变量 (X, Y) 在区域 D 上服从均匀分布，区域 D 是由直线 $x = 0$，$y = 0$，$x - 2y - 1 = 0$ 所围成，求 (X, Y) 关于 X，Y 的边缘密度函数，并判断 X 与 Y 是否相互独立。

6. 设随机变量 X 与 Y 相互独立，X，Y 的分布律分别如表 3-25，表 3-26 所示，求随机变量 $Z = Y - X$ 的分布律。

表 3-25　　X 的分布律

X	0	1
p	0.25	0.75

表 3-26　　Y 的分布律

Y	0	1	2
p	0.25	0.50	0.25

7. 设随机变量 X，Y 都服从参数为 $\lambda = 1$ 的指数分布，求随机变量 $Z = X + Y$ 的密度函数及概率 $P\{1 \leqslant Z \leqslant 2\}$。

8. 设随机变量 X 与 Y 相互独立，均服从两点分布

$$P\{X = 0\} = P\{X = 1\} = P\{Y = 0\} = P\{Y = 1\} = 0.5$$

求随机变量 $M = \max(X, Y)$，$N = \min(X, Y)$，$V = XY$ 的分布律。

9. 设二维随机变量 (X, Y) 的联合密度函数为

$$p(x, y) = \begin{cases} \dfrac{21}{4} x^2 y, & x^2 \leqslant y \leqslant 1 \\ 0, & \text{其他} \end{cases}$$

求条件 $Y = y$ 下 X 的条件密度函数。

10. 设二维随机变量 (X, Y) 关于 Y 的边缘密度函数为

$$p_Y(y) = \begin{cases} 5y^4, & 0 < y < 1 \\ 0, & \text{其他} \end{cases}$$

条件 $Y = y$ 下 X 的条件密度函数为

$$p_{X|Y}(x \mid y) = \begin{cases} \dfrac{3x^2}{y^3}, & 0 < x < y \\ 0, & \text{其他} \end{cases}$$

求 (X, Y) 关于 X 的边缘密度函数。

第四章 随机变量的数字特征 与极限定理

前面几章讨论了随机变量的分布,对随机变量的统计规律进行了完整描述,可谓淋漓尽致。但是,要确定一个随机变量的统计规律很不容易,况且在许多实际问题中,并不需要全面地考察随机变量的统计规律,而仅需知道随机变量的一些重要的数字特征。例如,检查一批电子元件的寿命,我们关心的是电子元件的平均寿命以及电子元件寿命的波动程度(即电子元件寿命与平均寿命的偏离程度),这些反映随机变量某些特征的数字我们称为随机变量的数字特征。本章介绍常用的几个数字特征:数学期望,方差,协方差和相关系数,最后介绍极限定理。

第一节 数 学 期 望

一、离散型随机变量的数学期望

先看一个具体问题:

【例1】 某厂从所生产的一批产品中随机抽取一箱,含有产品 500 只,经检测,其一级品、二级品、三级品的数量分别为 300 只、150 只、50 只,而一级品、二级品、三级品的售价分别为 10 元,8 元,5 元,求产品的平均每只售价。

解 该箱产品平均每只售价 $\bar{x}$ 应该是该箱产品的总价值除以产品数,得

$$\bar{x} = \frac{1}{500} \times (10 \times 300 + 8 \times 150 + 5 \times 50)$$

$$= 10 \times \frac{300}{500} + 8 \times \frac{150}{500} + 5 \times \frac{50}{500}$$

$$= 10 \times \frac{3}{5} + 8 \times \frac{3}{10} + 5 \times \frac{1}{10} = 8.9 (\text{元})$$

产品的售价有 3 个不同的数值:10、8、5,它们的平均值为 7.666 7(元)。可见 500 只产品的平均售价 8.9 元并不是 3 个不同的售价的简单平均,而是 3 个不同的

售价 10、8、5 分别乘以不同规格的产品出现的频率 $\frac{3}{5}$,$\frac{3}{10}$,$\frac{1}{10}$ 之和。另一方面,对于不同的试验,随机变量取值的频率往往不一样。因此,如果从这批产品中再随机抽取一箱进行检测,所得的平均售价可能是不同的,这是由频率的波动所引起的,为此,我们用概率代替频率以消除这种波动,由此所得的平均售价称为售价的数学期望。

一般地,给出如下定义。

定义 1 设离散型随机变量 X 的分布律如表 4-1 所示。

表 4-1 X 的分布律

X	x_1	x_2	$\cdots$	x_n	$\cdots$
p	p_1	p_2	$\cdots$	p_n	$\cdots$

如果级数 $\sum\limits_{k=1}^{\infty} x_k p_k$ 绝对收敛,则称该级数的和为**随机变量 X 的数学期望或均值**,记为 $E(X)$,即

$$E(X) = \sum_{k=1}^{\infty} x_k p_k \qquad (4-1)$$

【例2】 设随机变量 X 服从参数为 p 的 0—1 分布,即 $P\{X=1\}=p$,$P\{X=0\}=1-p$,求数学期望 $E(X)$。

解 $E(X) = 0 \times P\{X=0\} + 1 \times P\{X=1\}$
$= 0 \times (1-p) + 1 \times p = p$

【例3】 甲、乙两人进行射击,所得的分数是随机变量,分别记为 X_1,X_2,它们的分布律分别如表 4-2,表 4-3 所示。试比较甲、乙两人的技术水平。

表 4-2 X_1 的分布律

X_1	1	2	3
p	0.4	0.1	0.5

表 4-3 X_2 的分布律

X_2	1	2	3
p	0.1	0.2	0.7

解 分别计算两人的成绩的均值,得

$$E(X_1) = 1 \times 0.4 + 2 \times 0.1 + 3 \times 0.5 = 2.1$$

$$E(X_2) = 1 \times 0.1 + 2 \times 0.2 + 3 \times 0.7 = 2.6$$

这表明，如果进行多次射击，则甲、乙两人得分的均值分别是 2.1，2.6。因此，乙射手的技术水平比甲射手高。

【例4】 某种产品每件表面上的疵点数服从参数 $\lambda = 0.8$ 的泊松分布，如果规定疵点数不超过 1 个为一等品，价值 10 元；疵点数大于 1 个不多于 4 个为二等品，价值 8 元；疵点数超过 4 个为废品。求产品价值的数学期望。

解 设 X 代表每件产品上的疵点数，由题意知随机变量 X 的分布律为

$$P\{X=k\} = \frac{0.8^k}{k!}e^{-0.8} (k=0,1,2,\cdots)$$

从而

$$P\{X \leqslant 1\} = \sum_{k=0}^{1} \frac{0.8^k}{k!}e^{-0.8} = 0.8088$$

$$P\{1 < x \leqslant 4\} = \sum_{k=2}^{4} \frac{0.8^k}{k!}e^{-0.8} = \sum_{k=0}^{4} \frac{0.8^k}{k!}e^{-0.8} - \sum_{k=0}^{1} \frac{0.8^k}{k!}e^{-0.8} = 0.1898$$

$$P\{X > 4\} = 1 - P\{X \leqslant 4\} = 1 - \sum_{k=0}^{4} \frac{0.8^k}{k!}e^{-0.8} = 0.0014$$

设 Y 为产品的价值，可能取值为 0，8，10，随机变量 Y 的分布律如表 4-4 所示。

表 4-4　　　　　　　　　　　Y 的分布律

Y	0	8	10
p	0.0014	0.1898	0.8088

得产品的价值 Y 的数学期望为

$$E(Y) = 0 \times 0.0014 + 8 \times 0.1898 + 10 \times 0.8088 = 9.6064$$

二、连续型随机变量的数学期望

定义2 设连续型随机变量 X 的密度函数为 $p(x)$，如果反常积分 $\int_{-\infty}^{+\infty} xp(x)dx$ 绝对收敛，则称此积分值为**随机变量 X 的数学期望或均值**，记为 $E(X)$。即

$$E(X) = \int_{-\infty}^{+\infty} xp(x)dx \qquad (4-2)$$

【例5】 设随机变量 X 的密度函数为

$$p(x) = \begin{cases} x, & 0 < x \leqslant 1 \\ 2-x, & 1 < x \leqslant 2 \\ 0, & \text{其他} \end{cases}$$

求数学期望 $E(X)$。

解　由定义，得

$$E(X) = \int_{-\infty}^{+\infty} x p(x) \mathrm{d}x$$

$$= \int_0^1 x^2 \mathrm{d}x + \int_1^2 x(2-x)\mathrm{d}x = 1$$

【**例 6**】　设随机变量 X 服从参数为 $\lambda > 0$ 的指数分布，求数学期望 $E(X)$。

解　由题意知，随机变量的密度函数为

$$p(x) = \begin{cases} \lambda \mathrm{e}^{-\lambda x}, & x \geqslant 0 \\ 0, & x < 0 \end{cases}$$

按式(4-2)，有

$$E(X) = \int_0^{+\infty} x \lambda \mathrm{e}^{-\lambda x} \mathrm{d}x$$

$$\xlongequal{\text{令 } t = \lambda x} \frac{1}{\lambda} \int_0^{+\infty} t \mathrm{e}^{-t} \mathrm{d}t$$

$$= \frac{1}{\lambda} \left[-t\mathrm{e}^{-t} - \mathrm{e}^{-t} \right]_0^{+\infty} = \frac{1}{\lambda}$$

三、随机变量函数的数学期望

设 X 是随机变量，$f(x)$ 是连续函数，下面讨论如何计算随机变量函数 $f(X)$ 的数学期望。如果按数学期望的定义，必须通过 X 的分布才能求出 $f(X)$ 的分布，一般来说，这比较复杂。下面我们给出一种不必求 $f(X)$ 的分布，直接从 X 的分布求 $f(X)$ 的数学期望的方法，有如下定理。

定理 1　设 X 是一个随机变量，$f(x)$ 是连续函数，随机变量 $Y = f(X)$ 的数学期望 $E(Y)$ 存在。

(1) 如果 X 为离散型随机变量，其分布律为

$$P\{X = x_i\} = p_i, \ i = 1, 2, \cdots$$

则 Y 的数学期望为

$$E(Y) = E[f(X)] = \sum_{i=1}^{\infty} f(x_i) p_i \text{。} \tag{4-3}$$

（2）如果 X 为连续型随机变量，其密度函数为 $p(x)$，则 Y 的数学期望为

$$E(Y) = E[f(X)] = \int_{-\infty}^{+\infty} f(x) p(x) \mathrm{d}x \tag{4-4}$$

【例7】 已知离散型随机变量 X 的分布律如表 4-5 所示，求 $E(X^2)$，$E(-2X+1)$。

表 4-5   **X 的分布律**

X	-1	0	2	4
P	$\dfrac{1}{8}$	$\dfrac{1}{4}$	$\dfrac{3}{8}$	$\dfrac{1}{4}$

解 由离散型随机变量函数求数学期望的公式(4-3)得

$$E(X^2) = (-1)^2 \times \frac{1}{8} + 0^2 \times \frac{1}{4} + 2^2 \times \frac{3}{8} + 4^2 \times \frac{1}{4} = \frac{45}{8}$$

$$E(-2X+1) = [-2 \times (-1) + 1] \times \frac{1}{8} + [(-2) \times 0 + 1] \times \frac{1}{4}$$

$$+ [(-2) \times 2 + 1] \times \frac{3}{8}$$

$$+ [(-2) \times 4 + 1)] \times \frac{1}{4} = -\frac{9}{4}$$

【例8】 设市场对某种商品的需求量为随机变量 X（单位：吨），它服从 $[2\,000,$ $4\,000]$ 上的平均分布。若售出这种商品 1 吨，可获利 3 万元；但若销售不出去，则每吨需付仓储费 1 万元，问应组织多少吨货源才能使收益的数学期望最大？

解 由题意知，随机变量 X 的密度函数为

$$p(x) = \begin{cases} \dfrac{1}{2\,000}, & 2\,000 \leqslant x \leqslant 4\,000 \\ 0, & \text{其他} \end{cases}$$

设需求量为 x（吨），组织货源为 m（吨）时，所得收益为 y（万元），则

$$y = f(x) = \begin{cases} 3m, & x \geqslant m \\ 3x - (m-x) = 4x - m, & x < m \end{cases}$$

收益 $Y = f(X)$ 是随机变量 X 的函数，其数学期望为

$$E(Y) = \int_{-\infty}^{+\infty} f(x)p(x)\mathrm{d}x$$

$$= \frac{1}{2\,000}\Big[\int_{2\,000}^{m}(4x-m)\mathrm{d}x + \int_{m}^{4\,000}3m\mathrm{d}x\Big]$$

$$= \frac{1}{1\,000}(-m^2 + 7\,000m - 4\times 10^6)$$

由 $\dfrac{\mathrm{d}}{\mathrm{d}m}E(Y) = \dfrac{1}{1\,000}(-2m+7\,000) = 0$，得 $m = 3\,500$，又 $\dfrac{\mathrm{d}^2 E(Y)}{\mathrm{d}m^2} = -\dfrac{1}{500}$。因此，应组织 $3\,500$ 吨货源才能使收益的数学期望达到最大。

关于二维随机变量函数的数学期望，有如下定理。

定理 2 设 (X, Y) 是二维随机变量，$f(x, y)$ 是连续函数，随机变量 $Z = f(X, Y)$ 的数学期望 $E(Z)$ 存在。

(1) 如果 (X, Y) 为离散型随机变量，其联合分布律为

$$P\{X = x_i, Y = y_j\} = p_{ij}(i, j = 1, 2, \cdots)$$

则 Z 的数学期望为

$$E(Z) = E[f(X, Y)] = \sum_{j=1}^{\infty}\sum_{i=1}^{\infty} f(x_i, y_j)p_{ij} \tag{4-5}$$

(2) 如果 (X, Y) 为连续型随机变量，其联合密度函数为 $p(x, y)$，则 Z 的数学期望为

$$E(Z) = E[f(X, Y)] = \int_{-\infty}^{+\infty}\int_{-\infty}^{+\infty} f(x, y)p(x, y)\mathrm{d}x\mathrm{d}y \tag{4-6}$$

【例 9】 设二维随机变量 (X, Y) 在区域，$D = \{(x, y) \mid x^2 + y^2 \leqslant 1\}$ 上服从均匀分布，求数学期望 $E(XY)$。

解 由题意知，(X, Y) 的联合密度函数为

$$p(x, y) = \begin{cases} \dfrac{1}{\pi}, & x^2 + y^2 \leqslant 1 \\ 0, & \text{其他} \end{cases}$$

由式 $(4-6)$，得

$$E(XY) = \iint\limits_{-\infty\ -\infty}^{+\infty\ +\infty} xyp(x, y)\mathrm{d}x\mathrm{d}y$$

$$= \iint\limits_{D} \frac{xy}{\pi}\mathrm{d}x\mathrm{d}y = \frac{1}{\pi}\int_{-1}^{1}\mathrm{d}y\int_{-\sqrt{1-y^2}}^{\sqrt{1-y^2}} xy\mathrm{d}x = 0$$

四、数学期望的性质

性质 1　设 k 是常数，则 $E(k) = k$。

性质 2　设 X 是随机变量，k 是常数，则 $E(kX) = kE(X)$，$E(X+k) = E(X)+k$。

证明　只对离散型情形进行证明，连续型情形留给读者。

设 X 的分布律为 $P\{X = x_i\} = p_i$，$(i = 1, 2, \cdots)$，由定理 1，有

$$E(kX) = \sum_{i=1}^{\infty}(kx_i)p_i = k\sum_{i=1}^{\infty}x_ip_i = kE(X)。$$

$$E(X+k) = \sum_{i=1}^{\infty}(x_i+k)p_i = \sum_{i=1}^{\infty}x_ip_i + \sum_{i=1}^{\infty}kp_i = E(X)+k$$

性质 3　设 X, Y 是随机变量，则 $E(X+Y) = E(X)+E(Y)$。

证明　只对连续型随机变量的情况进行证明。

设 (X, Y) 的联合密度函数为 $p(x, y)$，由式(4-6)

$$E(X+Y) = \int_{-\infty}^{+\infty}\int_{-\infty}^{+\infty}(x+y)p(x, y)\mathrm{d}x\mathrm{d}y$$

$$= \int_{-\infty}^{+\infty}\int_{-\infty}^{+\infty}xp(x, y)\mathrm{d}x\mathrm{d}y + \int_{-\infty}^{+\infty}\int_{-\infty}^{+\infty}yp(x, y)\mathrm{d}x\mathrm{d}y$$

$$= \int_{-\infty}^{+\infty}x\left(\int_{-\infty}^{+\infty}p(x, y)\mathrm{d}y\right)\mathrm{d}x + \int_{-\infty}^{+\infty}y\left(\int_{-\infty}^{+\infty}p(x, y)\mathrm{d}x\right)\mathrm{d}y$$

$$= \int_{-\infty}^{+\infty}xp_X(x)\mathrm{d}x + \int_{-\infty}^{+\infty}yp_Y(y)\mathrm{d}y = E(X)+E(Y)$$

性质 3 可以推广到有限个随机变量的情况。如果 $X_1, X_2, \cdots, X_n$ 是随机变量，则有

$$E(X_1 + X_2 + \cdots + X_n) = E(X_1) + E(X_2) + \cdots + E(X_n)$$

性质 4　如果随机变量 X, Y 相互独立，则

$$E(XY) = E(X)E(Y)$$

103

证明 只对连续型情形进行证明。

设 (X, Y) 的联合密度函数为 $p(x, y)$，其边缘概率密度分别为 $p_X(x)$ 和 $p_Y(y)$，由定理 2 知

$$E(XY) = \int_{-\infty}^{+\infty}\int_{-\infty}^{+\infty} xy p(x, y)\mathrm{d}x\mathrm{d}y$$

因为 X 和 Y 相互独立，于是，$p(x, y) = p_X(x)p_Y(y)$。由定理 2 式 (4-6) 得

$$E(XY) = \int_{-\infty}^{+\infty}\int_{-\infty}^{+\infty} xy p_X(x) p_Y(y)\mathrm{d}x\mathrm{d}y = \int_{-\infty}^{+\infty} x p_X(x)\mathrm{d}x \cdot \int_{-\infty}^{+\infty} y p_Y(y)\mathrm{d}y$$

注：由 $E(XY) = E(X)E(Y)$ 不一定能推出 X, Y 独立。

习 题 4-1

1. 盒中有 5 个球，其中有 3 个白球，2 个黑球，从中任取两球，求取到白球数 X 的数学期望 $E(X)$。

2. 已知 10 个产品中有 2 个次品，求任意取出的 2 个产品中次品数 X 的数学期望 $E(X)$。

3. 射击比赛，每人射四次（每次一发），约定全部不中得 0 分，只中一弹得 15 分，中两弹得 30 分，中三弹得 55 分，中四弹得 100 分。某人每次射击的命中率为 $\frac{3}{5}$，求他得分 X 的数学期望 $E(X)$。

4. 设连续型随机变量 X 的密度函数为

$$p(x) = \begin{cases} kx^a, & 0 < x < 1 \\ 0, & \text{其他} \end{cases}$$

其中 k, a 为常数，又已知 $E(X) = 0.75$，求常数 k, a 的值。

5. 已知随机变量 X 的分布函数如下，求数学期望 $E(X)$。

$$F(x) = \begin{cases} 0, & x \leqslant 0 \\ \frac{1}{4}x, & 0 < x \leqslant 4 \\ 1, & x > 4 \end{cases}$$

6. 一工厂生产的某种设备的寿命 X（以年计）服从参数 $\lambda = \frac{1}{4}$ 的指数分布。工厂

规定，出售的设备若在售出 1 年之内损坏可予以调换。若工厂售出 1 台设备赢利 100 元，调换 1 台设备厂方需花 300 元。试求厂方出售 1 台设备净赢利 L 的数学期望 $E(L)$。

7. 设随机变量 X 的分布律为

$$P\{X = -2\} = 0.4, \ P\{X = 0\} = 0.3, \ P\{X = 2\} = 0.3$$

求数学期望 $E(X); E(X^2); E(3X^2 + 5)$。

8. 设随机变量 X 服从区间 $[0, 2\pi]$ 上的均匀分布，求数学期望 $E(\sin X)$，$E\{[X - E(X)]^2\}$。

9. 设随机变量 X 服从参数 $\lambda = 1$ 的指数分布，求数学期望 $E(3X); E(e^{-2X})$。

10. 对球的直径 X 作测量。若 X 在 $[a, b]$ 上服从均匀分布，求球的体积 V 的数学期望 $E(V)$。

11. 设二维随机变量 (X, Y) 的联合分布律如表 4-6 所示，求数学期望 $E(X)$，$E(Y)$ 及 $E(XY)$。

表 4-6　　　　　　　　　　　　联合分布律

X \ Y	0	1	2	3
1	0	$\dfrac{3}{8}$	$\dfrac{3}{8}$	0
3	$\dfrac{1}{8}$	0	0	$\dfrac{1}{8}$

12. 设随机变量 X 与 Y 相互独立，其密度函数分别为

$$p_X(x) = \begin{cases} 2x, & 0 \leqslant x \leqslant 1 \\ 0, & \text{其他} \end{cases}$$

$$p_Y(y) = \begin{cases} e^{-(y-5)}, & y > 5 \\ 0, & \text{其他} \end{cases}$$

求数学期望 $E(XY)$。

13. 设二维随机变量 (X, Y) 的联合密度函数为

$$p(x, y) = \begin{cases} e^{-x-y}, & x > 0, y > 0 \\ 0, & \text{其他} \end{cases}$$

求数学期望 $E(XY^2)$。

第二节 方　　差

一、方差的概念

对于随机变量，除了考虑它的数学期望外，还需要知道随机变量取值的离散程度，这个离散程度可以用 X 偏离 $E(X)$ 的大小的平方的平均值来度量，这就是随机变量的方差。先看下面一个例子。

【例1】 甲、乙两种牌号的报时器日走时误差（单位：秒）是一个随机变量，分别为 X_1 和 X_2，其分布律分别如表4-7、表4-8所示。试问这两种牌号的报时器哪一种质量较好？

表4-7		X_1 的分布律		
X_1	-1	-1.5	0	1.5	1
P	0.05	0.15	0.6	0.15	0.05

表4-8		X_2 的分布律		
X_2	-2	-1	0	1	2
P	0.1	0.2	0.4	0.2	0.1

解 日走时误差均值的多少是衡量报时器质量的一个标准。由上面资料可知

$$E(X_1) = 0, \ E(X_2) = 0$$

它们的日走时误差均值相等，难以评判优劣。现进一步研究两种报时器的日走时误差的离散程度。

为此，考虑 X_1 偏离 $E(X_1)$ 的大小的平方的均值，即考虑 $E\{[X_1 - E(X_1)]^2\}$，有

$$E\{[X_1 - E(X_1)]^2\} = (-1-0)^2 \times 0.05 + (-1.5-0)^2 \times 0.15$$
$$+ (0-0)^2 \times 0.6 + (1.5-0)^2 \times 0.15$$
$$+ (1-0)^2 \times 0.05 = 0.775(秒)$$

同理可得

$$E\{[X_2 - E(X_2)]^2\} = (-2-0)^2 \times 0.1 + (-1-0)^2 \times 0.2$$
$$+ (0-0)^2 \times 0.4 + (1-0)^2 \times 0.2$$
$$+ (2-0)^2 \times 0.1 = 1.2(秒)$$

由此可见，$E\{[X_1 - E(X_1)]^2\} < E\{[X_2 - E(X_2)]^2\}$，我们可认为牌号甲优于牌号乙。

$E\{[X_1 - E(X_1)]^2\}, E\{[X_2 - E(X_2)]^2\}$ 分别称为随机变量 X_1，X_2 的方差，分别记为 $D(X_1)$、$D(X_2)$。

一般地，给出如下定义。

定义 1　设 X 是随机变量，如果 $E\{[X - E(X)]^2\}$ 存在，则称它为**随机变量 X 的方差**，记为 $D(X)$。即

$$D(X) = E\{[X - E(X)]^2\} \tag{4-7}$$

称 $\sqrt{D(X)}$ 为**随机变量 X 的标准差或均方差**。

据方差的定义，如果 X 是**离散型**随机变量，其分布律为

$$P\{X = x_i\} = p_i, i = 1, 2, \cdots$$

则

$$D(X) = \sum_{i=1}^{\infty} [x_i - E(X)]^2 p_i$$

如果 X 是连续型随机变量，其密度函数为 $p(x)$，则

$$D(X) = \int_{-\infty}^{+\infty} [x - E(X)]^2 p(x) \mathrm{d}x$$

如此计算方差太麻烦，有如下计算方差的常用公式，即

$$D(X) = E(X^2) - [E(X)]^2 \tag{4-8}$$

证明　由于 $E(X)$ 为常数，$[X - E(X)]^2 = X^2 - 2X \cdot E(X) + [E(X)]^2$，所以

$$E\{[X - E(X)]^2\} = E[X^2 - 2X \cdot E(X) + (E(X))^2]$$

$$= E[X^2] - 2E(X) \cdot E(X) + [E(X)]^2$$

$$= E[X^2] - [E(X)]^2$$

【例 2】　设随机变量 X 服从参数为 λ 的泊松分布，$X \sim P(\lambda)$，求 $E(X), D(X)$。

解　由题意知，随机变量 X 的分布律为

$$P\{X = k\} = \frac{\lambda^k \mathrm{e}^{-\lambda}}{k!}, k = 0, 1, 2, \cdots; \lambda > 0$$

由定义得

$$E(X) = \sum_{k=0}^{\infty} k \frac{\lambda^k e^{-\lambda}}{k!} = \lambda e^{-\lambda} \sum_{k=1}^{\infty} \frac{\lambda^{k-1}}{(k-1)!} = \lambda e^{-\lambda} \cdot e^{\lambda} = \lambda$$

$$E(X^2) = E[X(X-1) + X] = E[X(X-1)] + E(X)$$

$$= \sum_{k=0}^{\infty} k(k-1) \frac{\lambda^k e^{-\lambda}}{k!} + \lambda = \lambda^2 e^{-\lambda} \sum_{k=2}^{\infty} \frac{\lambda^{k-2}}{(k-2)!} + \lambda$$

$$= \lambda^2 e^{-\lambda} e^{\lambda} + \lambda = \lambda^2 + \lambda$$

由式(4-8)得

$$D(X) = E(X^2) - [E(X)]^2 = \lambda$$

【例 3】 设随机变量 X 服从区间 $[a, b]$ 上的均匀分布，求 $E(X)$，$D(X)$。

解 由题意知，随机变量的密度函数为

$$p(x) = \begin{cases} \dfrac{1}{b-a}, & a \leqslant x \leqslant b \\ 0, & \text{其他} \end{cases}$$

由定义得

$$E(X) = \int_a^b x \cdot \frac{1}{b-a} \mathrm{d}x = \frac{1}{b-a} \cdot \frac{x^2}{2} \Big|_a^b = \frac{1}{2}(a+b)$$

又 $\quad E(X^2) = \int_{-\infty}^{+\infty} x^2 p(x) \mathrm{d}x = \int_a^b \frac{x^2}{b-a} \mathrm{d}x = \frac{1}{3}(a^2 + ab + b^2)$

由式(4-8)得

$$D(X) = E(X^2) - [E(X)]^2 = \frac{1}{3}(a^2 + ab + b^2) - \left(\frac{a+b}{2}\right)^2 = \frac{(b-a)^2}{12}$$

【例 4】 设随机变量 X 的密度函数为

$$p(x) = \begin{cases} 1+x, & -1 \leqslant x \leqslant 0 \\ 1-x, & 0 < x \leqslant 1 \\ 0, & \text{其他} \end{cases}$$

求 $E(X)$，$D(X)$。

解 由定义得 $E(X) = \int_{-\infty}^{+\infty} x p(x) \mathrm{d}x$

$$= \int_{-1}^{0} x(1+x)\mathrm{d}x + \int_{0}^{1} x(1-x)\mathrm{d}x = 0$$

又

$$E(X^2) = \int_{-1}^{0} x^2(1+x)\mathrm{d}x + \int_{0}^{1} x^2(1-x)\mathrm{d}x = \frac{1}{6}$$

得

$$D(X) = E(X^2) - [E(X)]^2 = \frac{1}{6}$$

二、方差的性质

性质 1 设 k 是常数，则 $D(k) = 0$。

性质 2 设 X 是随机变量，k 是常数，则 $D(kX) = k^2 D(X)$，$D(X + k) = D(X)$。

证明 $D(kX) = E[(kX)^2] - [E(kX)]^2$

$$= k^2 E(X^2) - k^2[E(X)]^2 = k^2 D(X)$$

同理可证 $D(X+k) = D(X)$。

性质 3 设 X, Y 是两个随机变量，则

$$D(X \pm Y) = D(X) + D(Y) \pm 2[E(XY) - E(X)E(Y)] \qquad (4-9)$$

证明 $E[(X \pm Y)^2] = E(X^2 \pm 2XY + Y^2) = E(X^2) \pm 2E(XY) + E(Y^2)$

$$[E(X \pm Y)]^2 = [E(X) \pm E(Y)]^2 = [E(X)]^2 \pm 2E(X)E(Y) + [E(Y)]^2$$

所以

$$D(X \pm Y) = E[(X \pm Y)^2] - [E(X \pm Y)]^2$$

$$= E(X^2) - [E(X)]^2 + E(Y^2) - [E(Y)]^2$$

$$\pm 2[E(XY) - E(X)E(Y)]$$

$$= D(X) + D(Y) \pm 2[E(XY) - E(X)E(Y)]$$

推论 设随机变量 X 与 Y 相互独立，则

$$D(X \pm Y) = D(X) + D(Y)$$

上述推论可以推广到有限个相互独立随机变量的情况，即设 $X_1, X_2, \cdots, X_n$ 是相互独立的随机变量，则有

$$D(X_1 + X_2 + \cdots + X_n) = D(X_1) + D(X_2) + \cdots + D(X_n)$$

【例 5】 设随机变量 X 服从参数为 n、p 的二项分布，即 $X \sim B(n, p)$，求

$E(X)$,$D(X)$。

解 我们将随机变量 X 看作 n 重贝努里试验中事件 A 出现的次数，n 重贝努里试验中第 i 次试验结果为 X_i，即

$$X_i = \begin{cases} 1, & \text{在第 } i \text{ 次试验中 } A \text{ 发生} \\ 0, & \text{在第 } i \text{ 次试验中 } A \text{ 不发生} \end{cases} \quad (i = 1, 2, \cdots, n)$$

则随机变量 X_1,X_2,$\cdots$,X_n 相互独立，$X = \sum\limits_{i=1}^{n} X_i$，且 X_1,X_2,$\cdots$,X_n 都服从参数为 p 的 0—1 分布，即

$$E(X_i) = p, \quad D(X_i) = p(1-p), \quad i = 1, 2, \cdots, n$$

于是

$$E(X) = \sum_{i=1}^{n} E(X_i) = np, \quad D(X) = \sum_{i=1}^{n} D(X_i) = np(1-p)$$

注 如果我们直接由二项分布律来计算[例 5]是很困难的。

【例 6】 设随机变量 X 服从参数为 μ,σ^2 的正态分布，即 $X \sim N(\mu, \sigma^2)$，求 $E(X)$,$D(X)$。

解 先求标准正态变量 $Z = \dfrac{X-\mu}{\sigma}$ 的数学期望和方差。

因为 Z 的密度函数为

$$\varphi(t) = \frac{1}{\sqrt{2\pi}} e^{-t^2/2} \quad (-\infty < t < +\infty)$$

所以

$$E(Z) = \frac{1}{\sqrt{2\pi}} \int_{-\infty}^{+\infty} t e^{-t^2/2} \, dt = \frac{-1}{\sqrt{2\pi}} e^{-t^2/2} \Big|_{-\infty}^{+\infty} = 0$$

$$D(Z) = E(Z^2) - [E(Z)]^2 = \frac{1}{\sqrt{2\pi}} \int_{-\infty}^{+\infty} t^2 e^{-t^2/2} \, dt = -\frac{1}{\sqrt{2\pi}} \int_{-\infty}^{+\infty} t \, d(e^{-t^2/2})$$

$$= \frac{-t}{\sqrt{2\pi}} e^{-t^2/2} \Big|_{-\infty}^{+\infty} + \frac{1}{\sqrt{2\pi}} \int_{-\infty}^{+\infty} e^{-t^2/2} \, dt = \frac{1}{\sqrt{\pi}} \int_{-\infty}^{+\infty} e^{-\frac{t^2}{2}} \, d\left(\frac{t}{\sqrt{2}}\right) = 1$$

由性质，得

$$E(X) = E(\mu + \sigma Z) = E(\mu) + E(\sigma Z) = \mu$$

$$D(X) = D(\mu - \sigma Z) = D(\mu) + D(\sigma Z) = \sigma^2$$

【例 7】 设随机变量 X 的方差 $D(X) > 0$，求随机变量

$$X^* = \frac{X - E(X)}{\sqrt{D(X)}}$$

的数学期望与方差。其中 X^* 称为随机变量 X 的标准化随机变量。

由性质，得

$$E(X) = E\left(\frac{X - E(X)}{\sqrt{D(X)}}\right) = \frac{E(X) - E(X)}{\sqrt{D(X)}} = 0$$

$$D(X) = D\left(\frac{X - E(X)}{\sqrt{D(X)}}\right) = \frac{D(X - E(X))}{D(X)} = 1$$

为方便起见，现将几个常用的随机变量的数学期望和方差汇集于表 4-9。

表 4-9　　　　　　　　　常用的随机变量的数学期望与方差

分布名称	分布律或密度函数	数学期望	方　差
0—1 分布 $B(1, p)$	$P\{x = 1\} = p$, $P\{x = 0\} = q$ $p + q = 1, 0 < p < 1$	p	pq
二项分布 $B(n, p)$	$P\{X = k\} = C_n^k p^k q^{n-k}$ $k = 0, 1, 2, \cdots, n; 0 < p < 1, p + q = 1$	np	npq
泊松分布 $P(\lambda)$	$P\{X = k\} = \dfrac{\lambda^k}{k!} e^{-\lambda}, k = 0, 1, 2, \cdots$	λ	λ
均匀分布 $U[a, b]$	$p(x) = \begin{cases} \dfrac{1}{b-a}, & a \leqslant x \leqslant b \\ 0, & 其他 \end{cases}$	$\dfrac{a+b}{2}$	$\dfrac{(b-a)^2}{12}$
指数分布 $E(\lambda)$	$p(x) = \begin{cases} \lambda e^{-\lambda x}, & x \geqslant 0 \\ 0, & x < 0 \end{cases}$ $(\lambda > 0)$	$\dfrac{1}{\lambda}$	$\dfrac{1}{\lambda^2}$
正态分布 $N(\mu, \sigma^2)$	$p(x) = \dfrac{1}{\sqrt{2\pi}\sigma} e^{-\frac{(x-\mu)^2}{2\sigma^2}}$ $a > 0, \mu \in (-\infty, +\infty)$	μ	σ^2

由表 4-9 可见，这几个常用的随机变量的分布完全由其数学期望、方差所确定。

习 题 4-2

1. 一批零件中有 9 个合格品与 3 个废品，在安装机器时，从这批零件中任取 1 个，如果取出的是废品就不再放回去。求在取得合格品以前，已经取出的废品数 X 的数学期望和方差。

2. 一个螺丝钉的重量是随机变量，数学期望为 $10\,g$，标准差为 $1\,g$。100 个 1 盒的同型号螺丝钉重量的数学期望和标准差各为多少(假设每个螺丝钉的重量都不受其他螺丝钉重量的影响)？

3. 设事件 A 在第 i 次试验时发生的概率等于 $p_i(i = 1, 2, \cdots, n)$，且在各次试验中 A 是否发生是相互独立的。求事件 A 在 n 次试验中发生次数 X 的均值与方差。

4. 设随机变量 X 的密度函数为

$$p(x) = \begin{cases} 2x, & 0 \leqslant x \leqslant 1 \\ 0, & \text{其他} \end{cases}$$

求 $E(X)$，$D(X)$。

5. 设随机变量 X 的密度函数为

$$p(x) = \begin{cases} \dfrac{3}{2}x^2, & \text{当} -1 \leqslant x \leqslant 1 \text{时} \\ 0, & \text{其他} \end{cases}$$

求 $E(X)$ 和 $D(X)$。

6. 设随机变量 X 的密度函数为

$$p(x) = \frac{1}{2}e^{-|x|}, \quad -\infty < x < +\infty$$

求 $E(X)$ 和 $D(X)$。

7. 设轮船横向摇摆的随机振幅 X 的密度函数为

$$p(x) = \begin{cases} xe^{-\frac{x^2}{2}}, & x > 0 \\ 0, & \text{其他} \end{cases}$$

求 $E(X)$ 和 $D(X)$。

8. 设随机变量 X 和 Y 相互独立，随机变量 $X \sim N(1, 2)$，随机变量 Y 服从参数为 3 的泊松分布，求 $D(XY)$。

9. 设随机变量 X_1，X_2，X_3，X_4 相互独立，且有 $E(X_i)=i$，$D(X_i)=5-i$，$i=1$，2，3，4 。随机变量 $Y=2X_1-X_2+3X_3-\dfrac{1}{2}X_4$，求 $E(Y)$，$D(Y)$。

第三节　协方差、相关系数与矩

一、协方差与相关系数的概念

对于二维随机变量 (X,Y)，除了讨论随机变量 X、Y 的数学期望与方差外，还需讨论随机变量 X 与 Y 之间相互关系的数字特征，即协方差与相关系数。

定义 1　对于二维随机变量 (X,Y)，如果 $E\{[(X-E(X)][Y-E(Y)]\}$ 存在，则称其为 **X 与 Y 的协方差**，记为 $\text{cov}(X,Y)$，即

$$\text{cov}(X,Y)=E\{[X-E(X)][Y-E(Y)]\}$$

如果随机变量 X，Y 的方差存在，且 $D(X)>0$，$D(Y)>0$，则称 $\dfrac{\text{cov}(X,Y)}{\sqrt{D(X)}\sqrt{D(Y)}}$ 为随机变量 **X 与 Y 的相关系数**，记为 ρ_{XY}，即

$$\rho_{XY}=\frac{\text{cov}(X,Y)}{\sqrt{D(X)}\cdot\sqrt{D(Y)}} \tag{4-10}$$

如果 $\rho_{XY}=0$，则称随机变量 X 与 Y 不相关。

协方差有如下计算公式

$$\text{cov}(X,Y)=E(XY)-E(X)E(Y) \tag{4-11}$$

证明　因为 $(X-EX)(Y-EY)=XY-XE(Y)-YE(X)+E(X)E(Y)$

所以　　$\text{cov}(X,Y)=E(XY)-E(X)E(Y)-E(Y)E(X)+E(X)E(Y)$

即　　　$\text{cov}(X,Y)=E(XY)-E(X)E(Y)$

【例 1】 设二维离散型随机变量 (X,Y) 的联合分布律如表 4-10 所示，求 $\text{cov}(X,Y)$；ρ_{XY}。

解　(X,Y) 关于 X，Y 的边缘分布律如表 4-11、表 4-12 所示。

表 4-10　联合分布律

X\Y	0	1
0	0.1	0.1
1	0.8	0

表 4 - 11	X 的分布律	
X	0	1
$p_i.$	0.2	0.8

表 4 - 12	Y 的分布律	
Y	0	1
$p.j$	0.9	0.1

因此，随机变量 X, Y 分别服从参数 $p = 0.8, p = 0.1$ 的 $0 - 1$ 分布，得

$$E(X) = 0.8, D(X) = 0.16; E(Y) = 0.1, D(Y) = 0.09$$

又 $E(XY) = (0 \times 0) \times 0.1 + (0 \times 1) \times 0.1 + (1 \times 0) \times 0.8 + (1 \times 1) \times 0 = 0$

由公式(4 - 11)得

$$\text{cov}(XY) = E(XY) - E(X)E(Y) = 0 - 0.8 \times 0.1 = -0.08$$

从而

$$\rho_{XY} = \frac{-0.08}{\sqrt{0.16} \times \sqrt{0.09}} = -\frac{2}{3}$$

【例 2】 设二维随机变量 (X, Y) 的联合密度函数为

$$p(x, y) = \begin{cases} 8xy, & 0 \leqslant x \leqslant y \leqslant 1 \\ 0, & \text{其他} \end{cases}$$

求 $\text{cov}(X, Y), \rho_{XY}$。

解 (X, Y) 关于 X, Y 的边缘密度函数分别为

$$p_X(x) = \begin{cases} 4x(1-x^2), & 0 \leqslant x \leqslant 1 \\ 0, & \text{其他} \end{cases}$$

$$p_Y(y) = \begin{cases} 4y^3, & 0 \leqslant y \leqslant 1 \\ 0, & \text{其他} \end{cases}$$

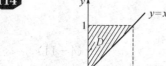

图 4 - 1 区域 D
$D = \{(x, y) \mid 0 \leqslant x \leqslant y \leqslant 1\}$

于是 $E(X) = \int_{-\infty}^{+\infty} x p_X(x) \mathrm{d}x$

$$= \int_0^1 x \cdot 4x(1-x^2) \mathrm{d}x = \frac{8}{15}$$

$$E(Y) = \int_{-\infty}^{+\infty} y p_Y(y) \mathrm{d}y = \int_0^1 y \cdot 4y^3 \mathrm{d}y = \frac{4}{5}$$

$$E(XY) = \int_{-\infty}^{+\infty} \int_{-\infty}^{+\infty} xy p(x, y) \mathrm{d}x \mathrm{d}y = \iint_D xy p(x, y) \mathrm{d}x \mathrm{d}y$$

$$= \int_0^1 \mathrm{d}x \int_x^1 xy \cdot 8xy \ \mathrm{d}y = \frac{4}{9}$$

得　　　$\mathrm{cov}(X, Y) = E(XY) - E(X) \cdot E(Y) = \dfrac{4}{9} - \dfrac{8}{15} \times \dfrac{4}{5} = \dfrac{4}{225}$

又　　　$E(X^2) = \displaystyle\int_{-\infty}^{+\infty} x^2 p_X(x)\,\mathrm{d}x = \int_0^1 x^2 \cdot 4x(1 - x^2)\,\mathrm{d}x = \dfrac{1}{3}$

$$E(Y^2) = \int_{-\infty}^{+\infty} y^2 p_Y(y)\,\mathrm{d}y = \int_0^1 y^2 \cdot 4y^3\,\mathrm{d}y = \dfrac{2}{3}$$

于是　　　$D(X) = E(X^2) - [E(X)]^2 = \dfrac{1}{3} - \left(\dfrac{8}{15}\right)^2 = \dfrac{11}{225}$

$$D(Y) = E(Y^2) - [E(Y)]^2 = \dfrac{2}{3} - \left(\dfrac{4}{5}\right)^2 = \dfrac{2}{75}$$

得　　　$\rho_{XY} = \dfrac{\dfrac{4}{225}}{\sqrt{\dfrac{11}{225}} \times \sqrt{\dfrac{2}{75}}} = \dfrac{2}{33}\sqrt{66}$

二、协方差、相关系数的性质

随机变量的协方差具有如下性质。

性质 1 设 X 为随机变量，则 $\mathrm{cov}(X, X) = D(X)$。

性质 2 （对称性）设 X, Y 为随机变量，则 $\mathrm{cov}(X, Y) = \mathrm{cov}(Y, X)$。

性质 3 设 X_1, X_2, Y 为随机变量，则

$$\mathrm{cov}(X_1 + X_2, Y) = \mathrm{cov}(X_1, Y) + \mathrm{cov}(X_2, Y)$$

性质 4 设 Y 为随机变量，k 为任意常数，则 $\mathrm{cov}(k, Y) = 0$。

性质 5 设 X, Y 为随机变量，k 为任意常数，则

$$\mathrm{cov}(kX, Y) = k\mathrm{cov}(X, Y)$$

性质 6 如果随机变量 X 与 Y 相互独立，则 $\mathrm{cov}(X, Y) = 0$。

性质 7 $D(X \pm Y) = D(X) + D(Y) \pm 2\mathrm{cov}(X, Y)$。

根据协方差的定义、数学期望及方差的性质，容易验证上述性质。

设随机变量 X, Y 的标准化随机变量分别为

$$X^* = \frac{X - E(X)}{\sqrt{D(X)}}, \quad Y^* = \frac{Y - E(Y)}{\sqrt{D(Y)}}$$

从而 $E(X^*) = 0$，$E(Y^*) = 0$，于是

$$\text{cov}(X^*, Y^*) = E(X^*Y^*) - E(X^*)E(Y^*) = E(X^*Y^*)$$

$$= E\left\{\frac{[X-E(X)][Y-E(Y)]}{\sqrt{D(X)}\sqrt{D(Y)}}\right\} = \rho_{XY}$$

由此可见，随机变量 X, Y 的相关系数就是其标准化随机变量 X^*, Y^* 的协方差。

随机变量 X 与 Y 的相关系数 ρ_{XY} 具有如下性质。

性质 1　如果随机变量 X 与 Y 相互独立，则 $\rho_{XY} = 0$，即 X 与 Y 不相关。

性质 2　对任意随机变量 X, Y，则 $|\rho_{XY}| \leqslant 1$。

证明　设 X^*、Y^* 分别为 X, Y 的标准化随机变量，有

$$D(X^* + Y^*) = D(X^*) + D(Y^*) \pm 2\text{cov}(X^*, Y^*) = 1 + 1 \pm 2\rho_{XY} \geqslant 0, \text{得}$$

$$|\rho_{XY}| \leqslant 1$$

性质 3　$|\rho_{XY}| = 1$ 的充分必要条件是随机变量 X 与 Y 依概率 1 线性相关，即存在常数 $a, b, a \neq 0$，使

$$P\{Y = aX + b\} = 1$$

且当 $a > 0$ 时，$\rho_{XY} = 1$；当 $a < 0$ 时，$\rho_{XY} = -1$。

相关系数 ρ_{XY} 揭示了随机变量 X 与 Y 之间的"线性相关"的程度。$|\rho_{XY}|$ 的值越接近 1，X 与 Y 的线性相关程度越高；$|\rho_{XY}|$ 的值越接近 0，X 与 Y 的线性相关程度越弱。当 $|\rho_{XY}| = 1$ 时，X 与 Y 之间以概率 1 存在线性相关关系。当 $\rho_{XY} = 0$ 时，X 与 Y 之间不存在线性相关关系，然而此时也不能推得 X 与 Y 相互独立。

【例 3】　设随机变量 $X \sim N(0, 1)$，且 $Y = X^2$，试问 X 与 Y 是否不相关。

解　由题意知，随机变量 X 的密度函数为

$$p(x) = \frac{1}{\sqrt{2\pi}} e^{-\frac{x^2}{2}}, \quad -\infty < x < +\infty$$

且 $E(X) = 0, D(X) = 1$，又

$$E(Y) = E(X^2) = D(X) + [E(X)]^2 = 1$$

$$E(XY) = E(X^3) = \int_{-\infty}^{+\infty} x^3 \cdot \frac{1}{\sqrt{2\pi}} e^{-\frac{x^2}{2}} \, dx = 0$$

所以　　　　　$\text{cov}(X, Y) = E(XY) - E(X)E(Y) = 0$

由于
$$E(X^4) = \int_{-\infty}^{+\infty} x^4 \cdot \frac{1}{\sqrt{2\pi}} e^{-\frac{x^2}{2}} dx$$

$x^4 e^{-\frac{x^2}{2}}$ 为偶函数，令 $x = \sqrt{2}u$，应用分部积分法，得

$$\int_{-\infty}^{+\infty} x^4 e^{-\frac{x^2}{2}} dx = 8\sqrt{2} \int_{0}^{+\infty} u^4 e^{-u^2} du = 3\sqrt{2\pi}$$

于是
$$E(X^4) = 3, \quad D(Y) = E(Y^2) - [E(Y)]^2 = E(X^4) - 1 = 2$$

得
$$\rho_{XY} = \frac{\text{cov}(X, Y)}{\sqrt{D(X)} \sqrt{D(Y)}} = 0$$

所以，X 与 Y 不相关。

【例 4】 设二维随机变量 $(X, Y) \sim N(\mu_1, \mu_2, \sigma_1^2, \sigma_2^2, \rho)$，求 $\text{cov}(X, Y)$，ρ_{XY}。

解 由题意知，(X, Y) 的联合密度函数为

$$p(x, y) = \frac{1}{2\pi\sigma_1\sigma_2\sqrt{1-\rho^2}} e^{-\frac{1}{2(1-\rho^2)} \left[\left(\frac{x-\mu_1}{\sigma_1}\right)^2 - \frac{2\rho(x-\mu_1)(y-\mu_2)}{\sigma_1\sigma_2} + \left(\frac{y-\mu_2}{\sigma_2}\right)^2 \right]}$$

$$-\infty < x, y < +\infty$$

我们已经知道（见第 72 页，[例 4]），$X \sim N(\mu_1, \sigma_1^2)$，$Y \sim N(\mu_2, \sigma_2^2)$，所以

$$E(X) = \mu_1, \quad D(X) = \sigma_1^2, \quad E(Y) = \mu_2, \quad D(Y) = \sigma_2^2$$

为计算 X 与 Y 的协方差，令 $u = \dfrac{x-\mu_1}{\sqrt{2}\sigma_1}$，$v = \dfrac{y-\mu_2}{\sqrt{2}\sigma_2}$，于是

$$\text{cov}(X, Y) = E[(X-\mu_1)(Y-\mu_2)] = \int_{-\infty}^{+\infty}\int_{-\infty}^{+\infty} (x-\mu_1)(y-\mu_2)p(x, y)dxdy$$

$$= \frac{\sigma_1\sigma_2}{\pi\sqrt{1-\rho^2}} \cdot \int_{-\infty}^{+\infty}\int_{-\infty}^{+\infty} 2uv\, e^{-\frac{u^2-2\rho uv+v^2}{1-\rho^2}} dudv$$

$$= \frac{\sigma_1\sigma_2}{\pi\sqrt{1-\rho^2}} \int_{-\infty}^{+\infty} u e^{-u^2} du \int_{-\infty}^{+\infty} 2v e^{-\frac{(v-\rho u)^2}{1-\rho^2}} dv = \frac{\rho\sigma_1\sigma_2}{\sqrt{\pi}} \int_{-\infty}^{+\infty} 2u^2 e^{-u^2} du = \rho\sigma_1\sigma_2$$

其中，设 $t = \dfrac{v - \rho u}{\sqrt{1-\rho^2}}$，则

$$\int_{-\infty}^{+\infty} 2v e^{-\frac{(v-\rho u)^2}{1-\rho^2}} dv = 2\rho\sqrt{1-\rho^2}\, u \int_{-\infty}^{+\infty} e^{-t^2} dt = 2\rho u \sqrt{\pi} \sqrt{1-\rho^2}$$

从而 X 与 Y 的相关系数为

$$\rho_{XY} = \frac{\text{cov}(X, Y)}{\sqrt{D(X)}\sqrt{D(Y)}} = \frac{\rho \sigma_1 \sigma_2}{\sigma_1 \sigma_2} = \rho$$

注： (1) [例 3]中，随机变量 X, Y 满足 $Y = X^2$，所以 X 与 Y 不相互独立。因此，[例 3]说明虽然 X 与 Y 不相关，但是 X 与 Y 可以不相互独立。

(2) [例 4]指出，如果二维随机变量 (X, Y) 服从正态分布，那么，X 与 Y 相互独立与不相关是等价的。对于二维正态分布，其完全由它的数字特征所确定。

三、矩与协方差矩阵

数学期望、方差与协方差都是随机变量常用的数字特征，实际上它们都是某种矩，下面给出矩的定义。

定义 2 设 X 与 Y 是随机变量，k, l 为正整数。

(1) 如果 $E(X^k)$ 存在，则称它为 **X 的 k 阶原点矩**。

(2) 如果 $E\{[X - E(X)]^k\}$ 存在，则称它为 **X 的 k 阶中心矩**。

(3) 如果 $E(X^k Y^l)$ 存在，则称它为 **X 与 Y 的 $k+l$ 阶混合原点矩**。

(4) 如果 $E\{[X - E(X)]^k [Y - E(Y)]^l\}$ 存在，则称它为 **X 与 Y 的 $k+l$ 阶混合中心矩**。

由定义 2 可知，随机变量 X 的数学期望 $E(X)$ 是 X 的一阶原点矩。方差 $D(X)$ 是 X 的二阶中心矩，协方差 $\text{cov}(X, Y)$ 是 X 与 Y 的 $1+1$ 阶混合中心矩。

下面介绍协方差矩阵的概念。

定义 3 设二维随机变量 (X_1, X_2) 的方差 $D(X_1)$，$D(X_2)$，协方差 $\text{cov}(X_1, X_2)$ 都存在，分别记

$$C_{11} = E\{[X_1 - E(X_1)]^2\} = D(X_1)$$

$$C_{12} = E\{[X_1 - E(X_1)][X_2 - E(X_2)]\} = \text{cov}(X_1, X_2)$$

$$C_{21} = E\{[X_2 - E(X_2)][X_1 - E(X_1)]\} = \text{cov}(X_2, X_1)$$

$$C_{22} = E\{[X_2 - E(X_2)]^2\} = D(X_2)$$

则称矩阵

$$\begin{bmatrix} C_{11} & C_{12} \\ C_{21} & C_{22} \end{bmatrix}$$

为 **(X_1, X_2) 的协方差矩阵**。

一般地，对于 n 维随机变量 $(X_1, X_2, \cdots, X_n)$，如果

$$C_{ij} = \text{cov}(X_i, X_j) = E\{[X_i - E(X_i)][X_j = E(X_j)]\} \quad i, j = 1, 2, \cdots, n$$

都存在，则称矩阵

$$C = \begin{pmatrix} C_{11} & C_{12} & \cdots & C_{1n} \\ C_{21} & C_{22} & \cdots & C_{2n} \\ \cdots & \cdots & \cdots & \cdots \\ C_{n1} & C_{n2} & \cdots & C_{nn} \end{pmatrix}$$

为 **n 维随机变量 $(X_1, X_2, \cdots, X_n)$ 的协方差矩阵。**

由于 $C_{ij} = C_{ji}(i, j = 1, 2, \cdots, n, i \neq j)$，所以协方差矩阵 C 是对称矩阵。

【例 5】 设二维随机变量 $(X_1, X_2) \sim N(\mu_1, \mu_2, \sigma_1^2, \sigma_2^2, \rho)$，求 (X_1, X_2) 的协方差矩阵。

解 由题意知，$D(X_1) = \sigma_1^2$，$D(X_2) = \sigma_2^2$，$\text{cov}(X_1, X_2) = \rho\sigma_1\sigma_2$，所以

$$C_{11} = \sigma_1^2, \quad C_{12} = C_{21} = \rho\sigma_1\sigma_2, \quad C_{22} = \sigma_2^2$$

得 (X_1, X_2) 的协方差矩阵为

$$\begin{pmatrix} \sigma_1^2 & \rho\sigma_1\sigma_2 \\ \rho\sigma_1\sigma_2 & \sigma_2^2 \end{pmatrix}$$

119

习 题 4-3

1. 已知两随机变量 X、Y，有 $E(X) = 15$，$E(Y) = 20$，$E(XY) = 195$，求 X 与 Y 的协方差 $\text{cov}(X, Y)$。

2. 设二维随机变量 (X, Y) 的联合分布律如表 4-13 所示，求 X 与 Y 的协方差与相关系数。

表 4-13　　　　　　　　　　　联合分布律

X \ Y	-2	0	2
-2	0	$\frac{1}{4}$	0
0	$\frac{1}{4}$	0	$\frac{1}{4}$
2	0	$\frac{1}{4}$	0

3. 设二维随机变量 (X, Y) 仅取下列数组中的值,即

$$(0, 0), (-1, 1), \left(-1, \frac{1}{3}\right), (2, 0)$$

其相应的概率依次为 $\frac{1}{6}, \frac{1}{3}, \frac{1}{12}, \frac{5}{12}$,求 X 与 Y 的相关系数。

4. 设二维随机变量 (X, Y) 的联合分布律如表 4-14 所示,求 X 与 Y 的相关系数,并判断 X 与 Y 是否相互独立?

表 4-14 联合分布律

X\Y	-1	0	1
-1	$\frac{1}{8}$	$\frac{1}{8}$	$\frac{1}{8}$
0	$\frac{1}{8}$	0	$\frac{1}{8}$
1	$\frac{1}{8}$	$\frac{1}{8}$	$\frac{1}{8}$

5. 袋中装有标上号码 1,2,2 的 3 个球,从中任取一个且不放回,然后再从袋中任取一个球,以 X、Y 分别记为第一、第二次取到球上的号码数,求 X 与 Y 的协方差和相关系数。

6. 设二维随机变量 (X, Y) 在区域 $D = \{(x, y)) \mid x^2 + y^2 \leqslant 1\}$ 上服从均匀分布,求 X 与 Y 的相关系数。

7. 设随机变量 X 在区间 $[-\pi, \pi]$ 上服从均匀分布,$U = \sin X$,$V = \cos X$,求 U 与 V 的相关系数。

8. 设两个随机变量 X 与 Y,已知 $D(X) = 25$,$D(Y) = 36$,$\rho_{XY} = 0.4$,求 $D(X+Y)$,$D(X-Y)$。

第四节　大数定律与中心极限定理

大数定律和中心极限定理是概率论中两类极限定理的统称。在第一章我们用实例说明随机事件发生的频率具有稳定性,大数定律从理论上证明这一结论的正确性。在介绍随机变量的正态分布时,我们指出:客观实际中涉及的随机变量往往服从正态分布或近似地服从正态分布,中心极限定理指出了它的正确性。

一、大数定律

在介绍大数定律之前，我们先证明一个重要的不等式。

定理3 设随机变量 X 的数学期望 $E(X)$ 及方差 $D(X)$ 存在，则对于任意给定的 $\varepsilon>0$，有

$$P\{\mid X-E(X)\mid\geqslant\varepsilon\}\leqslant\frac{D(X)}{\varepsilon^2} \qquad (4-12)$$

或

$$P\{\mid X-E(X)\mid<\varepsilon\}\geqslant1-\frac{D(X)}{\varepsilon^2} \qquad (4-13)$$

公式(4-12)、公式(4-13)都称为**切贝雪夫不等式**。

证明 设 X 为连续型随机变量，其密度函数为 $p(x)$，则有

$$P\{\mid X-E(X)\mid\geqslant\varepsilon\}=\int_{\mid x-E(X)\mid\geqslant\varepsilon}p(x)\mathrm{d}x$$

$$\leqslant\int_{\mid x-E(X)\mid\geqslant\varepsilon}\frac{\mid x-E(X)\mid^2}{\varepsilon^2}p(x)\mathrm{d}x$$

$$\leqslant\frac{1}{\varepsilon^2}\int_{-\infty}^{+\infty}[x-E(X)]^2p(x)\mathrm{d}x=\frac{D(X)}{\varepsilon^2}$$

同理可证，当 X 为离散型随机变量时定理3的结论也成立。

【**例1**】 某批产品的次品率为 0.05，试用切贝雪夫不等式估计 $10\,000$ 件产品中，次品数不少于 400 件又不多于 600 件的概率。

解 令 X 表示次品的数目，它服从参数 $n=10\,000$，$p=0.05$ 的二项分布。从而 $E(X)=np=500$，$D(X)=np(1-p)=475$。所求的概率为

$$P\{400\leqslant X\leqslant600\}=P\{\mid X-500\mid\leqslant100\}$$

$\varepsilon=100$，由式(4-13)，得

$$P\{\mid X-500\mid\leqslant100\}\geqslant1-\frac{475}{100^2}=1-0.047\,5=0.952\,5$$

即

$$P\{400\leqslant X\leqslant600\}\geqslant0.952\,5$$

即估计次品数不少于 400 件又不多于 500 件的概率不小于 $0.952\,5$。

定理4(伯努里大数定律) 设 f_n 是 n 重伯努里试验中事件 A 发生的次数，p 是事件 A 的概率，则对于任意给定的 $\varepsilon>0$，有

$$\lim_{n\to\infty}P\left\{\left|\frac{f_n}{n}-p\right|<\varepsilon\right\}=1$$

证明 令 $X_i=\begin{cases}1,\text{第}i\text{次试验中}A\text{发生}\\0,\text{第}i\text{次试验中}A\text{不发生}\end{cases}(i=1,2,\cdots,n)$

则 $X_1,X_2,\cdots,X_n$ 是 n 个相互独立的随机变量，且 $E(X_i)=p$，$D(X_i)=p(1-p)=pq$，$q=1-p(i=1,2,\cdots,n)$。

因为 $f_n=X_1+X_2+\cdots+X_n$，于是

$$\frac{f_n}{n}-p=\frac{f_n-np}{n}=\frac{\sum_{i=1}^n X_i-E\left(\sum_{i=1}^n X_i\right)}{n}$$

由切贝雪夫不等式有

$$P\left\{\left|\frac{f_n}{n}-p\right|\geqslant\varepsilon\right\}=P\left\{\left|\sum_{i=1}^n X_i-E\left(\sum_{i=1}^n X_i\right)\right|\geqslant n\varepsilon\right\}\leqslant\frac{D\left(\sum_{i=1}^n X_i\right)}{n^2\varepsilon^2}$$

而

$$D\left(\sum_{i=1}^n X_i\right)=\sum_{i=1}^n D(X_i)=npq$$

从而有

$$0\leqslant P\left\{\left|\frac{f_n}{n}-p\right|\geqslant\varepsilon\right\}\leqslant\frac{npq}{n^2\varepsilon^2}=\frac{1}{n}\cdot\frac{pq}{\varepsilon^2}$$

因此

$$\lim_{n\to\infty}P\left\{\left|\frac{f_n}{n}-p\right|\geqslant\varepsilon\right\}=0$$

也就是

$$\lim_{n\to\infty}P\left\{\left|\frac{f_n}{n}-p\right|<\varepsilon\right\}=1$$

伯努里大数定律说明当 n 无限增大时，事件 A 发生的频率 $\frac{f_n}{n}$ 与概率 p 可以任意接近，即频率 $\frac{f_n}{n}$ 逐渐稳定于概率 p。

定理 5(辛钦大数定律) 设随机变量 $X_1,X_2,\cdots,X_n$ 相互独立，服从同一分布，且 $E(X_i)=\mu(i=1,2,\cdots,n)$，则对任意给定的 $\varepsilon>0$，有

$$\lim_{n\to\infty}P\left\{\left|\frac{X_1+X_2+\cdots+X_n}{n}-\mu\right|<\varepsilon\right\}=1$$

这一结果使算术平均值的法则有了理论根据，设要测定的某一量 μ，做了 n 次重复独立试验，得值 x_1，x_2，$\cdots$，x_n，它是随机变量 X_1，X_2，$\cdots$，X_n 的试验数值。由定理 5 可知，当 n 充分大时，可取 $\dfrac{1}{n}(x_1 + x_2 + \cdots + x_n)$ 作为 μ 的近似值。

二、中心极限定理

定理 6(同分布的中心极限定理)　设 X_1，X_2，$\cdots$，X_n 是相互独立的随机变量，服从同一分布，且 $E(X_i) = \mu$，$D(X_i) = \sigma^2$ 存在，$\sigma \neq 0$，则有

$$\lim_{n \to \infty} P\left\{ \frac{\sum\limits_{i=1}^{n} X_i - n\mu}{\sigma \sqrt{n}} \leqslant x \right\} = \frac{1}{\sqrt{2\pi}} \int_{-\infty}^{+\infty} e^{-\frac{x^2}{2}} \mathrm{d}x = \Phi(x) \qquad (4-14)$$

在一般情况下，我们求随机变量 $X_1 + X_2 + \cdots + X_n$ 的分布很困难，然而定理 6 揭示了当 n 充分大时，

$$\frac{\sum\limits_{i=1}^{n} X_i - n\mu}{\sigma \sqrt{n}} \xrightarrow{\text{近似}} N(0,1)，\text{即} \quad \frac{\dfrac{1}{n}\sum\limits_{i=1}^{n} X_i - \mu}{\dfrac{\sigma}{\sqrt{n}}} \xrightarrow{\text{近似}} N(0,1)$$

于是

$$\overline{X} = \frac{1}{n}\sum_{i=1}^{n} X_i \xrightarrow{\text{近似}} N\left(\mu, \frac{\sigma^2}{n}\right)$$

即 $\overline{X}$ 近似地服从均值为 μ，方差为 $\dfrac{\sigma^2}{n}$ 的正态分布，这个结论是数理统计中大样本统计推断的理论依据。

【例 2】　计算机在进行加法时，先对每个加数取整。设所有的取整误差是相互独立的且都服从 $[-0.5, 0.5]$ 上的均匀分布。现将 1 500 个数相加，求总误差的绝对值不超过 15 的概率。

解　设第 i 个数的取整误差为 X_i，则 $X_i(i = 1, 2, \cdots, 1500)$ 是相互独立的且都服从 $[-0.5, 0.5]$ 上的均匀分布。总误差 $X = \sum\limits_{i=1}^{1500} X_i$。已知 $E(X_i) = 0$，$D(X_i) = \dfrac{1}{12}$。由公式 $(4-14)$ 可得

$$P\{ |X| \leqslant 15 \} = P\left\{ \left| \frac{X - 0}{\sqrt{1\,500 \times \dfrac{1}{12}}} \right| \leqslant \frac{15}{\sqrt{1\,500 \times \dfrac{1}{12}}} \right\}$$

$$= P\left\{\left|\frac{X-0}{\sqrt{1\,500 \times \frac{1}{12}}}\right| \leqslant 1.34\right\}$$

$$\approx \Phi(1.34) - \Phi(-1.34) = 0.819\,8$$

下面介绍定理 6 的一个重要特例。

定理 7(隶莫佛尔-拉普拉斯定理) 设随机变量 $X_n(n = 1, 2, \cdots)$ 服从二项分布 $B(n, p)$，$q = 1 - p$，则

$$\lim_{n \to \infty} P\left\{\frac{X_n - np}{\sqrt{npq}} \leqslant x\right\} = \frac{1}{\sqrt{2\pi}} \int_{-\infty}^{x} e^{-\frac{t^2}{2}} dt \qquad (4-15)$$

证明 将随机变量 X_n 看作 n 重伯努利试验中事件 A 出现的次数，设 n 重伯努利试验中第 i 次试验结果为 Y_i，即

$$Y_i = \begin{cases} 1, & \text{在第 } i \text{ 次试验中事件 } A \text{ 发生} \\ 0, & \text{在第 } i \text{ 次试验中事件 } A \text{ 不发生} \end{cases} \qquad (i = 1, 2, \cdots, n)$$

则随机变量 $Y_1, Y_2, \cdots, Y_n$ 相互独立，$X_n = \sum_{i=1}^{n} Y_i$，且 Y_i 服从参数为 p 的 0-1 分布，

$$E(Y_i) = p, \quad D(Y_i) = p(1-p)$$

由定理 6 得

$$\lim_{n \to \infty} P\left\{\frac{X_n - np}{\sqrt{npq}} \leqslant x\right\} = \frac{1}{\sqrt{2\pi}} \int_{-\infty}^{x} e^{-\frac{t^2}{2}} dt$$

由定理 7 得到二项分布的又一个近似计算公式：设 $X \sim B(n, p)$，当 n 很大时，对任意的 $a < b$，有

$$P\left\{a < \frac{X - np}{\sqrt{npq}} \leqslant b\right\} = \Phi(b) - \Phi(a)$$

其中，$\Phi(x)$ 是标准正态分布的分布函数。

【例 3】 设某车间有 400 台同类型的机器，每台机器的开动时间为总工作时间的 $\frac{3}{4}$，且每台机器的开与停都是相互独立的。如果每台机器的电功率均为 Q 千瓦，那么为了保证以 0.99 概率有足够的电力，试问该车间应供应多大的电功率？

解 设有 X 台机器同时开动，由题意知，$X \sim B\left(400, \frac{3}{4}\right)$。这个二项分布的 n

较大，可应用隶莫佛尔-拉普拉斯定理来计算它的概率(但不能用泊松分布来近似计算，因为此处 $p=3/4$ 太大)。

设该车间最多同时开动 N 台机器，那么须满足

$$P\{X \leqslant N\} \geqslant 0.99$$

由定理 7，得

$$P\{X \leqslant N\} = P\left\{\frac{X - 400 \times 0.75}{\sqrt{400 \times 0.75 \times 0.25}} \leqslant \frac{N - 400 \times 0.75}{\sqrt{400 \times 0.75 \times 0.25}}\right\}$$

$$\approx \Phi\left(\frac{N - 400 \times 0.75}{\sqrt{400 \times 0.75 \times 0.25}}\right)$$

查表得 $\Phi(2.326) = 0.99$，故

$$\frac{N - 400 \times 0.75}{\sqrt{400 \times 0.75 \times 0.25}} \geqslant 2.33$$

$$N \geqslant 2.33 \times \sqrt{400 \times 0.75 \times 0.25} + 400 \times 0.75 = 320.18$$

取 $N = 321$，该车间应供应 $321Q$ 千瓦的电功率。

习 题 4-4

1. 设 X 是掷一颗骰子出现的点数，若给定 $\varepsilon = 1$，$\varepsilon = 2$，请实际计算 $P\{|X - E(X)| \geqslant \varepsilon\}$，并用切贝雪夫不等式验证。

2. 用切贝谢夫不等式估计下列各题的概率。

(1) 废品率为 0.03，1 000 个产品中废品个数在 20 至 40 之间的概率。

(2) 200 个新生婴儿中，男孩在 80 至 120 个之间的概率(假定生男孩和女孩的概率均为 0.5)。

3. 袋装茶叶用机器装袋，每袋的净重为随机变量，其期望值为 100 克，标准差为 13 克。一大盒内装 200 袋，求一盒茶叶净重大于 20.5 千克的概率。

4. 一部件包括 10 部分，每部分的长度(单位：毫米)是一个随机变量，它们相互独立，服从同一分布，其数学期望为 2，均方差为 0.05，规定总长度为 20 ± 0.1 时产品合格，求产品合格的概率。

5. 设某类元件的寿命 X(单位：小时)服从参数 $\lambda = \dfrac{1}{100}$ 的指数分布，且各元件的

寿命相互独立，求该类 16 个元件的寿命总和大于 1 920 小时的概率。

6. 从大批发芽率为 0.9 的种子中随意抽取 1 000 粒，试估计这 1 000 粒种子发芽率不低于 0.88 的概率。

7. 一大批种蛋中，良种蛋占 80%。从中任取 500 枚，求其中良种蛋率未超过 81% 的概率。

8. 一个复杂的系统，由 100 个相互独立起作用的部件所组成。在整个运行期间，每个部件损坏的概率为 0.1，为了使整个系统起作用，至少需要 85 个部件工作。求整个系统工作的概率。

9. 某商店负责供应某地区 1 000 人所需的商品，某种商品在一段时间内每人需用一件的概率为 0.6，假定在这一段时间各人购买与否彼此无关，问商店应预备多少件这种商品，才能以 99.7% 的概率保证不会脱销（假定该商品在某一段时间内每人最多可以买一件）。

10. 抽样检查产品质量时，如果发现有多于 10 个的次品，则拒绝接受这批产品。设某批产品的次品率为 10%，问至少应抽取多少个产品检查，才能保证拒绝接受该产品的概率达到 0.9？

11. 设 1 000 台机器中，每台工作正常的概率为 0.7，各台机器工作正常与否彼此独立。试估计 1 000 台机器中工作正常的机器在 680 台至 720 台之间的概率。

复习题四

1. 选择题

(1) $X \sim N(2, 5)$，$Y \sim N(3, 1)$，X 与 Y 相互独立，则 $E(XY) = ($ $)$。

A. 6   B. 2   C. 5   D. 15

(2) 设随机变量 X 与 Y 相互独立，$D(X) = 4$，$D(Y) = 2$，则 $D(3X - 2Y) = ($ $)$。

A. 8   B. 16   C. 28   D. 44

(3) 设随机变量 X 服从二项分布 $B(n, p)$，且 $E(X) = 2.4$，$D(X) = 1.44$，则二项分布的参数 n，p 的值为（   ）。

     A. $n = 4$，$p = 0.6$ B. $n = 6$，$p = 0.4$

     C. $n = 8$，$p = 0.3$ D. $n = 24$，$p = 0.1$

(4) 如果存在常数 a，$b(a \neq 0)$，使 $P\{Y = aX + b\} = 1$，且 $0 < D(X) < +\infty$，则 $\rho_{XY} = ($ $)$。

A. 1   B. -1 C. $\dfrac{a}{|a|}$ D. $|\rho_{XY}| < 1$

2. 填空题

(1) 设随机变量 $X \sim N(-1, 4)$，$Y \sim N(1, 2)$，且 X 与 Y 相互独立，则 $E(X-2Y) = $ _____，$D(X-2Y) = $ _____。

(2) 设随机变量 $X \sim P(\lambda)$，且已知 $E[(X-1)(X-2)] = 1$，则 $\lambda = $ _____。

(3) 设随机变量 X 的密度函数为

$$p(x) = \begin{cases} ax+b, & 0 \leqslant x \leqslant 1 \\ 0, & \text{其他} \end{cases}$$

且 $E(X) = \dfrac{1}{3}$，则 $a = $ _____，$b = $ _____。

(4) 设随机变量 X, Y 的方差 $D(X) = 4$，$D(Y) = 9$，X 与 Y 的相关系数 $\rho_{XY} = 0.5$，则 $D(2X-3Y) = $ _____。

3. 一批产品 5 件，其中一等品 3 件，二等品 2 件，从中随机取出 2 件，设 X 为取得一等品的件数，求数学期望 $E(X)$。

4. 设袋中有 2 个红球和 3 个绿球，n 个人轮流摸球，每人摸出 2 个球，然后将球放回袋中，让下一个人摸，求 n 个人总共摸到红球数的数学期望与方差。

5. 设随机变量 X 的密度函数为

$$p(x) = \begin{cases} 3x^2, & 0 \leqslant x \leqslant 1 \\ 0, & \text{其他} \end{cases}$$

求 $E(X)$，$D(X)$。

6. 设随机变量 X 的密度函数为

$$p(x) = \begin{cases} 4x-1, & 0 \leqslant x \leqslant 1 \\ 0, & \text{其他} \end{cases}$$

求随机变量 $Y = X^2$ 的数学期望与方差。

7. 设二维随机变量的联合密度函数为

$$p(x, y) = \begin{cases} 15xy^2, & 0 \leqslant y \leqslant x \leqslant 1 \\ 0, & \text{其他} \end{cases}$$

求 $E(X)$，$E(Y)$，$D(X)$，$D(Y)$ 及 ρ_{XY}。

8. 设 X, Y 为两随机变量，已知 $D(X) = 1$，$D(Y) = 4$，$\text{cov}(X, Y) = 1$，记

$X_1 = X - 2Y, Y_1 = 2X - Y$，求 X_1 与 Y_1 的相关系数 $\rho_{X_1 Y_1}$。

9. 设某种商品每周的需求量 X（单位：件）在区间 $[10, 30]$ 上服从均匀分布，而经销商店进货量为区间 $[10, 30]$ 中的某一整数，商店每销售一件商品可获利 500 元；若供大于求，则削价处理，每处理一件商品亏损 100 元；若供不应求，则可从外调剂供应，此时 1 件商品仅获利 300 元。为使商店所获利润的数学期望值不少于 9 280 元，试确定最少进货量。

10. 用切比雪夫不等式确定当掷一均匀硬币时，需掷多少次才能保证使得正面出现的频率在 0.4 至 0.6 之间的概率不少于 90%，并用极限定理计算同一个问题。

11. 甲、乙两个戏院在竞争 1 000 名观众，假定每个观众可完全随机地选择一个戏院，且观众之间选择戏院是彼此独立的，问每个戏院应该设多少座位才能保证因缺少座位而使观众离去概率小于 1%？

12. 现有一大批种子，其中良种占 $\frac{1}{6}$，今在其中选 6 000 粒：

(1) 如果在这些种子中，良种所占的比例与 $\frac{1}{6}$ 之差的绝对值小于 ε 的概率是 99%，求 ε 的值。

(2) 这时相应的良种数落在哪个范围内？

第五章　数理统计的基本概念

从本章开始,我们将进行数理统计的学习。数理统计是以概率论为理论基础,通过对随机现象的观察或试验,收集、整理数据,然后对数据进行分析,推断研究对象的整体特性,我们把这种推理称为统计推断。本书不讨论如何有效地获得数据,仅讨论根据有效数据统计推断的四个基本内容:参数估计、假设检验,其次再介绍方差分析与回归分析。

本章介绍数理统计的基本概念,涉及总体、样本、统计量、直方图、经验分布函数,着重介绍几个常用的统计分布和抽样分布,为后继内容的学习奠定基础。

第一节　总体、样本与统计量

一、总体与样本

我们先看一个例子。

某灯泡厂一天生产 5 万只 25 瓦白炽灯泡,按规定,使用寿命不足 1 千小时的为次品。为考察其次品率,似乎最好是将所有灯泡逐一考察,然而这是不可能的,于是,随机地从 5 万只灯泡中抽出一部分,比如抽出 1 000 只,就这 1 000 只灯泡的寿命进行检验,确定其次品数。如果其中有 4 只次品,我们就可以推断出这批 5 万只灯泡的次品率为 0.4%。这种检验方法称为**抽样检验**。

这里 5 万只灯泡的寿命全体称为**总体**,每一个灯泡的寿命是总体中的一个个体,而抽查的 1 000 只灯泡的寿命是一个样本,1 000 称为该样本的容量。

一般地,给出如下定义。

定义 1　研究对象的全体称为**总体**。总体的每一个基本单元称为**个体**。从总体中抽出的一部分个体组成的全体称为取自总体的一个**样本**,样本中所含个体的个数称为**样本容量**。

对于上例,我们主要关心的是总体的使用寿命的分布,这里是次品率。设 X 表示"任一只灯泡的寿命",X 是一随机变量,它的统计分布就反映了这批灯泡的寿命分布,因而,我们可以用随机变量 X 来描述这批灯泡的寿命,即把总体看作一个随

机变量 X，从总体中抽取一个样本，就是做了一次随机试验，而"抽出 1 000 只灯泡测其寿命"就是做 1 000 次随机试验，得到一个容量为 1 000 的样本，它可以用随机变量 X_1，X_2，$\cdots$，$X_{1\,000}$ 表示。

一般地，总体 X 的容量为 n 的样本是随机变量 X_1，X_2，$\cdots$，X_n，通常看成是 n 维随机变量 $(X_1$，X_2，$\cdots$，$X_n)$。而每次具体抽样所得的数据，就是这个 n 维随机变量的一个观测值 x_1，x_2，$\cdots$，x_n，称为**样本值**。

如果 X_1，X_2，$\cdots$，X_n 是相互独立，且与总体 X 具有相同分布的一个样本，则称此样本为**简单随机样本**。本书只研究简单随机样本，以后涉及的样本均指简单随机样本。

有放回地重复随机抽样所得到的样本是简单随机样本。当样本容量相对较少，比如不超过总体的 5% 时，不放回地随机抽样所得到的样本可以近似地看作简单随机样本。

由于总体 X 是随机变量，所以随机变量 X 的分布也称为**总体分布**。

如果总体 X 是连续型随机变量，其密度函数为 $p(x)$，则样本 X_1，X_2，$\cdots$，X_n 的联合密度函数为

$$p(x_1, x_2, \cdots, x_n) = p(x_1)p(x_2)\cdots p(x_n)$$

如果总体 X 是离散型随机变量，其分布律为

$$P\{X = a_i\} = p_i, i = 1, 2, \cdots$$

我们也用函数 $p(x)$ 表示该分布律，其自变量 x 取值 a_1，a_2，$\cdots$时函数值分别为 p_1，p_2，$\cdots$则样本 X_1，X_2，$\cdots$，X_n 的联合分布律为

$$p(x_1, x_2, \cdots, x_n) = p(x_1)p(x_2)\cdots p(x_n) \quad x_i \text{ 取值} a_1, a_2, \cdots, i=1, 2, \cdots$$

综上可知，不论总体 X 是连续型随机变量还是离散型随机变量，总体 X 的样本 X_1，X_2，$\cdots$，X_n 的联合分布具有相同的表示形式，即

$$p(x_1, x_2, \cdots, x_n) = p(x_1)p(x_2)\cdots p(x_n)$$

$p(x_i)$ 的含义不同。

【例1】 设 X_1，X_2，$\cdots$，X_n 为取自总体 X 的一个样本，X 服从参数为 θ 的 0—1 分布，求样本 X_1，X_2，$\cdots$，X_n 的联合分布律。

解 据题意，总体 X 的分布律为

$$P\{X = 1\} = \theta, P\{X = 0\} = 1-\theta$$

或 $$p(x) = \theta^x (1-\theta)^{1-x}, \; x = 0, 1$$

于是,样本 $X_1, X_2, \cdots, X_n$ 的联合分布律为

$$
\begin{aligned}
p(x_1, x_2, \cdots, x_n) &= \prod_{i=1}^{n} \theta^{x_i} (1-\theta)^{1-x_i} \\
&= \theta^{\sum\limits_{i=1}^{n} x_i} (1-\theta)^{n-\sum\limits_{i=1}^{n} x_i} \quad x_i = 0, 1, \; i = 1, 2, \cdots, n
\end{aligned}
$$

【例 2】 设 $X_1, X_2, \cdots, X_n$ 为取自总体 X 的一个样本,X 服从参数为 λ 的指数分布,求样本 $X_1, X_2, \cdots, X_n$ 的联合密度函数。

解 据题意,总体 X 的密度函数为

$$
p(x) = \begin{cases} \lambda e^{-\lambda x}, & x > 0 \\ 0, & \text{其他} \end{cases}
$$

于是,样本 $X_1, X_2, \cdots, X_n$ 的联合密度函数为

$$
p(x_1, x_2, \cdots, x_n) = \begin{cases} \prod_{i=1}^{n} \lambda e^{-\lambda x_i} = \lambda^n e^{-\lambda \sum\limits_{i=1}^{n} x_i}, & x_i > 0, \; i = 1, 2, \cdots, n \\ 0, & \text{其他} \end{cases}
$$

二、统计量

定义 2 设 $X_1, X_2, \cdots, X_n$ 为取自总体 X 的一个样本,$g(x_1, x_2, \cdots, x_n)$ 是一个连续函数,且不含有未知参数,则称 $g(X_1, X_2, \cdots, X_n)$ 为关于**总体 X 的统计量**,简称**统计量**。

例如,总体 $X \sim N(\mu, \sigma^2)$,其中 μ 已知,而 σ^2 未知,X_1, X_2 是取自总体 X 的一个样本,那么 $X_1 + X_2$,$2X_1 + 4\mu$ 都是统计量,而 $X_1 + \mu + \sigma^2$,$\dfrac{X_1 - \mu}{\sigma}$ 都不是统计量。

由定义 2 可知,统计量也是一个随机变量。如果 $x_1, x_2, \cdots, x_n$ 是样本 $X_1, X_2, \cdots, X_n$ 的一组样本值,那么 $g(x_1, x_2, \cdots, x_n)$ 是统计量 $g(X_1, X_2, \cdots, X_n)$ 的一个观察值。

下面给出一些常用的统计量。设 $X_1, X_2, \cdots, X_n$ 为取自总体 X 的一个样本。

1. 样本均值 $\overline{X} = \dfrac{1}{n} \sum\limits_{i=1}^{n} X_i$ \hfill $(5-1)$

2. 样本方差 $S^2 = \dfrac{1}{n-1} \sum\limits_{i=1}^{n} (X_i - \overline{X})^2$ \hfill $(5-2)$

131

样本方差有简化式：$S^2 = \dfrac{1}{n-1}\left(\sum\limits_{i=1}^{n} X_i^2 - n\overline{X}^2\right)$ $\qquad\qquad$ (5-3)

证明 $S^2 = \dfrac{1}{n-1}\sum\limits_{i=1}^{n}(X_i - \overline{X})^2 = \dfrac{1}{n-1}\sum\limits_{i=1}^{n}(X_i^2 - 2X_i\overline{X} + \overline{X}^2)$

$\qquad\qquad = \dfrac{1}{n-1}\left(\sum\limits_{i=1}^{n} X_i^2 - 2\overline{X}\sum\limits_{i=1}^{n} X_i + n\overline{X}^2\right)$

$\qquad\qquad = \dfrac{1}{n-1}\left(\sum\limits_{i=1}^{n} X_i^2 - n\overline{X}^2\right)$

3. 样本标准差或样本均方差： $S = \sqrt{\dfrac{1}{n-1}\sum\limits_{i=1}^{n}(X_i - \overline{X})^2}$

4. 样本(k 阶)原点矩： $A_k = \dfrac{1}{n}\sum\limits_{i=1}^{n} X_i^k$，$k = 1, 2, \cdots$ $\qquad$ (5-4)

5. 样本(k 阶)中心矩： $B_k = \dfrac{1}{n}\sum\limits_{i=1}^{n}(X_i - \overline{X})^k$，$k = 2, 3, \cdots$ $\quad$ (5-5)

样本 2 阶中心矩 B_2 与样本方差 S^2 有如下关系：

$$B_2 = \dfrac{n-1}{n}S^2 \qquad\qquad (5-6)$$

上述五种统计量统称为矩统计量，它们的观察值仍分别称为样本均值、样本方差、样本标准差(或样本均方差)、样本(k 阶)原点矩、样本(k 阶)中心矩，分别以相应的小写英文字母 $\bar{x}$，s^2，s，a_k，b_k 表示。

【例3】 从总体 X 中抽出容量为 6 的一个样本，其样本值为 18，19，20，21，20，22，求样本均值 $\overline{X}$ 和样本方差 S^2 的观察值 $\bar{x}$ 和 s^2。

解 $\bar{x} = \dfrac{1}{6} \times (18 + 19 + 20 + 21 + 20 + 22) = 20$

$\quad s^2 = \dfrac{1}{6-1} \times \big[(18-20)^2 + (19-20)^2 + (20-20)^2 + (21-20)^2$

$\qquad\qquad + (20-20)^2 + (22-20)^2\big]$

$\qquad = 2$

或应用公式(5-3)得

$$s^2 = \dfrac{1}{6-1} \times (18^2 + 19^2 + 20^2 + 21^2 + 20^2 + 22^2 - 6 \times 20^2) = 2$$

习 题 5-1

1. 设 X_1，X_2，X_3 为取自总体 X 的一个样本，$X \sim N(\mu, \sigma^2)$，其中 σ^2 已知，而 μ 未知，试问下面哪些是统计量，哪些不是统计量？

(1) $X_1 + X_2 + X_3$。　　　　(2) $X_1 - 3\mu$。

(3) $X_2^2 + \sigma^2$。　　　　(4) $X_3 + \mu + \sigma^2$。

2. 求下列样本值的样本均值和样本方差。

(1) 18、20、19、22、20、21、19、19、20、21。

(2) 54、67、68、78、70、66、67、70。

3. 设 X_1，X_2，$\cdots$，X_n 为取自总体 X 的一个样本，X 服从泊松分布 $P(\lambda)$，$\overline{X}$ 为样本均值，求样本 X_1，X_2，$\cdots$，X_n 的联合分布律及方差 $D(\overline{X})$。

4. 设 X_1，X_2，$\cdots$，X_n 为取自总体 X 的一个样本，$X \sim N(\mu, \sigma^2)$，$\overline{X}$ 为样本均值，求样本 X_1，X_2，$\cdots$，X_n 的联合密度函数及 $E(\overline{X})$，$D(\overline{X})$。

第二节　样本分布函数

对于总体 X 的一个样本值，可以用频率分布表、直方图及样本分布函数粗略地描述总体 X 的分布。由于表格和图形比较直观，故在统计工作中经常使用。

一、频率分布表

设总体 X 是离散型随机变量，x_1，x_2，$\cdots$，x_n 为总体 X 的一个样本值，将其不同的值按大小顺序排成 $a_1 < a_2 < \cdots < a_m$，取到 a_1，a_2，$\cdots$，a_n 的个数分别为 k_1，k_2，$\cdots$，k_m，$n = k_1 + k_2 + \cdots + k_m$，称 k_i 为 a_i 出现的**频数**，而 a_i 出现的**频率**为

$$f_i = \frac{k_i}{n}, \ i = 1, 2, \cdots, m \tag{5-7}$$

通常也将频率用列表形式表示，如表 5-1 所示。

表 5-1　　　　　　　　　　频率分布表

a_i	a_1	a_2	$\cdots$	a_m
频率 f_i	f_1	f_2	$\cdots$	f_m

133

频率表近似地给出了总体 X 的分布律。

例如，对 100 块焊接点的电路板进行检查，每块板上焊点不光滑的个数的频数和频率表如表 5-2 所示。

表 5-2　　　　　　　　　　　　　　频率分布表

个数 a_i（个）	1	2	3	4	5	6	7	8	9	10	11	12
频数 k_i（块）	4	4	5	10	9	15	15	14	9	7	5	3
频率 f_i	$\frac{4}{100}$	$\frac{4}{100}$	$\frac{5}{100}$	$\frac{10}{100}$	$\frac{9}{100}$	$\frac{15}{100}$	$\frac{15}{100}$	$\frac{14}{100}$	$\frac{9}{100}$	$\frac{7}{100}$	$\frac{5}{100}$	$\frac{3}{100}$

二、直方图

设 $x_1, x_2, \cdots, x_n$ 为连续型总体 X 的一个样本值,可采用直方图来处理样本值。

1. 样本值 $x_1, x_2, \cdots, x_n$ 进行分组

找出 $x_1, x_2, \cdots, x_n$ 的最小值与最大值，分别记为 x_1^*, x_n^*。选 a（它略小于 x_1^*），b（它略大于 x_n^*），将区间 $(a, b]$ m 等分，得

$$a = t_0 < t_1 < t_2 < \cdots < t_m = b$$

其中　　　　　　　$t_i = t_{i-1} + \Delta t, \ \Delta t = \dfrac{b-a}{m}, \ i = 1, 2, \cdots, m$

m 的大小没有硬性规定，当样本容量 n 较小时，m 也应小些，n 较大时，m 则大些，比如，$n = 100$ 时，m 可取 12。另外，为方便起见，一般使 t_i 比样本值多一位小数。样本值落在区间 $(t_{i-1}, t_i]$ 中的个数，称为**频数**，记为 $k_i (i = 1, 2, \cdots, m)$。

为了掌握分组的方法，先举一个具体问题。

某炼钢厂生产一种 25MnSi 钢，由于各种偶然因素的影响，各炉钢的含 Si 量是有些差异的，因而应该把含 Si 量 X 看成一个随机变量，现在要了解它的概率分布函数是怎样的?

为了确定分布密度，记录了 120 炉正常生产的 25MnSi 钢的含 Si 量的数据（百分数）。

0.86	0.83	0.77	0.81	0.81	0.80
0.79	0.82	0.82	0.81	0.81	0.87
0.82	0.78	0.80	0.81	0.87	0.81
0.77	0.78	0.77	0.78	0.77	0.77
0.77	0.71	0.95	0.78	0.81	0.79

0.80	0.77	0.76	0.82	0.80	0.82
0.84	0.79	0.90	0.82	0.79	0.82
0.79	0.86	0.76	0.78	0.83	0.75
0.82	0.78	0.73	0.83	0.81	0.81
0.83	0.89	0.81	0.86	0.82	0.82
0.78	0.84	0.84	0.84	0.81	0.81
0.74	0.78	0.78	0.80	0.74	0.78
0.75	0.79	0.85	0.75	0.74	0.71
0.88	0.82	0.76	0.85	0.73	0.78
0.81	0.79	0.77	0.78	0.81	0.87
0.83	0.65	0.64	0.78	0.75	0.82
0.80	0.80	0.77	0.81	0.75	0.83
0.90	0.80	0.85	0.81	0.77	0.78
0.82	0.84	0.85	0.84	0.82	0.85
0.84	0.82	0.85	0.84	0.78	0.78

下面对这 120 个数据进行分组。

找出它们的最小值为 0.64，最大值为 0.95，其差为 0.31。取起点 $a = 0.635$，终点 $b = 0.955$。共分 $m = 16$ 组，组距为 0.02。分组情况频数如下表 5-3 所示。

表 5-3　　　　　　　　　　　　频数分布表

顺序	分组	频数 k_i	顺序	分组	频数 k_i
1	0.635~0.655	2	9	0.795~0.815	24
2	0.655~0.675	0	10	0.815~0.835	21
3	0.675~0.695	0	11	0.835~0.855	14
4	0.695~0.715	2	12	0.855~0.875	6
5	0.715~0.735	2	13	0.875~0.895	2
6	0.735~0.755	8	14	0.895~0.915	2
7	0.755~0.775	13	15	0.915~0.935	0
8	0.775~0.795	23	16	0.935~0.955	1

2. 作直方图

上述用实例介绍了如何分组，下面根据分组情况及其频数来作直方图。

记 $$f_i = \frac{k_i}{n} \quad (i = 1, 2, \cdots, m)$$

称 f_i 是**样本值落入区间** $(t_{i-1}, t_i]$ 的频率。

在 xOy 平面上，以 $(t_{i-1}, t_i]$ 为底，以 $\frac{f_i}{\Delta t}$ 为高，Δt 为宽作小矩形，其面积为 f_i，$i = 1, 2, \cdots, m$，所有小矩形合在一起所构成的图形称为**频率直方图或直方图**。

我们通过每一个小长方形的顶边作一条光滑曲线，这条曲线可以作为随机变量 X 的密度函数的近似曲线图形。

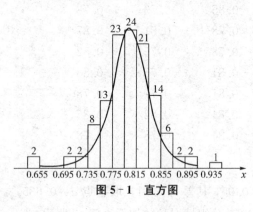

图 5-1 直方图

回到上面的例，横轴 x 表示含硅量，这里 $a = t_0 = 0.635$，$t_i = t_{i-1} + \Delta t$，$\Delta t = \frac{b-a}{16} = 0.02$，$b = t_{16} = 0.955$。在区间 $(t_{i-1}, t_i]$ 上作高为 $\frac{f_i}{\Delta t}$ 的小矩形，$i = 1, 2, \cdots, 16$，这 16 个并立的小矩形是本例的直方图（见图 5-1）。图 5-1 中通过每个竖着的小矩形的"上边"的曲线就是密度函数的近似图形。

三、样本分布函数

如果总体 X 的分布函数 $F(X)$ 未知，有时可根据样本对总体 X 分布函数 $F(X)$ 作出总体的近似分布。

具体作法：设 $x_1, x_2, \cdots, x_n$ 是总体 X 的一个样本值，将其不同的值按大小顺序排列成 $a_1 < a_2 < \cdots < a_m$，取到 $a_1, a_2, \cdots, a_m$ 的个数分别为 $k_1, k_2, \cdots, k_m$，$n = k_1 + k_2 + \cdots + k_m$，令 u_i 为 $a_1, a_2, \cdots, a_i$ 出现的频率之和，即

$$u_i = \frac{k_1}{n} + \frac{k_2}{n} + \cdots + \frac{k_i}{n} = f_1 + f_2 + \cdots + f_i \quad i = 1, 2, \cdots, m$$

构作函数

$$F_n(x) = \begin{cases} 0, & x < a \\ u_i, & a_i \leqslant x < a_{i+1}, \quad i = 1, 2, \cdots, m-1 \\ 1, & x \geqslant a_m \end{cases} \tag{5-8}$$

则称函数 $F_n(x)$ 为**样本分布函数**（或**经验分布函数**）。

由此可见，对于任何实数 x，$F_n(x)$ 等于不超过 x 的样本的个数除以 n，即 $F_n(x)$ 等于样本值落入区间 $(-\infty, x]$ 的频率。$F_n(x)$ 可作为总体 X 的未知分布函数 $F(x)$ 的近似，n 越大，近似程度越好。

【例】 设 $1, 2, 4, 3, 3, 4, 5, 6, 4, 8$ 为取自总体 X 的一个样本值，求样本的分布函数。

解 将样本值的不同值，按大小顺序排列成

$$1 < 2 < 3 < 4 < 5 < 6 < 8$$

得样本值取到 $1, 2, 3, 4, 5, 6, 8$ 的频数表，如表 5-4 所示。

表 5-4   频数表

a_i	1	2	3	4	5	6	8
f_i	0.1	0.1	0.2	0.3	0.1	0.1	0.1

则样本分布函数为

$$F_{10}(x) = \begin{cases} 0, & x < 1 \\ 0.1, & 1 \leqslant x < 2 \\ 0.2, & 2 \leqslant x < 3 \\ 0.4, & 3 \leqslant x < 4 \\ 0.7, & 4 \leqslant x < 5 \\ 0.8, & 5 \leqslant x < 6 \\ 0.9, & 6 \leqslant x < 8 \\ 1, & x \geqslant 8 \end{cases}$$

习 题 5-2

1. 测得 20 个零件的重量(单位:克)，得如下频数表，见表 5-5。

表 5-5   频数表

重量	2 440	2 620	2 700	2 880	2 900	3 000	3 020	3 040	3 080
频数	1	1	1	1	1	1	1	1	1
重量	3 100	3 180	3 200	3 300	3 420	3 440	3 500	3 600	3 860
频数	1	1	2	1	1	1	2	1	1

将其按区间 $[2\,400,\,2\,700)$，$[2\,700,\,3\,000)$，$[3\,000,\,3\,300)$，$[3\,300,\,3\,600)$，$[3\,600,\,3\,900)$ 分为 5 组。列出分组数据统计表，并画出频率直方图。

2. 设 $6.60,\,4.60,\,5.40,\,5.80,\,5.40$ 为取自总体 X 的一个样本值，求样本分布函数。

3. 某商店 100 天内电视机日销量的频数表如表 5 - 6 所示，求日售量的样本分布函数。

表 5 - 6 频数表

日销量(台)	2	3	4	5	6
频数(天)	20	30	10	25	15

第三节 常用统计分布

统计量是对总体的分布规律或数字特征进行推断的有效工具，在使用统计量进行统计推断时必须要知道它的分布。在第二章我们已介绍了若干随机变量的分布，本节再介绍三个常用的统计分布：χ^2 分布，t 分布，F 分布。

一、分位数

我们首先介绍以后将常用的分位数概念。

定义 1 设随机变量 X 的密度函数为 $p(x)$，对于给定的实数 $\alpha(0<\alpha<1)$，如果存在实数 λ，使

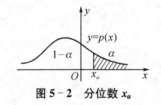

图 5 - 2 分位数 x_α

$$P\{x \geqslant \lambda\} = \int_\lambda^{+\infty} p(x)\mathrm{d}x = \alpha$$

则称实数 λ 为随机变量 X **分布的水平 α 的上侧分位数**，简称**分位数**，记 λ 为 x_α，α 称为**水平**。如图 5 - 2 所示。

设随机变量 $X \sim N(0,\,1)$，$N(0,\,1)$ 的水平 $\alpha(0<\alpha$ $<1)$ 的分位数记为 u_α，即满足 $P\{x \geqslant u_\alpha\} = \int_{u_\alpha}^{+\infty} \varphi(x)\mathrm{d}x = \alpha$，从而得

$$P\{X \leqslant u_\alpha\} = 1 - \alpha \qquad (5 - 9)$$

因为附录中标准正态分布表由 $\Phi(x) = P\{X \leqslant x\}$ 制表，所以由定义 1 确定的水平 α 的分位数 u_α 满足 $\Phi(u_\alpha) = 1 - \alpha$。

例如，水位 $\alpha = 0.15$，$1 - \alpha = 0.85$，查标准正态分布表可得

$$u_{0.15} = 1.04 \quad (\text{即 } \Phi(u_{0.15}) = 0.850\,8)$$

在标准正态分布表中，仅给出水平 $\alpha \leqslant 0.5$ 的分位数。当 $\alpha > 0.5$ 时，由于标准正态分的密度函数 $\varphi(x)$ 是偶函数，如图 5-3 所示，则有

$$u_\alpha = -u_{1-\alpha} \tag{5-10}$$

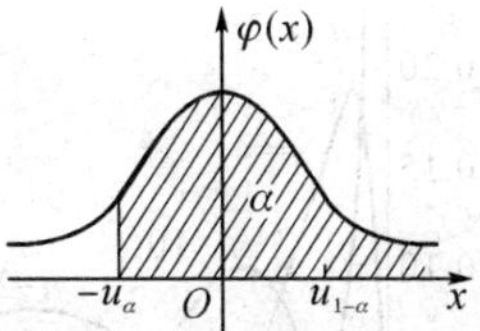

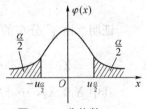

图 5-3 $u_\alpha = -u_{1-\alpha}$

例如，应用公式(5-10)，查标准正态分布表可得

$$u_{0.9} = -u_{0.1} = -1.28 \qquad u_{0.85} = -u_{0.15} = -1.04$$

【例1】 设随机变量 $X \sim N(0, 1)$，$\alpha = 0.05$，且 $P\{|x| \geqslant \lambda\} = \alpha$，求常数 λ 的值。

解 由于标准正态分布的密度函数是偶函数，得

$$P\{|X| \geqslant \lambda\} = 2P\{X \geqslant \lambda\} = \alpha$$

如图 5-4 所示。从而

$$P\{X \geqslant \lambda\} = \frac{\alpha}{2}$$

图 5-4 分位数 $u_{\frac{\alpha}{2}}$

于是，满足 $P\{|X| \geqslant \lambda\} = \alpha$ 的常数 λ 是水平 $\frac{\alpha}{2}$ 的分位数 $u_{\frac{\alpha}{2}}$。

$\alpha = 0.05$，得 $\frac{\alpha}{2} = 0.025$，$1 - \frac{\alpha}{2} = 0.925$，查书末附录标准正态分布表，得

$$\lambda = u_{0.025} = 1.96$$

注 由[例1]可得：如果随机变量 $X \sim N(0, 1)$，对于实数 $\alpha(0 < \alpha < 1)$，满足 $P\{|x| \geqslant \lambda\} = \alpha$ 的实数 λ，是标准正态分布的水平为 $\frac{\alpha}{2}$ 的分位数，即 $\lambda = u_{\frac{\alpha}{2}}$，亦即 $\Phi(u_{\frac{\alpha}{2}}) = 1 - \frac{\alpha}{2}$。

二、χ^2 分布

定义2 设总体 X 服从正态分布 $N(0, 1)$，$X_1, X_2, \cdots, X_n$ 为取自总体 X 的一个样本，则称统计量

$$\chi^2 = X_1^2 + X_2^2 + \cdots + X_n^2$$

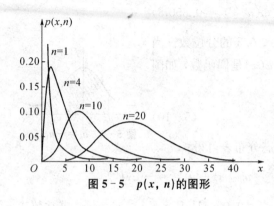

图 5-5 $p(x, n)$ 的图形

服从**自由度为 n 的 χ^2 分布**（读卡方分布），记为 $\chi^2 \sim \chi^2(n)$，χ^2 分布的密度函数 $p(x, n)$ 的图形如图 5-5 所示。

从图 5-5 可见，χ^2 分布是一种不对称分布，当自由度 n 较大（一般 $n > 45$）时，χ^2 分布渐进于正态分布。

χ^2 分布具有如下性质：

性质（χ^2 分布的可加性） 如果 $\chi_1^2 \sim \chi^2(m)$，$\chi_2^2 \sim \chi^2(n)$，且 χ_1^2，χ_2^2 相互独立，则

$$\chi_1^2 + \chi_2^2 \sim \chi^2(m+n)$$

证明 由 χ^2 分布的定义，可设

$$\chi_1^2 = X_1^2 + X_2^2 + \cdots + X_m^2, \quad \chi_2^2 = X_{m+1}^2 + X_{m+2}^2 + \cdots + X_{m+n}^2$$

其中 X_1，X_2，$\cdots$，X_m，X_{m+1}，X_{m+2}，$\cdots$，X_{m+n} 均服从 $N(0, 1)$，且相互独立，于是，由 χ^2 分布的定义得

$$\chi_1^2 + \chi_2^2 = X_1^2 + X_2^2 + \cdots + X_m^2 + X_{m+1}^2 + X_{m+2}^2 + \cdots + X_{m+n}^2 \sim \chi^2(m+n)$$

【例 2】 设 X_1，X_2，$\cdots$，X_7 为取自总体 X 的一个样本，$X \sim N(0, 2^2)$，且统计量 $Y = a(X_1 + X_2 + X_3)^2 + b(X_4 + X_5 + X_6 + X_7)^2$ 服从 χ^2 分布，其中 a、b 是常数，求常数 a，b 的值。

解 据题意，得 $X_1 + X_2 + X_3 \sim N(0, 12)$，于是

$$\frac{X_1 + X_2 + X_3}{\sqrt{12}} \sim N(0, 1)$$

从而

$$Y_1 = \frac{1}{12}(X_1 + X_2 + X_3)^2 = \left(\frac{X_1 + X_2 + X_3}{\sqrt{12}}\right)^2 \sim \chi^2(1)$$

同理可得

$$Y_2 = \frac{1}{16}(X_4 + X_5 + X_6 + X_7)^2 = \left(\frac{X_4 + X_5 + X_6 + X_7}{\sqrt{16}}\right)^2 \sim \chi^2(1)$$

由于 Y_1, Y_2 相互独立, 据 χ^2 分布的可加性, 得

$$Y_1 + Y_2 \sim \chi^2(2)$$

又 $Y \sim \chi^2(2)$, 所以 $a = \dfrac{1}{12}$, $b = \dfrac{1}{16}$。

定义 3 设随机变量 $\chi^2 \sim \chi^2(n)$, 它的密度函数为 $p(x, n)$, 对于给定的实数 $\alpha(0 < \alpha < 1)$, 如果存在实数 λ, 使

$$P\{\chi^2 \geqslant \lambda\} = \int_{\lambda}^{+\infty} p(x, n)\mathrm{d}x = \alpha$$

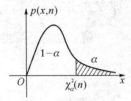

则称实数 λ 为 $\chi^2(n)$ 分布的水平 α 的分位数, 记 λ 为 $\chi^2_\alpha(n)$, 图 5-6 分位数 $\chi^2_\alpha(n)$ 如图 5-6 所示。

对于不同的 α, $n(n \leqslant 45)$, 水平 α 的分位数 $\chi^2_\alpha(n)$ 可查书末附录 χ^2 分布表得到。

例如, 查 χ^2 分布表可得

$$\chi^2_{0.05}(20) = 31.410\,4, \quad \chi^2_{0.1}(25) = 34.381\,6, \quad \chi^2_{0.95}(30) = 18.492\,7$$

当 $n > 45$ 时, α 分位数 $\chi^2_\alpha(n)$, 按如下近似式计算。

$$\chi^2_\alpha(n) \approx \frac{1}{2}(u_\alpha + \sqrt{2n-1})^2 \tag{5-11}$$

例如, $\alpha = 0.05$, $n = 50$, 查标准正态分布表, 得 $u_{0.05} = 1.64$, 由式 (5-11) 得

$$\chi^2_{0.05}(50) = \frac{1}{2}(1.64 + \sqrt{99})^2 \approx 67.162\,6$$

三、t 分布

定义 4 设随机变量 $X \sim N(0, 1)$, 随机变量 $Y \sim \chi^2(n)$, 且 X 与 Y 相互独立, 则称统计量

$$T = \frac{X}{\sqrt{Y/n}}$$

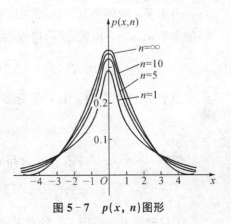

服从自由度为 n 的 t 分布, 记为 $T \sim t(n)$, t 分布的密度函数 $p(x, n)$ 的图形如图 5-7 所示。从图 5-7 可见, t 分的密度函数关于直线 $x = 0$ 对称。当自由度 n 较大 (一般 $n > 45$) 时, t 分布 $t(n)$ 近似于标准正态分布 $N(0, 1)$。

图 5-7 $p(x, n)$ 图形

141

【例3】 设随机变量 $X \sim N(\mu, 1)$，随机变量 X_1，X_2，X_3，X_4 均服从 $N(0, \sigma^2)$，且 X，X_1，X_2，X_3，X_4 相互独立。设随机变量 Y 为

$$Y = \frac{2\sigma(X - \mu)}{\sqrt{X_1^2 + X_2^2 + X_3^2 + X_4^2}}。$$

求 Y 的分布。

解 据题意可得 $X - \mu \sim N(0, 1)$，$\dfrac{X_i}{\sigma} \sim N(0, 1)$，$i = 1, 2, 3, 4$，由 χ^2 分布定义得

$$\sum_{i=1}^{4} \left(\frac{X_i}{\sigma} \right)^2 \sim \chi^2(4)$$

故据 t 分布定义得

$$Y = \frac{2\sigma(X - \mu)}{\sqrt{X_1^2 + X_2^2 + X_3^2 + X_4^2}} = \frac{X - \mu}{\sqrt{\sum_{i=1}^{4} \left(\dfrac{X_i}{\sigma} \right)^2 / 4}} \sim t(4)$$

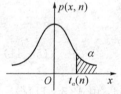

图 5-8 分位数 $t_\alpha(n)$

定义 5 设随机变量 $T \sim t(n)$，它的密度函数为 $p(x, n)$，对于给定的实数 $\alpha(0 < \alpha < 1)$，如果存在实数 λ，使

$$P\{T \geqslant \lambda\} = \int_{\lambda}^{+\infty} p(x, n) \mathrm{d}x = \alpha$$

则称实数 λ 为 $t(n)$ 分布的水平 α 的分位数，记 λ 为 $t_\alpha(n)$。如图5-8所示。

当水平 α 取值为 0.005，0.01，0.025，0.05，0.10，0.25，且 $n \leqslant 45$ 时，对于不同的水平 α，n，分位数 $t_\alpha(n)$ 可查书末附录 t 分布表得到。例如

$$t_{0.01}(10) = 2.763\,8, \quad t_{0.25}(16) = 0.690\,1$$

当水平 $\alpha > 0.5$ 时，由于 T 分布的密度函数是偶函数，则有

$$t_\alpha(n) = -t_{1-\alpha}(n)$$

例如，水平 $\alpha = 0.75$，查 t 分布表得 $t_{0.25}(5) = 0.726\,7$。由上式得

$$t_{0.75}(5) = -t_{1-0.75}(5) = -t_{0.25}(5) = -0.726\,7$$

当自由度 $n > 45$ 时，T 分布的水平 α 的分位数 $t_\alpha(n)$ 可用标准正态分布的分位

数 $u_\alpha(n)$ 来近似,即

$$t_\alpha(n) \sim u_\alpha$$

【例4】 设随机变量 $T \sim t(18)$,$\alpha = 0.05$,且 $P\{|T| \geqslant \lambda\} = \alpha$,求常数 λ 的值。

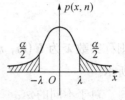

解 由于 T 分布的密度函数 $p(x, n)$ 是偶函数,得

$$P\{|T| \geqslant \lambda\} = 2P\{T \geqslant \lambda\} = \alpha(0 < \alpha < 1)$$

如图 5-9 所示。从而

图 5-9 $P\{|T| \geqslant \lambda\} = \alpha$

$$P\{T \geqslant \lambda\} = \frac{\alpha}{2}$$

因此,满足 $P\{|T| \geqslant \lambda\} = \alpha$ 的常数 λ 是 T 分布水平 $\frac{\alpha}{2}$ 的分位数 $t_{\frac{\alpha}{2}}(n)$。

已知 $\alpha = 0.05$,则 $\frac{\alpha}{2} = 0.025$,得 $\lambda = t_{\frac{\alpha}{2}}(18) = t_{0.025}(18) = 2.1009$。

注 由[例4]可得:如果随机变量 $T \sim t(n)$,对于实数 $\alpha(0 < \alpha < 1)$,由 $P\{|T| \geqslant \lambda\} = \alpha$ 确定的实数 λ,是自由度为 n 的 T 分布的水平为 $\frac{\alpha}{2}$ 的分位数,即 $\lambda = t_{\frac{\alpha}{2}}(n)$。

四、F 分布

定义 6 设随机变量 $X \sim \chi^2(m)$,随机变量 $Y \sim \chi^2(n)$,且 X 与 Y 相互独立,则称统计量

$$F = \frac{X/m}{Y/n} = \frac{nX}{mY}$$

服从**自由度为 (m, n) 的 F 分布**,记为 $F \sim F(m, n)$。

由定义 6,易知

$$\frac{1}{F} \sim F(n, m)$$

F 分布的密度函数 $p(x, m, n)$ 的图形如图 5-10 所示。

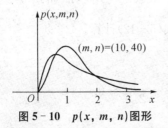

图 5-10 $p(x, m, n)$ 图形

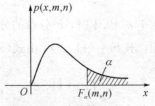

图 5-11 分位数 $F_\alpha(m, n)$

定义7 设随机变量 $F \sim F(m, n)$，它的密度函数为 $p(x, m, n)$，对于给定的实数 $\alpha(0 < \alpha < 1)$，如果存在实数 λ，使

$$P\{F \geqslant \lambda\} = \int_\lambda^{+\infty} p(x, m, n) \mathrm{d}x = \alpha$$

则称**实数 λ 为 $F(m, n)$ 分布的水平 α 的分位数，记 λ 为 $F_\alpha(m, n)$。** 如图 5-11 所示。

对于不同的 $\alpha(\alpha \leqslant 0.1)$，$m$，$n$，分位数 $F_\alpha(m, n)$ 可查书末附录 F 分布表得到。

例如，查 F 分布表可得

$$F_{0.05}(9, 12) = 2.80, \quad F_{0.025}(5, 6) = 5.99$$

F 分布的分位数有如下性质：

$$F_\alpha(m, n) = \frac{1}{F_{1-\alpha}(n, m)} \qquad (5-12)$$

证明 设 $F \sim F(m, n)$，则 $\dfrac{1}{F} \sim F(n, m)$，且

$$\alpha = P\{F \geqslant F_\alpha(m, n)\} = P\left\{\frac{1}{F} \leqslant \frac{1}{F_\alpha(m, n)}\right\}$$

$$= 1 - P\left\{\frac{1}{F} > \frac{1}{F_\alpha(m, n)}\right\}$$

$$= 1 - P\left\{\frac{1}{F} \geqslant \frac{1}{F_\alpha(m, n)}\right\}$$

得

$$P\left\{\frac{1}{F} \geqslant \frac{1}{F_\alpha(m, n)}\right\} = 1 - \alpha$$

又 $\dfrac{1}{F} \sim F(n, m)$，由分位数定义，得

$$F_{1-\alpha}(n, m) = \frac{1}{F_\alpha(m, n)}, \quad 即 \quad F_\alpha(m, n) = \frac{1}{F_{1-\alpha}(n, m)}$$

当水平 $\alpha > 0.1$ 时，F 分布的分位数可按式(5-12)计算。

例如，求 $F_{0.95}(11, 9)$，由式(5-12)得

$$F_{0.95}(11, 9) = \frac{1}{F_{0.05}(9, 11)} = \frac{1}{2.9} \approx 0.3448$$

【例5】 设随机变量 X_1，X_2，X_3，X_4，Y_1，Y_2 均服从正态分布 $N(0, \sigma^2)$，且相互独立，求随机变量 $Y = \dfrac{X_1^2 + X_2^2 + X_3^2 + X_4^2}{2(Y_1^2 + Y_2^2)}$ 的分布。

解 据题意可得，$\dfrac{X_i}{\sigma} \sim N(0, 1)$，$\dfrac{Y_j}{\sigma} \sim N(0, 1)$，$i = 1, 2, 3, 4$，$j = 1, 2$。

则
$$\sum_{i=1}^{4} \left(\frac{X_i}{\sigma}\right)^2 \sim \chi^2(4), \quad \left(\frac{Y_1}{\sigma}\right)^2 + \left(\frac{Y_2}{\sigma}\right)^2 \sim \chi^2(2)$$

由 F 分布定义得

$$Y = \frac{\displaystyle\sum_{i=1}^{4} X_i^2}{2(Y_1^2 + Y_1^2)} = \frac{\displaystyle\sum_{i=1}^{4}\left(\frac{X_i}{\sigma}\right)^2 \Big/ 4}{\displaystyle\sum_{j=1}^{2}\left(\frac{Y_j}{\sigma}\right)^2 \Big/ 2} \sim F(4, 2)$$

习 题 5-3

1. 求下列分位数。

(1) $u_{0.855}$，$u_{0.995}$，$u_{0.001}$，$u_{0.25}$。

(2) $\chi^2_{0.025}(6)$，$\chi^2_{0.1}(60)$，$\chi^2_{0.95}(12)$，$\chi^2_{0.99}(18)$。

(3) $t_{0.975}(15)$，$t_{0.01}(7)$，$t_{0.95}(25)$，$t_{0.1}(10)$。

(4) $F_{0.95}(12, 6)$，$F_{0.975}(8, 20)$，$F_{0.10}(5, 12)$，$F_{0.05}(20, 16)$。

2. 设随机变量 $U \sim N(0, 1)$，$\alpha = 0.02$，求常数 λ。

(1) $P\{|U| > \lambda\} = \alpha$。   (2) $P\{U < \lambda\} = \alpha$。

3. 设随机变量 $\chi^2(n)$ 服从自由度为 n 的 χ^2 分布，求常数 λ。

(1) $P\{\chi^2(8) > \lambda\} = 0.01$。   (2) $P\{\chi^2(8) < \lambda\} = 0.975$。

(3) $P\{\chi^2(15) > \lambda\} = 0.995$。   (4) $P\{\chi^2(15) < \lambda\} = 0.01$。

4. 设随机变量 $t(n)$ 服从自由度为 n 的 t 分布，求常数 λ。

(1) $P\{|t(5)| > \lambda\} = 0.2$。   (2) $P\{t(5) < \lambda\} = 0.25$。

5. 设随机变量 $F(m, n)$ 服从自由度为 m 和 n 的 F 分布，求常数 λ。

(1) $P\{F(3, 6) > \lambda\} = 0.975$。   (2) $P\{F(18, 20) < \lambda\} = 0.10$。

6. 设 X_1，X_2，$\cdots$，X_n，Y_1，Y_2，$\cdots$，Y_m 为取自总体 X 的一个样本，$X \sim N(0, 1)$，证明：

(1) 随机变量 $\dfrac{\sqrt{m}\sum\limits_{i=1}^{n}X_i}{\sqrt{n}\sqrt{\sum\limits_{i=1}^{m}Y_i^2}}\sim t(m)$;   (2) 随机变量 $\dfrac{m\sum\limits_{i=1}^{n}X_i^2}{n\sum\limits_{i=1}^{m}Y_i^2}\sim F(n,m)$

7. X_1, X_2, X_3 为取自总体 X 的一个样本, $X\sim N(0,2)$, 求证

$$\frac{1}{4}\left[(X_1+X_2)^2+2X_3^2\right]\sim\chi^2(2)$$

第四节　抽　样　分　布

在实际问题中, 虽然知道总体分布的类型, 但是总体分布含有未知的参数, 于是, 我们利用总体的样本构造适当的统计量, 使其服从或渐近服从已知分布, 进行统计推断, 本节介绍统计推断中常用的几个统计量, 给出其分布, 统计学中一般称统计量分布为抽样分布。

一、U 统计量

定理 1　设 X_1, X_2, $\cdots$, X_n 为取自总体 X 的一个样本, $X\sim N(\mu,\sigma^2)$, $\overline{X}$ 为样本均值, 则统计量

$$\overline{X}\sim N\left(\mu,\frac{\sigma^2}{n}\right),\quad \frac{\overline{X}-\mu}{\sigma/\sqrt{n}}\sim N(0,1)$$

证明　因为 X_1, X_2, $\cdots$, X_n 是总体 X 的一个样本, 所以 X_1, X_2, $\cdots$, X_n 相互独立, 且与总体 X 服从相同的分布, 于是 $\overline{X}=\dfrac{1}{n}(X_1+X_2+\cdots+X_n)$ 也服从正态分布。又

$$E(\overline{X})=\mu,\quad D(\overline{X})=\frac{\sigma^2}{n}$$

所以

$$\overline{X}\sim N\left(\mu,\ \frac{\sigma^2}{n}\right)$$

且得

$$\frac{\overline{X}-\mu}{\sigma/\sqrt{n}}\sim N(0,1) \tag{5-13}$$

定理 2　设 $X_1, X_2, \cdots, X_{n_1}$ 为取自总体 X 的一个样本，$Y_1, Y_2, \cdots, Y_{n_2}$ 为取自总体 Y 的一个样本，X 与 Y 相互独立，$X \sim N(\mu, \sigma_1^2)$，$Y \sim N(\mu_2, \sigma_2^2)$，$\overline{X}, \overline{Y}$ 分别为两个样本的均值，则统计量

$$\frac{(\overline{X} - \overline{Y}) - (\mu_1 - \mu_2)}{\sqrt{\sigma_1^2/n_1 + \sigma_2^2/n_2}} \sim N(0, 1) \tag{5-14}$$

证明　由定理 1 得

$$\overline{X} \sim N\left(\mu_1, \frac{\sigma_1^2}{n_1}\right), \overline{Y} \sim N\left(\mu_2, \frac{\sigma_2^2}{n_2}\right)$$

因为 X 与 Y 相互独立，所以 $\overline{X}$ 与 $\overline{Y}$ 也相互独立，从而

$$\overline{X} - \overline{Y} \sim N\left(\mu_1 - \mu_2, \frac{\sigma_1^2}{n_1} + \frac{\sigma_2^2}{n_2}\right)$$

得

$$\frac{(\overline{X} - \overline{Y}) - (\mu_1 - \mu_2)}{\sqrt{\sigma_1^2/n_1 + \sigma_2^2/n_2}} \sim N(0, 1)$$

统计量 $\dfrac{\overline{X} - \mu}{\sigma/\sqrt{n}}$，$\dfrac{(\overline{X} - \overline{Y}) - (\mu_1 - \mu_2)}{\sqrt{\sigma_1^2/n_1 + \sigma_2^2/n_2}}$ 都称为 **U 统计量**，均记为 U。

【**例 1**】　设在总体 X 中随机抽取一容量为 100 的样本，$X \sim N(80, 20^2)$，求样本均值 $\overline{X}$ 与总体均值的差的绝对值大于 3 的概率。

解　据定理 1，有

$$\frac{\overline{X} - 80}{20/\sqrt{100}} \sim N(0, 1)$$

从而

$$P\{|\overline{X} - 80| > 3\} = P\left\{\left|\frac{\overline{X} - 80}{20/\sqrt{100}}\right| > 1.5\right\}$$

$$= 1 - P\left\{\left|\frac{\overline{X} - 80}{20/\sqrt{100}}\right| \leqslant 1.5\right\}$$

$$1 - [2\Phi(1.5) - 1] = 0.1336$$

【**例 2**】　设从总体 X 中抽取容量分别为 10，15 的两个相互独立的样本，$X \sim N(20, 3)$，求该两个样本的样本均值 $\overline{X}_1$，$\overline{X}_2$ 差的绝对值大 0.3 的概率。

解 据题意，由定理 2，有

$$\frac{(\overline{X}_1 - \overline{X}_2) - (20 - 20)}{\sqrt{\frac{3}{10} + \frac{3}{15}}} \sim N(0, 1)$$

从而

$$P\{|\overline{X}_1 - \overline{X}_2| > 0.3\} = 1 - P\{|\overline{X}_1 - \overline{X}_2| \leqslant 0.3\}$$

$$= 1 - P\left\{\left|\frac{(\overline{X}_1 - \overline{X}_2) - (20 - 20)}{\sqrt{0.5}}\right| \leqslant \frac{0.3}{\sqrt{0.5}}\right\}$$

$$= 2 - 2\Phi\left(\frac{0.3}{\sqrt{0.5}}\right) = 2 - 2\Phi(0.424\,3) = 0.674\,4$$

二、χ^2 统计量

定理 3 设 $X_1, X_2, \cdots, X_n$ 为取自总体 X 的一个样本，$X \sim N(\mu, \sigma^2)$，$\overline{X}$ 与 S^2 分别为样本均值与样本方差，则统计量

(1) $\dfrac{n-1}{\sigma^2}S^2 = \dfrac{1}{\sigma^2}\sum\limits_{i=1}^{n}(X_i - \overline{X})^2 \sim \chi^2(n-1)$。 (5-15)

(2) $\dfrac{1}{\sigma^2}\sum\limits_{i=1}^{n}(X_i - \mu)^2 \sim \chi^2(n)$。 (5-16)

这两个统计量都称为 **χ^2 统计量**，均记为 χ^2。

证明 （1）证明从略，仅证明(2)

因为 $X_i \sim N(\mu, \sigma^2)$，所以 $\dfrac{X_i - \mu}{\sigma} \sim N(0, 1)$。

又 $X_1, X_2, \cdots, X_n$ 相互独立，于是 $\dfrac{X_1 - \mu}{\sigma}$，$\dfrac{X_2 - \mu}{\sigma}$，$\cdots$，$\dfrac{X_n - \mu}{\sigma}$ 也相互独立，由 χ^2 分布的定义，得

$$\frac{1}{\sigma^2}\sum_{i=1}^{\infty}(X_i - \mu)^2 = \sum_{i=1}^{\infty}\left(\frac{X_i - \mu}{\sigma}\right)^2 \sim \chi^2(n)$$

【**例 3**】 设 $X_1, X_3, \cdots, X_{16}$ 为取自总体 X 的一个样本，$X \sim N(1, 5^2)$，$\overline{X}$ 为样本均值，求概率 $P\left\{\sum\limits_{i=1}^{16}(X_i - \overline{X})^2 \leqslant 625\right\}$。

解 据定理 3，$\dfrac{(n-1)S^2}{5^2} = \dfrac{\sum\limits_{i=1}^{16}(X_i - \overline{X})^2}{5^2} \sim \chi^2(15)$，所以

$$P\left\{\sum_{i=1}^{16}(X_i-\overline{X})^2 \leqslant 625\right\}=1-P\left\{\frac{1}{25}\sum_{i=1}^{16}(X_i-\overline{X})^2 > \frac{625}{25}\right\}$$

查自由度 $n=15$ 的 χ^2 分布表,得 $\chi^2_{0.05}(15)=24.995\ 8$,$P\{\chi^2(15)>\chi^2_{0.05}(15)\}=0.05$,于是

$$P\left\{\sum_{i=1}^{16}(X_i-\overline{X})^2 \leqslant 625\right\}=1-0.05=0.95$$

三、T 统计量

定理 4 设 $X_1,X_2,\cdots,X_n$ 为取自总体 X 的一个样本,$X\sim N(\mu,\sigma^2)$,$\overline{X}$ 与 S^2 分别为样本均值与样本方差,则统计量

$$\frac{\overline{X}-\mu}{S/\sqrt{n}}\sim t(n-1) \tag{5-17}$$

证明 据定理 1,定理 3,有

$$U=\frac{\overline{X}-\mu}{\sigma/\sqrt{n}}\sim N(0,1), \quad \chi^2=\frac{n-1}{\sigma^2}S^2\sim\chi^2(n-1)$$

且随机变量 U 与 χ^2 相互独立,由 t 分布的定义,得

$$\frac{\overline{X}-\mu}{S/\sqrt{n}}=\frac{\overline{X}-\mu}{\sigma/\sqrt{n}}\bigg/\sqrt{\frac{(n-1)S^2}{\sigma^2(n-1)}}=\frac{U}{\sqrt{\chi^2/(n-1)}}\sim t(n-1)$$

定理 5 设 X 与 Y 是两个相互独立的总体,$X\sim N(\mu_1,\sigma^2)$,$Y\sim N(\mu_2,\sigma^2)$。$X_1,X_2,\cdots,X_m$ 为取自总体 X 的一个样本,$\overline{X}$ 与 S^2_1 分别为该样本的样本均值与样本方差。$Y_1,Y_2,\cdots,Y_n$ 为取自总体 Y 的一个样本,$\overline{Y}$ 与 S^2_2 分别为该样本的样本均值与样本方差,记 $S^2_w=\dfrac{(m-1)S^2_1+(n-1)S^2_2}{m+n-2}$,则统计量

$$\frac{(\overline{X}-\overline{Y})-(\mu_1-\mu_2)}{S_w\sqrt{1/m+1/n}}\sim t(m+n-2) \tag{5-18}$$

统计量 $\dfrac{\overline{X}-\mu}{S/\sqrt{n}}$,$\dfrac{(\overline{X}-\overline{Y})-(\mu_1-\mu_2)}{S_w\sqrt{1/m+1/n}}$ 都称为 **T 统计量**,均记为 T。

【例 4】 设 $X_1,X_2,\cdots,X_{16}$ 为取自总体 X 的一个样本,$X\sim N(\mu,\sigma^2)$,μ 已知,σ^2 未知,样本均值 $\overline{x}=12.5$,样本方差 $s^2=5.333\ 3$。求概率 $P\{|\overline{X}-\mu|<0.05\}$。

解 由题意 $\dfrac{\overline{X}-\mu}{s/\sqrt{n}}\sim t(n-1)$,所以

149

$$P\{|\overline{X}-\mu|<0.5\} = P\left\{\left|\frac{\overline{X}-\mu}{s/\sqrt{n}}\right|<\frac{0.5}{s/\sqrt{n}}\right\} = P\left\{\left|\frac{\overline{X}-\mu}{\sqrt{5.3333/4}}\right|<0.866\right\}$$

$$= 1-P\left\{\left|\frac{\overline{X}-\mu}{s/\sqrt{n}}\right|\geqslant 0.866\right\} = 1-2P\left\{\frac{\overline{X}-\mu}{s/\sqrt{n}}\geqslant 0.866\right\}$$

查自由度 $n=15$ 的分布表，得 $t_{0.2}(15)=0.8662$，$P\{t(15)\geqslant t_{0.2}(15)\}=0.2$，于是 $P\{|\overline{X}-\mu|<0.5\}=1-2\times 0.2=0.6$。

四、F 统计量

定理 6 设 X 与 Y 是两个相互独立的总体，$X\sim N(\mu,\sigma_1^2)$ $Y\sim N(\mu_2,\sigma_2^2)$，$X_1$，$X_2$，$\cdots$，$X_m$ 为取自总体 X 的一个样本，Y_1，Y_2，$\cdots$，Y_n 为取自总体 Y 的一个样本，S_1^2，S_2^2 分别为两样本的样本方差，则统计量

$$\frac{S_1^2/\sigma_1^2}{S_2^2/\sigma_2^2}\sim F(m-1,n-1) \tag{5-19}$$

统计量 $\dfrac{S_1^2/\sigma_1^2}{S_2^2/\sigma_2^2}$ 称为 **F 统计量**，记为 F。

证明 据定理 3，得

$$\frac{m-1}{\sigma_1^2}S_1^2\sim\chi^2(m-1),\qquad \frac{n-1}{\sigma_2^2}S_2^2\sim\chi^2(n-1)$$

因为 X 与 Y 相互独立，所以 $\dfrac{m-1}{\sigma_1^2}S_1^2$ 与 $\dfrac{n-1}{\sigma_2^2}S_1^2$ 也相互独立，由 F 分布的定义得

$$\frac{\dfrac{m-1}{\sigma_1^2}S_1^2/(m-1)}{\dfrac{n-1}{\sigma_2^2}S_2^2/(n-1)}\sim F(m-1,n-1)$$

即

$$\frac{S_1^2/\sigma_1^2}{S_2^2/\sigma_2^2}\sim F(m-1,n-1)$$

【例 5】 设 X_1，X_2，$\cdots$，X_{20} 和 Y_1，Y_2，$\cdots$，Y_{25} 分别为取自总体 X 和总体 Y 的一个样本，$\overline{X}$，$\overline{Y}$，S_1^2，S_2^2 分别是这两个样本的样本均值和样本方差。总体 X 和 Y 相互独立，且都服从正态分布 $N(30,3^2)$，求概率 $P\left\{\dfrac{S_1^2}{S_2^2}\leqslant 0.4\right\}$。

150

解 因为 $\sigma_1^2 = \sigma_2^2 = 3^2$，由定理 6，得

$$\frac{S_1^2}{S_2^2} = \frac{S_1^2/\sigma_1^2}{S_2^2/\sigma_2^2} \sim F(20-1, 25-1)$$

即

$$\frac{S_1^2}{S_2^2} \sim F(19, 24)$$

由于 F 分布的分位数表中没有 $m = 19$，然而

$$\frac{S_2^2}{S_1^2} \sim F(24, 19)$$

从而

$$P\left\{\frac{S_1^2}{S_2^2} \leqslant 0.4\right\} = P\left\{\frac{S_2^2}{S_1^2} \geqslant \frac{1}{0.4}\right\} = P\left\{\frac{S_2^2}{S_1^2} \geqslant 2.5\right\}$$

查自由度为 $m = 24$，$n = 19$ 的 F 分布表，得

$$F_{0.025}(24, 19) = 2.45, P\{F(24, 19) > 2.45\} = 0.025$$

于是

$$P\left\{\frac{S_1^2}{S_2^2} \leqslant 0.4\right\} = 0.025$$

习　题　5-4

1. 设 X_1，X_2，$\cdots$，X_{10} 为取自总体 X 的一个样本，Y_1，Y_2，$\cdots$，Y_{17} 为取自总体 Y 的一个样本，X，Y 均服从正态分布 $N(\mu, \sigma^2)$，且两总体相互独立，$\overline{X}$，$\overline{Y}$ 分别为两个样本的样本均值，记 $Z_1 = \frac{1}{10}\sum\limits_{i=1}^{10}(X_i - \overline{X})^2$，$Z_2 = \frac{1}{17}\sum\limits_{i=1}^{17}(Y_i - \overline{Y})^2$，求证：(1) 统计量 $V = \frac{160Z_1}{153Z_2} \sim F(9, 16)$；(2) 统计量 $W = 5\sqrt{\frac{170}{27}} \dfrac{\overline{X} - \overline{Y}}{\sqrt{10Z_1 + 17Z_2}} \sim t(25)$。

2. 设 X_1，X_2，$\cdots$，X_{20} 为取自总体 X 的一个样本，$X \sim N(0, 1)$。求证统计量。

$$Y = \frac{3\sum\limits_{i=1}^{5} X_i^2}{\sum\limits_{i=6}^{20} X_i^2} \sim F(5, 15)$$

3. 设 X_1，X_2，$\cdots$，X_{14} 为取自总体 X 的一个样本，$X \sim N(90, \sigma^2)$，$\overline{X}$ 为样本均值，$Y = \sum\limits_{i=1}^{14}(X_i - \overline{X})^2$。(1) 如果 $\sigma^2 = 100$，求概率 $P\{Y \leqslant 500\}$；(2) 如果 σ^2 未知，但已知样本方差 $S^2 = 121$，且 $P\{\mid \overline{X} - 90 \mid \leqslant k\} = 0.9$，求常数 k 的值。

4. 设 X_1，X_2，$\cdots$，X_{17} 为取自总体 X 的一个样本，$X \sim N(\mu, \sigma^2)$，$\overline{X}$ 为样本均值，B_{17} 为样本 2 阶中心矩，如果 $P\{\overline{X} > \mu + k\sqrt{B_{17}}\} = 0.95$，求常数 k 的值。

5. 设 X_1，X_2，$\cdots$，X_{10} 为取自总体 X 的一个样本，$X \sim N(\mu, 0.5^2)$。(1) 已知 $\mu = 0$，求概率 $P\{\sum\limits_{i=1}^{10} X_i^2 \geqslant 4\}$；(2) μ 未知，求概率 $P\{\sum\limits_{i=1}^{10}(X_i - \overline{X})^2 \geqslant 2.85\}$。

6. 设总体 X 服从正态分布 $N(12, \sigma^2)$，抽取容量为 25 的样本，求样本均值 $\overline{X}$ 小于 12.5 的概率。(1) 如果 $\sigma = 2$；(2) 如果 σ 未知，但已知样本方差 $S^2 = 5.57$。

复习题五

1. 选择题

(1) 设 X_1，X_2，$\cdots$，X_6 为取自总体 X 的一个样本，$X \sim N(0, 1)$，$\overline{X}$，S^2 分别为样本均值、样本方差，则( )。

    A. $6\overline{X} \sim N(0, 1)$ B. $5S^2 \sim \chi^2(6)$

    C. $\dfrac{5\overline{X}}{S} \sim t(5)$ D. $\dfrac{5X_1^2}{X_2^2 + \cdots + X_6^2} \sim F(1, 5)$

(2) 设 X_1，X_2，$\cdots$，X_n 为取自总体 X 的一个样本，$X \sim N(\mu, \sigma^2)$，$\overline{X}$ 是样本均值，记 $S_1^2 = \dfrac{1}{n-1}\sum\limits_{i=1}^{n}(X_i - \overline{X})^2$，$S_2^2 = \dfrac{1}{n}\sum\limits_{i=1}^{n}(X_i - \overline{X})^2$，$S_3^2 = \dfrac{1}{n-1}\sum\limits_{i=1}^{n}(X_i - \mu)^2$，$S_4^2 = \dfrac{1}{n}\sum\limits_{i=1}^{n}(X_i - \mu)^2$，则下面统计量( )服从自由度为 $n-1$ 的 t 分布。

    A. $\dfrac{\overline{X} - \mu}{S_1/\sqrt{n-1}}$ B. $\dfrac{\overline{X} - \mu}{S_2/\sqrt{n-1}}$ C. $\dfrac{\overline{X} - \mu}{S_3/\sqrt{n}}$ D. $\dfrac{\overline{X} - \mu}{S_4/\sqrt{n}}$

(3) 设 X_1，X_2，$\cdots$，X_n 为取自总体 X 的一个样本，$X \sim N(\mu, \sigma^2)$，$\overline{X}$ 为样本均值，记 $A_1 = \dfrac{1}{n-1}\sum\limits_{i=1}^{n}(X_i - \mu)^2$，$A_2 = \dfrac{1}{n-1}\sum\limits_{i=1}^{n}(X_i - \overline{X})^2$，$A_3 = \dfrac{1}{n}\sum\limits_{i=1}^{n}(X_i - \mu)^2$，

$A_4 = \frac{1}{n} \sum_{i=1}^{n} (X_i - \overline{X})^2$，则下面统计量（   ）服从自由度为 $n-1$ 的 χ^2 分布。

A. $\frac{(n-1)A_1}{\sigma^2}$ B. $\frac{nA_2}{\sigma^2}$ C. $\frac{(n-1)A_3}{\sigma^2}$ D. $\frac{nA_4}{\sigma^2}$

2. 填空题

(1) 设 X_1，X_2，$\cdots$，X_{10} 为取自总体 X 的一个样本，$X \sim N(0, 0.3^2)$ 则概率

$P\{\sum_{i=1}^{10} X_i^2 > 1.44\} = $ _____。

(2) 设 X_1，X_2，$\cdots$，X_{25} 为取自总体 X 的一个样本，$X \sim N(5, 3^2)$，记 $Y_1 = \frac{1}{9} \sum_{i=1}^{9} X_i$，$Y_2 = \frac{1}{16} \sum_{i=10}^{25} X_i$，$A = \sum_{i=1}^{9} (X_i - Y_1)^2$，$B = \sum_{i=10}^{25} (X_i - Y_2)^2$，则统计量 $\frac{15A}{8B}$ 服从_____分布。

(3) 设 X_1，X_2，$\cdots$，X_9 为取自总体 X 的一个样本，$X \sim N(5, 9)$，$\overline{X}$ 为样本均值，记 $Y = \sum_{i=1}^{9} (X_i - \overline{X})^2$，且统计量 $\frac{k(\overline{X} - 5)}{\sqrt{Y}} \sim t(n)$ 分布，则常数 $k = $ _____。

$n = $ _____。

3. 设 X_1，X_2，$\cdots$，X_n 为取自总体 X 的一个样本，X 服从区间 $[0, c]$ 上的均匀分布，求样本 X_1，X_2，$\cdots$，X_n 的联合密度函数。

4. 设 19.1，20.0，21.2，18.8，19.6，20.5，22.0，21.6，19.4，20.3 为一个样本值，求样本均值 $\overline{x}$，样本方差 s^2，样本 2 阶中心矩 b_2。

5. 某射手进行 20 次独立、重复的射击，击中靶子的环数的频数如下表 5-7 所示，求样本分布函数 $F_{20}(x)$。

表 5-7   频数表

环数	4	5	6	7	8	9	10
频数	2	0	4	9	0	3	2

6. 设在总体 X 中随机抽取一容量为 36 的样本，$X \sim N(52, 6.3^2)$，求该样本均值 $\overline{X}$ 落在 50.8 到 53.8 之间的概率。

7. 设 $\overline{X}$ 和 $\overline{Y}$ 为取自正态总体 $N(\mu, \sigma^2)$ 的容量均为 n 的两个样本的样本均值，且两样本相互独立。试确定 n，使得两个样本均值之差的绝对值超过 σ 的概率大约为 0.01。

8. 设在总体 X 中随机抽取一容量为 16 的样本，S^2 为样本方差，$X \sim N(\mu, \sigma^2)$，

这里 μ, σ^2 均未知,求概率 $P\left\{\dfrac{S^2}{\sigma^2} \leqslant 2.041\right\}$。

9. 分别从方差为 20 和 25 的正态总体中随机抽取容量为 8 和 10 的两个样本,求第一个样本方差不小于第二个样本方差的两倍的概率。

10. 设 X_1, X_2, Y_1, Y_2, Y_3 为取自总体 X 的一个样本,$X \sim N(\mu, \sigma^2)$。记 $\overline{Y} = \dfrac{1}{3}(Y_1 + Y_2 + Y_3)$,$S^2 = \dfrac{1}{2}\sum\limits_{i=1}^{3}(Y_i - \overline{Y})^2$,求证,$\dfrac{X_1 - X_2}{\sqrt{2}S} \sim t(2)$。

11. 查表,求下列分位数。

(1) $\chi_{0.01}^2(8)$。   (2) $\chi_{0.95}^2(6)$。   (3) $t_{0.01}(9)$。   (4) $t_{0.75}(5)$。

(5) $F_{0.01}(5, 9)$。   (6) $F_{0.99}(5, 9)$。   (7) $u_{0.25}$。   (8) $u_{0.99}$。

第六章 参 数 估 计

参数估计是统计推断的基本问题之一。不论社会经济活动还是科学试验,人们作出某种决策之前总是要对许多情况进行估计。例如商品推销人员要估计新式时装可能为消费者所喜好的程度;自选商场经理要估计附近居民的购买能力,这些估计通常是在信息不完全、结果不确定的情况下作出。参数估计为我们提供一套在满足一定精度要求下根据部分信息来估计总体参数的真值,并作出同这个估计相适应的误差说明的科学方法。本章主要介绍矩估计、极大似然估计、估计量的评价标准以及正态总体均值与方差的区间估计。

第一节 点 估 计

设 X_1, X_2, $\cdots$, X_n 为取自总体 X 的样本,总体 X 的分布形式已知,但含有未知参数 θ,选择一个合适的统计量 $\hat{\theta} = h(X_1, X_2, \cdots, X_n)$ 来估计未知参数 θ,则称统计量 $\hat{\theta}$ 为 θ 的**估计量**。如果 x_1, x_2, $\cdots$, x_n 为该样本的一组观察值,将其代入统计量所得的数值 $h(x_1, x_2, \cdots, x_n)$,称为参数 θ 的**估计值**,在不致混淆的情况下,也称为估计,也记为 $\hat{\theta}$。要注意的是,估计量是一个随机变量,而估计值是一个数值。

下面介绍两种常用的点估计方法:矩估计法和极大似然估计法。

一、矩估计法

矩估计法的基本思想是用样本矩估计总体矩。设 X_1, X_2, $\cdots$, X_n 为取自总体 X 的一个样本,k 为正整数,所涉及的矩陈述如下。

总体 X 的 k 阶原点矩:$\mu_k = E(X^k)$。

样本的 k 阶原点矩:$A_k = \dfrac{1}{n}\sum_{i=1}^{n} X_i^k$。

总体 X 的 k 阶中心矩:$\nu_k = E\{[X - E(X)]^k\}$。

样本的 k 阶中心矩:$B_k = \dfrac{1}{n}\sum_{i=1}^{n}(X_i - \overline{X})^k$。

155

定义 1 用相应的样本矩来估计总体矩的方法称为**矩估计法**。相应的估计量和估计量的值分别称为**矩估计量**和**矩估计值**。

设 X_1，X_2，$\cdots$，X_n 为取自总体 X 的一个样本，总体 X 的分布含有未知参数 θ_1，θ_2，$\cdots$，θ_k。矩估计方法简述如下。

(1) 求总体 X 的 r 阶原点矩 $\mu_r = E(X^r)$，μ_r 也是 θ_1，θ_2，$\cdots$，θ_k 的函数，记为 $g_r(\theta_1, \theta_2, \cdots, \theta_k)$，$r = 1, 2, \cdots, k$。得方程组

$$\begin{cases} \mu_1 = g_1(\theta_1, \theta_2, \cdots, \theta_k) \\ \mu_2 = g_2(\theta_1, \theta_2, \cdots, \theta_k) \\ \cdots\cdots \\ \mu_k = g_k((\theta_1, \theta_2, \cdots, \theta_k) \end{cases}$$

(2) 解上方程组，得解为

$$\theta_r = h_r(\mu_1, \mu_2, \cdots, \mu_k), \; r = 1, 2, \cdots, k$$

(3) 用样本原点矩 A_1，A_2，$\cdots$，A_k 分别估计总体 X 的原点矩 μ_1，μ_2，$\cdots$，μ_k，得未知参数 θ_1，θ_2，$\cdots$，θ_k 的矩估计量为

$$\hat{\theta}_r = h_r(A_1, A_2, \cdots, A_k), \; r = 1, 2, \cdots, k$$

注 1 如果总体 X 的中心矩 ν_1，ν_2，$\cdots$，ν_k 存在，ν_r 也是 θ_1，θ_2，$\cdots$，θ_k 的函数，记为 $g_r(\theta_1, \theta_2, \cdots, \theta_k)$，$r = 1, 2, \cdots, k$。然后类似重复上述过程，求得矩估计量。我们也可以兼顾总体 X 的原点矩、中心矩来求矩估计量。

注 2 为求矩估计量，构建的方程组形式不同，可以得到不同的矩估计量。

【例 1】 设总体 X 的分布律如表 6-1 所示，其中参数 $\theta > 0$ 未知，求 θ 的矩估计量。如果总体 X 的一个样本值为 1，1，1，3，2，1，3，2，2，1，2，2。求 θ 的矩估计值。

表 6-1 　　　　　　　　　　　　　　　　X 的分布律

X	1	2	3
p_i	θ	θ	$1-2\theta$

解 总体 X 的数学期望为

$$E(X) = 1 \times \theta + 2 \times \theta + 3 \times (1-2\theta) = 3 - 3\theta$$

解上方程，得

$$\theta = \frac{1}{3}\big[3 - E(X)\big]$$

由矩估计法，用样本的 1 阶原点 $\overline{X}$ 估计总体 X 的 1 阶原点矩 $E(X)$，得未知参数 θ 的矩估计量为

$$\hat{\theta} = \frac{1}{3}(3 - \overline{X})$$

由样本值，得样本均值 $\overline{x} = \frac{7}{4}$，于是矩估计量 $\hat{\theta}$ 的值为 $\hat{\theta} = \frac{5}{12}$。

如果我们计算总体 X 的 2 阶原点矩，得

$$\mu_2 = 1^2 \times \theta + 2^2 \times \theta + 3^2(1 - 2\theta) = 9 - 13\theta$$

解方程，得

$$\theta = \frac{1}{13}(9 - \mu_2)$$

用样本的 2 阶原点矩 A_2 估计总体 X 的 2 阶原点矩 μ_2，得未知参数 θ 的矩估计量为

$$\hat{\theta} = \frac{1}{13}(9 - A_2)$$

由样本值，得样本 2 阶原点矩 A_2 的值为 $A_2 = \frac{43}{12}$，于是矩估计量 $\hat{\theta} = \frac{1}{13}(9 - A_2)$ 的值为 $\hat{\theta} = \frac{5}{12}$。

【例 2】 设 $X_1, X_2, \cdots, X_n$ 为取自总体 X 的一个样本，总体 X 的密度函数为

$$p(x;\theta) = \begin{cases} e^{-(x-\theta)}, & x \geq \theta \\ 0, & \text{其他} \end{cases}$$

求未知参数 θ 的矩估计量。

解 总体 X 的数学期望为

$$E(X) = \int_{-\infty}^{+\infty} x p(x;\theta)\mathrm{d}x = \int_{\theta}^{+\infty} x e^{-(x-\theta)}\mathrm{d}x = \theta + 1$$

解上方程得

$$\theta = E(X) - 1$$

用 $\overline{X}$ 估计总体 X 的 $E(X)$，得 θ 的矩估计量为

$$\hat{\theta} = \overline{X} - 1$$

【例 3】 设 $X_1, X_2, \cdots, X_n$ 为取自总体 X 的一个样本，$E(X) = a + b$，$D(X) = 2a - b$，a, b 为未知参数。求 a, b 的矩估计量。

解 由矩估计法，解方程组

$$E(X) = a + b$$
$$D(X) = 2a - b$$

解得

$$a = \frac{1}{3}[E(X) + D(X)], \quad b = \frac{1}{3}[2E(X) - D(X)]$$

用 $\overline{X}$ 估计总体 $E(X)$，用 B_2 估计总体 $D(X)$，得 a、b 的矩估计量为

$$\hat{a} = \frac{1}{3}(\overline{X} + B_2), \quad \hat{b} = \frac{1}{3}(2\overline{X} - B_2)$$

二、极大似然估计法

极大似然估计法的基本思想是：对于一次抽样得到的样本观察值 $x_1, x_2, \cdots, x_n$，我们通常选择这样的 $\hat{\theta} = \hat{\theta}(x_1, x_2, \cdots, x_n)$ 作为参数 θ 的估计值，它使得这组观测值 $x_1, x_2, \cdots, x_n$ 出现的概率最大。

设总体 X 是连续型（离散型）随机变量，其密度函数（分布律）为

$$p(x; \theta) \quad (P\{X = x\} = p(x; \theta)), \theta \in \Theta$$

其中 $p(x; \theta)$ 的形式已知，θ 为未知参数。如果 $X_1, X_2, \cdots, X_n$ 是总体 X 的一个样本，那么由第五章第一节的讨论结论，样本 $X_1, X_2, \cdots, X_n$ 的联合密度函数（联合分布律）为

$$\prod_{i=1}^{n} p(x_i; \theta), \theta \in \Theta \qquad (6-1)$$

$(6-1)$ 式随 θ 的变化而变化，它是 θ 的函数，其中 Θ 是 θ 的可能取值范围。

如果 $x_1, x_2, \cdots, x_n$ 是样本 $X_1, X_2, \cdots, X_n$ 的一组观察值，由 $(6-1)$，所得值 $\prod_{i=1}^{n} p(x_i, \theta)$ 是未知参数 θ 的函数，称为**似然函数**，记为 $L(x_1, x_2, \cdots, x_n; \theta)$，简记

为 $L(\theta)$，即

$$L(\theta) = L(x_1, x_2, \cdots, x_n; \theta) = \prod_{i=1}^{n} p(x_i; \theta), \theta \in \Theta \qquad (6-2)$$

定义 2 对于总体 X 的样本观察值 $x_1, x_2, \cdots, x_n$，在 θ 的可能取值范围 Θ 内挑选使似然函数 $L(x_1, x_2, \cdots, x_n; \theta)$ 达到极大值的 $\hat{\theta}$ 作为参数 θ 的估计值，即选取 $\hat{\theta}$ 使

$$L(x_1, x_2, \cdots, x_n; \hat{\theta}) = \max_{\theta \in \Theta} L(x_1, x_2, \cdots, x_n; \theta)。 \qquad (6-4)$$

这样得到的 $\hat{\theta}$ 与样本值 $x_1, x_2, \cdots, x_n$ 有关，记为 $\hat{\theta}(x_1, x_2, \cdots, x_n)$，称其为参数 θ 的**极大似然估计值**，相应的统计量 $\hat{\theta}(X_1, X_2, \cdots, X_n)$ 称为参数 θ 的**极大似然估计量**。

设 $X_1, X_2, \cdots, X_n$ 为取自总体 X 的一个样本，$x_1, x_2, \cdots, x_n$ 为样本观察值，总体 X 的密度函数(分布律)为 $p(x, \theta)$，θ 为未知参数，用求极值的方法求极大似然估计的步骤如下：

(1) 写出似然函数。

$$L(\theta) = \prod_{i=1}^{n} p(x_i; \theta)$$

(2) 对似然函数取对数：由于对数函数是严格单调增函数，故 $\ln L(\theta)$ 与 $L(\theta)$ 有相同的极大值点。

(3) 求导数 $\dfrac{\mathrm{d}\ln L(\theta)}{\mathrm{d}\theta}$。

(4) 解方程 $\dfrac{\mathrm{d}\ln L(\theta)}{\mathrm{d}\theta} = 0$。

解得 $\hat{\theta}$ 即为 θ 的极大似然估计值。

【例 4】 设 $X_1, X_2, \cdots, X_n$ 为取自总体 X 的一个样本，总体 X 服从参数为 λ 的指数分布，其密度函数为

$$p(x) = \begin{cases} \lambda \mathrm{e}^{-\lambda x}, & x \geqslant 0 \\ 0, & x < 0 \end{cases}$$

$\lambda > 0$，求未知参数 λ 的极大似然估计量。

解 设 $x_1, x_2, \cdots, x_n$ 是一组样本值，其似然函数为

$$L(\lambda) = \prod_{i=1}^{n} \lambda \mathrm{e}^{-\lambda x_i} = \lambda^n \cdot \mathrm{e}^{-\lambda \sum_{i=1}^{n} x_i}$$

159

于是

$$\ln L(\lambda) = n\ln\lambda - \lambda\sum_{i=1}^{n}x_i$$

$$\frac{d\ln L(\lambda)}{d\lambda} = \frac{n}{\lambda} - \sum_{i=1}^{n}x_i$$

令

$$\frac{d\ln L(\lambda)}{d\lambda} = 0$$

解得

$$\lambda = \frac{n}{\sum_{i=1}^{n}x_i} = \frac{1}{\frac{1}{n}\sum_{i=1}^{n}x_i} = \frac{1}{\bar{x}}$$

所以参数 λ 的极大似然估计量为

$$\hat{\lambda} = \frac{1}{\bar{X}}$$

【例 5】 设 X_1，X_2，$\cdots$，X_n 为取自总体 X 的一个样本，x_1，x_2，$\cdots$，x_n 是其一组样本的观察值，总体 X 服从 0—1 分布：$P\{X=1\}=p$，$P\{X=0\}=1-p$。试求未知参数 p 的极大似然估计量。

解 X 的分布律可写成

$$P\{X=x\} = p^x(1-p)^{1-x} \quad (x=0,1)$$

所以似然函数为

$$L(p) = \prod_{i=1}^{n}p^{x_i}(1-p)^{1-x_i} = p^{\sum_{i=1}^{n}x_i} \cdot (1-p)^{n-\sum_{i=1}^{n}x_i}$$

于是

$$\ln L(p) = \left(\sum_{i=1}^{n}x_i\right)\ln p + \left(n-\sum_{i=1}^{n}x_i\right)\ln(1-p)$$

$$\frac{d\ln L(p)}{dp} = \left(\sum_{i=1}^{n}x_i\right)\cdot\frac{1}{p} - \left(n-\sum_{i=1}^{n}x_i\right)\cdot\frac{1}{1-p}$$

令

$$\frac{\mathrm{d}\ln L(p)}{\mathrm{d}p} = 0$$

解得

$$\hat{p} = \frac{1}{n}\sum_{i=1}^{n} x_i = \bar{x}$$

所以 p 的极大似然估计量为

$$\hat{p} = \overline{X}$$

极大似然估计法也适用于分布中含有多个未知参数 $\theta_1, \theta_2, \cdots, \theta_k$ 的情况。这时似然函数 L 是这些未知参数的多元函数,即 $L = L(\theta_1, \theta_2, \cdots, \theta_k)$。分别令

$$\frac{\partial \ln L}{\partial \theta_i} = 0, \quad i = 1, 2, \cdots, k。$$

解由上述 k 个方程构成的方程组,即可得到未知参数 $\theta_1, \theta_2, \cdots, \theta_k$ 的极大似然估计值 $\hat{\theta}_1, \hat{\theta}_2, \cdots, \hat{\theta}_k$。

【例6】 设 $X_1, X_2, \cdots, X_n$ 为取自总体 X 的一个样本,总体 $X \sim N(\mu, \sigma^2)$,其中 $\mu, \sigma > 0$ 是未知参数,求 μ, σ^2 的极大似然估计量。

解 设 $x_1, x_2, \cdots, x_n$ 是 $X_1, X_2, \cdots, X_n$ 的观测值,则似然函数

$$L(\mu, \sigma^2) = \prod_{i=1}^{n} \frac{1}{\sqrt{2\pi}\sigma} e^{\frac{(x_i-\mu)^2}{2\sigma^2}} = (2\pi\sigma^2)^{-\frac{n}{2}} e^{-\sum_{i=1}^{n}\frac{(x_i-\mu)^2}{2\sigma^2}}$$

取对数得

$$\ln L(\mu, \sigma^2) = -\frac{n}{2}\ln(2\pi) - \frac{n}{2}\ln \sigma^2 - \sum_{i=1}^{n}\frac{(x_i-\mu)^2}{2\sigma^2}$$

令

$$\begin{cases} \dfrac{\partial \ln L(\mu, \sigma^2)}{\partial \mu} = \dfrac{1}{\sigma^2}\sum_{i=1}^{n}(x_i-\mu) = 0 \\ \dfrac{\partial \ln L(\mu, \sigma^2)}{\partial \sigma^2} = -\dfrac{n}{2}\dfrac{1}{\sigma^2} + \dfrac{1}{2\sigma^4}\sum_{i=1}^{n}(x_i-\mu)^2 = 0 \end{cases}$$

解似然方程得

$$\hat{\mu} = \frac{1}{n}\sum_{i=1}^{n}x_i = \bar{x}, \quad \hat{\sigma}^2 = \frac{1}{n}\sum_{i=1}^{n}(x_i-\bar{x})^2 = \frac{n-1}{n}s^2$$

所以 μ, σ^2 的极大似然估计量为

$$\hat{\mu} = \overline{X}, \quad \hat{\sigma}^2 = \frac{n-1}{n}S^2$$

三、估计量的评价标准

前面我们讨论了对分布所含的未知参数进行估计的矩估计法和最大似然估计法,这是两种最常用的参数估计方法。对于同一个未知参数,当我们用不同的估计方法进行估计时,得到的估计量不一定相同。那么当一个未知参数有多个估计量时,我们究竟选用哪一个呢?这就涉及评价估计量优良性的标准问题。下面介绍三种常用的评价估计量的标准:无偏性、有效性和一致性。

1. 无偏性

对同一估计量,由不同的样本观察值得到参数的估计值也可能不同。我们很自然地要求估计量的期望等于参数的真值,即无偏性,有如下定义。

定义 3 设 $X_1, X_2, \cdots, X_n$ 为取自总体 X 的一个样本,$\hat{\theta} = \hat{\theta}(X_1, X_2, \cdots, X_n)$ 是参数 θ 的估计量,如果 $E(\hat{\theta})$ 存在,且

$$E(\hat{\theta}) = \theta$$

则称 $\hat{\theta} = \hat{\theta}(X_1, X_2, \cdots, X_n)$ 为参数 θ 的**无偏估计量**。

【例 7】 设 $X_1, X_2, \cdots, X_n$ 为取自总体 X 的一个样本,证明:样本均值 $\overline{X}$ 是总体均值 $E(X)$ 的无偏估计量。

证明 由于 $E(\overline{X}) = E\left(\dfrac{1}{n}\sum_{i=1}^{n}X_i\right) = \dfrac{1}{n}\sum_{i=1}^{n}E(X_i) = \dfrac{1}{n}\sum_{i=1}^{n}E(X) = E(X)$

所以 $\overline{X} = \dfrac{1}{n}\sum_{i=1}^{n}X_i$ 是总体均值 $E(X)$ 的无偏估计量。

【例 8】 设 $X_1, X_2, \cdots, X_n$ 为取自总体 X 的一个样本,总体 X 的方差 $\sigma^2 > 0$ 存在,证明样本方差 S^2 是总体方差 σ^2 的无偏估计量。

证明

由于 $E(S^2) = \dfrac{1}{n-1}E\left(\sum_{i=1}^{n}X_i^2 - n\overline{X}^2\right) = \dfrac{1}{n-1}\left[\sum_{i=1}^{n}E(X_i^2) - nE(\overline{X}^2)\right]$

$$= \frac{1}{n-1}\left\{\sum_{i=1}^{n}\left[D(X_i) + (E(X_i))^2\right] - n\left[D(\overline{X}) + (E(\overline{X}))^2\right]\right\}$$

$$= \frac{1}{n-1}\left[n\sigma^2 + n\mu^2 - n\left(\frac{\sigma^2}{n} + \mu^2\right)\right] = \sigma^2$$

因此 S^2 是 σ^2 的无偏估计量。

2. 有效性

设 X_1，X_2，X_3 为取自总体 X 的一个样本，总体 $X \sim N(\mu, \sigma^2)$，参数 μ 未知，容易验证统计量

$$\hat{\theta}_1 = \frac{1}{2}(x_1 + x_2), \quad \hat{\theta}_2 = \overline{X} = \frac{1}{3}(X_1 + X_2 + X_3)$$

都是总体 X 的均值 μ 的无偏估计量。那么如何进一步比较它们的好坏呢？

由于 θ 的无偏估计量 $\hat{\theta}$ 是指在平均意义下与 θ 没有偏差，它只是反映了估计量的取值在真值的附近波动，而没有反映出估计值的波动性的大小程度。方差是反映随机变量的取值在其数学期望的附近波动程度的一个度量。因此对于参数 θ 的多个无偏估计量，与 θ 的偏离程度越小越好，即方差小的为好，有如下定义。

定义 4 设 X_1，X_2，$\cdots$，X_n 为取自总体 X 的一个样本，$\hat{\theta}_1 = \hat{\theta}_1(X_1, X_2, \cdots, X_n)$ 与 $\hat{\theta}_2 = \hat{\theta}_2(X_1, X_2, \cdots, X_n)$ 都是参数 θ 的无偏估计量，如果

$$D(\hat{\theta}_1) < D(\hat{\theta}_2)$$

则称 $\hat{\theta}_1$ 比 $\hat{\theta}_2$ **有效**。

【例 9】 设 $\hat{\theta}_1$，$\hat{\theta}_2$ 为如上述总体 X 的两个无偏估计量，试问哪一个更有效？

解 由于 $D(\hat{\theta}_1) = D\left(\dfrac{X_1 + X_2}{2}\right) = \dfrac{1}{4}D(X_1) + \dfrac{1}{4}D(X_2) = \dfrac{1}{2}\sigma^2$

$$D(\hat{\theta}_2) = D(\overline{X}) = D\left(\frac{X_1 + X_2 + X_3}{3}\right)$$

$$= \frac{1}{9}D(X_1) + \frac{1}{9}D(X_2) + \frac{1}{9}D(X_3) = \frac{1}{3}\sigma^2$$

所以 $\hat{\theta}_2$ 比 $\hat{\theta}_1$ 有效。

注 由［例 9］可知，在具体操作中，尽量用样本中所有数据的平均去估计总体均值，绝不要用部分数据估计总体均值，这样可提高估计的有效性。

3. 一致性

估计量的无偏性和有效性都是在样本容量 n 给定的条件下考虑的。在参数估计中，样本容量越大，样本所含的总体分布的信息就越多，也就是说，样本容量 n 越大就越能精确地估计总体的未知参数。随着 n 的无限增大，一个好的估计量 $\hat{\theta}$ 与被估计参数的真值 θ 之间任意接近的可能性就会越大，特别对于有限总体，若将其所有个体都抽出，则其估计值应与真实参数值一致，估计量的这种性质称为**一致性**，

有如下定义。

定义 1 设 X_1，X_2，$\cdots$，X_n 为取自总体 X 的一个样本，$\hat{\theta} = \hat{\theta}(X_1$，$X_2$，$\cdots$，$X_n)$ 是总体 X 的未知参数 θ 的估计量，如果对于任意 $\varepsilon > 0$，都有

$$\lim_{n \to \infty} P\{|\hat{\theta} - \theta| < \varepsilon\} = 1$$

即 $\hat{\theta}$ 依概率收敛于 θ，则称 $\hat{\theta}$ 为 θ 的**一致估计量**。

一致性被认为是对估计量的一个最基本要求，如果一个估计量在样本容量不断增大时，它都不能在概率意义下把被估计参数估计到任意指定的精度，那么这个估计量在实际中一般不予考虑。

可以证明矩估计量都是一致性估计量。特别地，样本均值 $\overline{X}$ 是总体均值 $E(X)$ 的一致估计量；样本方差 S^2 是总体方差 $D(X)$ 的一致估计量。

习 题 6-1

1. 设 X_1，X_2，$\cdots$，X_n 为取自总体 X 的一个样本，总体 X 的密度函数为

$$p(x) = \begin{cases} \sqrt{\theta} x^{\sqrt{\theta}-1}, & 0 < x \leqslant 1 \\ 0, & \text{其他} \end{cases} \quad \theta > 0$$

求未知参数 θ 的矩估计量。

2. 设 X_1，X_2，$\cdots$，X_n 为取自总体 X 的一个样本，总体 X 的密度函数为

$$p(x) = \begin{cases} \dfrac{1}{\theta} e^{-\frac{x}{\theta}}, & x \geqslant 0 \\ 0, & x < 0 \end{cases} \quad \theta > 0$$

求未知参数 θ 的矩估计量。

3. 设 X_1，X_2，$\cdots$，X_n 为取自总体 X 的一个样本，总体 X 的密度函数为

$$p(x) = \begin{cases} \theta x^{\theta-1}, & 0 < x < 1 \\ 0, & \text{其他} \end{cases} \quad \theta > 0$$

求未知参数 θ 的极大似然估计量。

4. 设 X_1，X_2，$\cdots$，X_n 为取自总体 X 的一个样本，总体 X 的分布律为 $P\{X = k\} = p(1-p)^{k-1}$，$k = 1, 2, \cdots$ 求未知参数 p 的极大似然估计量。

5. 设 X_1，X_2，$\cdots$，X_n 为取自总体 X 的一个样本，总体 X 的密度函数为

$$p(x) = \begin{cases} (\alpha+1)x^{\alpha}, & 0 < x < 1 \\ 0, & \text{其他} \end{cases}$$

求未知参数 α 的极大似然估计量。

6. 设总体 X 的数学期望、方差分别为 $E(X) = \mu$, $D(X) = \sigma^2$, X_1, X_2 为取自总体 X 的样本,现给出三个估计量:

$$\hat{\mu}_1 = \frac{1}{3}X_1 + \frac{2}{3}X_2; \hat{\mu}_2 = \frac{3}{4}X_1 + \frac{1}{4}X_2; \hat{\mu}_3 = \frac{1}{2}X_1 + \frac{1}{2}X_2$$

(1) 证明它们都是 μ 的无偏估计量。

(2) 问哪一个最有效?

第二节　区 间 估 计

对于总体 X 的分布所含的未知参数 θ,在上一节中,由样本我们用点估计方法得到 θ 的一个估计值 $\hat{\theta}$,由于 $\hat{\theta}$ 的取值具有随机性,它与 θ 的真值存在偏差。因此要考虑 $\hat{\theta}$ 与 θ 的靠近程度,这就需要给出一个区间,并且说明这个区间以多大的概率包含参数 θ 的真值,这就是区间估计。有如下定义。

定义 1　设 X_1, X_2, $\cdots$, X_n 为取自总体 X 的一个样本,总体 X 的分布含有未知参数 θ, $\theta \in \Theta$,给定 $\alpha(0 < \alpha < 1)$,如果存在统计量 $\underline{\theta} = \underline{\theta}(X_1, X_2, \cdots, X_n)$ 和 $\overline{\theta} = \overline{\theta}(X_1, X_2, \cdots, X_n)$,满足

$$P\{\underline{\theta} < \theta < \overline{\theta}\} = 1 - \alpha$$

则称随机区间 $(\underline{\theta}, \overline{\theta})$ 是 θ 的置信度为 $1-\alpha$ 的**置信区间**,其中 Θ 是 θ 的可能取值范围。$\underline{\theta}$ 和 $\overline{\theta}$ 分别称为**置信下限**和**置信上限**,$1-\alpha$ 称为**置信度**或**置信水平**,α 称为**显著性水平**。

因为 $\underline{\theta} = \underline{\theta}(X_1, X_2, \cdots, X_n)$ 和 $\overline{\theta} = \overline{\theta}(X_1, X_2, \cdots, X_n)$ 都是随机变量,所以 $(\underline{\theta}, \overline{\theta})$ 是一个随机区间,它的两个端点和长度都是统计量。它的直观含义是在多次抽样下,将得到许多不同的区间 $(\underline{\theta}, \overline{\theta})$,这些区间中大约有 $100(1-\alpha)\%$ 个区间包含未知参数 θ 的真值,大约有 $100\alpha\%$ 个区间不包含参数 θ 的真值。例如,若取 $\alpha = 0.05$,反复抽样 1 000 次,则可得到 θ 的 1 000 个置信区间,其中包含 θ 的真值的区间大约有 950 个,而不包含 θ 的真值的区间大约有 50 个。

下面讨论如何求未知参数 θ 的置信区间,为此首先给出求置信区间的具体步骤

如下。

(1) 选取未知参数 θ 的某个较优估计量 $\hat{\theta}$。

(2) 围绕 $\hat{\theta}$ 构造一个依赖于样本与参数 θ 的样本函数

$$W = W(X_1, X_2, \cdots, X_n, \theta)$$

函数 $W(X_1, X_2, \cdots, X_n, \theta)$ 的分布是已知的,并且与 θ 无关。

(3) 对于给定的置信度为 $1-\alpha$,确定 λ_1,λ_2,使

$$P\{\lambda_1 \leqslant W \leqslant \lambda_2\} = 1-\alpha$$

通常可选取满足 $P\{W \leqslant \lambda_1\} = P\{W \geqslant \lambda_2\} = \dfrac{\alpha}{2}$ 的 λ_1 与 λ_2,λ_1,λ_2 可由样本函数分布的分位数表查得。

(4) 对于不等式 $\lambda_1 \leqslant W \leqslant \lambda_2$ 作恒等变形后化为 $\underline{\theta} < \theta < \overline{\theta}$,得

$$P\{\underline{\theta} < \theta < \overline{\theta}\} = 1-\alpha$$

则 $(\underline{\theta}, \overline{\theta})$ 就是参数 θ 的置信度为 $1-\alpha$ 的置信区间。

一、一个正态总体均值的区间估计

1. 方差 σ^2 已知,求 μ 的置信区间

设 $X_1, X_2, \cdots, X_n$ 为取自总体 X 的一个样本,$X \sim N(\mu, \sigma^2)$,$\overline{X}$ 为样本均值,取未知参数 μ 的估计量 $\overline{X}$,$\overline{X}$ 是 μ 的无偏估计,样本函数为

$$U = \frac{\overline{X} - \mu}{\sigma / \sqrt{n}} \sim N(0, 1)$$

且样本函数 U 的分布不依赖于未知参数 μ,对于给定的置信度 $1-\alpha$,由 $P\{|U| < \lambda\} = 1-\alpha$ 确定 λ,据第五章第三节[例1],λ 为标准正态分布水平为 $\dfrac{\alpha}{2}$ 的分位数 $u_{\frac{\alpha}{2}}$(由 $\Phi(u_{\frac{\alpha}{2}}) = 1 - \dfrac{\alpha}{2}$ 确定),从而

$$P\left\{-u_{\frac{\alpha}{2}} < \frac{\overline{X} - \mu}{\sigma / \sqrt{n}} < u_{\frac{\alpha}{2}}\right\} = 1-\alpha$$

即

$$P\left\{\overline{X} - \frac{\sigma}{\sqrt{n}} \cdot u_{\frac{\alpha}{2}} < \mu < \overline{X} + \frac{\sigma}{\sqrt{n}} \cdot u_{\frac{\alpha}{2}}\right\} = 1-\alpha$$

于是得到参数 μ 的置信度为 $1-\alpha$ 的置信区间为

$$\left(\overline{X}-\frac{\sigma}{\sqrt{n}}\cdot u_{\frac{\alpha}{2}},\ \overline{X}+\frac{\sigma}{\sqrt{n}}\cdot u_{\frac{\alpha}{2}}\right) \tag{6-3}$$

【例 1】 已知某厂生产的滚珠的直径 $X\sim N(\mu,\ 0.15^2)$，从某天生产的产品中取出 9 粒，测得它们的直径（单位：毫米）如下：

$$14.9,\ 14.9,\ 15,\ 14.9,\ 14.8,\ 15,\ 15.1,\ 14.9,\ 14.8$$

求参数 μ 的置信度为 0.95 的置信区间。

解 据所给的数据，得 $\overline{x}=14.92$

置信度 $1-\alpha=0.95$，得 $\alpha=0.05$，查标准正态分布表，得分位数 $u_{\frac{\alpha}{2}}=u_{0.025}=1.96$，又 $\sigma=0.15$，$n=9$，得

$$\overline{x}-\frac{\sigma}{\sqrt{n}}\cdot u_{\frac{\alpha}{2}}=14.92-0.098=14.822$$

$$\overline{x}+\frac{\sigma}{\sqrt{n}}\cdot u_{\frac{\alpha}{2}}=14.92+0.098=15.018$$

所以参数 μ 的置信度为 0.95 的置信区间为 $(14.822,\ 15.018)$。

这就表明，该厂生产的滚珠的直径有 0.95 的可能在 14.88 毫米和 15.018 毫米之间。

2. 方差 σ^2 未知，求 μ 的置信区间

设 $X_1,\ X_2,\ \cdots,\ X_n$ 为取自总体 X 的一个样本，$X\sim N(\mu,\ \sigma^2)$，$\overline{X}$，S^2 为样本均值，样本方差，取未知参数 σ^2 的估计量 S^2，S^2 是 σ^2 的无偏估计量，样本函数为

$$T=\frac{\overline{X}-\mu}{S/\sqrt{n}}\sim t(n-1)$$

且样本函数 T 的分布不依赖于未知参数 μ，对于给定的置信度 $1-\alpha$，由 $P\{|T|<\lambda\}=1-\alpha$ 确定 λ，据第五章第三节[例 3]，λ 是自由度为 $n-1$ 的 T 分布水平为 $\frac{\alpha}{2}$ 的分位数 $t_{\frac{\alpha}{2}}(n-1)$，从而

$$P\left\{-t_{\frac{\alpha}{2}}(n-1)<\frac{\overline{X}-\mu}{S/\sqrt{n}}<t_{\frac{\alpha}{2}}(n-1)\right\}=1-\alpha$$

即 $\qquad P\left\{\overline{X}-\frac{S}{\sqrt{n}}\cdot t_{\frac{\alpha}{2}}(n-1)<\mu<\overline{X}+\frac{S}{\sqrt{n}}\cdot t_{\frac{\alpha}{2}}(n-1)\right\}=1-\alpha$

于是得到参数 μ 的置信度为 $1-\alpha$ 的置信区间为

$$\left(\overline{X} - \frac{S}{\sqrt{n}} \cdot t_{\frac{\alpha}{2}}(n-1), \ \overline{X} + \frac{S}{\sqrt{n}} \cdot t_{\frac{\alpha}{2}}(n-1)\right) \tag{6-4}$$

【例2】 对某型号飞机的飞行速度进行 15 次测试,测得飞行速度(公里/小时)如下:

$$422.2 \quad 417.2 \quad 425.6 \quad 420.3 \quad 425.8$$
$$423.1 \quad 418.7 \quad 428.2 \quad 438.3 \quad 434$$
$$412.3 \quad 431.5 \quad 441.3 \quad 423 \quad 413.5$$

已知飞行速度 $X \sim N(\mu, \sigma^2)$,其中 σ^2 未知。求 μ 的置信度为 0.95 的置信区间。

解 据所给数据,得 $\overline{x} = 425$,$s = 8.488$

$1-\alpha = 0.95$,得 $\alpha = 0.05$。查 t 分布表,得分位数 $t_{\frac{\alpha}{2}}(n-1) = t_{0.025}(14) = 2.1448$,于是

$$\overline{x} - \frac{s}{\sqrt{n}} \cdot t_{\frac{\alpha}{2}}(n-1) = 425 - 4.701 = 420.299$$

$$\overline{x} + \frac{s}{\sqrt{n}} \cdot t_{\frac{\alpha}{2}}(n-1) = 425 + 4.701 = 429.701$$

所以 μ 的置信度为 0.95 的置信区间为 $(420.299, 429.701)$。

二、一个正态总体方差的区间估计

设 X_1,X_2,$\cdots$,X_n 为取自总体 X 的一个样本,S^2 为样本方差,总体 $X \sim N(\mu, \sigma^2)$,μ,σ^2 未知,求方差 σ^2 的置信区间。

取未知参数 σ^2 的估计量 S^2,S^2 是 σ^2 的无偏估计量,因此选取样本函数为

$$\chi^2 = \frac{(n-1)S^2}{\sigma^2} \sim \chi^2(n-1)$$

且样本函数 χ^2 的分布不依赖于未知参数 μ,σ^2,对于给定的置信度 $1-\alpha$,由 $P\{\lambda_1 < \chi^2 < \lambda_2\} = 1-\alpha$ 确定 λ_1,λ_2,查 χ^2 分布表,得分位数 $\chi^2_{1-\frac{\alpha}{2}}(n-1)$,$\chi^2_{\frac{\alpha}{2}}(n-1)$,使

$$P\left\{\chi^2_{1-\frac{\alpha}{2}}(n-1) < \frac{(n-1)S^2}{\sigma^2} < \chi^2_{\frac{\alpha}{2}}(n-1)\right\} = 1-\alpha$$

即 $$P\left\{\frac{(n-1)S^2}{\chi^2_{\frac{\alpha}{2}}(n-1)} < \sigma^2 < \frac{(n-1)S^2}{\chi^2_{1-\frac{\alpha}{2}}(n-1)}\right\} = 1-\alpha$$

于是得到未知参数 σ^2 的置信度为 $1-\alpha$ 的置信区间为

$$\left(\frac{(n-1)S^2}{\chi^2_{\frac{\alpha}{2}}(n-1)}, \quad \frac{(n-1)S^2}{\chi^2_{1-\frac{\alpha}{2}}(n-1)}\right) \tag{6-5}$$

从而标准差 σ 的置信区间为

$$\left(\sqrt{\frac{n-1}{\chi^2_{\frac{\alpha}{2}}(n-1)}}S, \quad \sqrt{\frac{n-1}{\chi^2_{1-\frac{\alpha}{2}}(n-1)}}S\right)$$

【例3】 设自动车床加工出来的零件的长度 $X \sim N(\mu, \sigma^2)$，其中 μ 未知，现从加工出来的零件中任取 10 个，测得其长度（毫米）为

12.15 12.12 12.01 12.28 12.09 12.03 12.01 12.11 12.06 12.14

求方差 σ^2 的置信度为 0.95 的置信区间。

解 据所给数据，得 $(n-1)s^2 = 0.0598$

$1-\alpha = 0.95$，得 $\alpha = 0.05$，查 χ^2 分布表，得分位数 $\chi^2_{1-\frac{\alpha}{2}}(n-1) = \chi^2_{0.975}(9) = 2.7$，$\chi^2_{\frac{\alpha}{2}}(n-1) = \chi^2_{0.025}(9) = 19.023$，从而

$$\frac{(n-1)s^2}{\chi^2_{\frac{\alpha}{2}}(n-1)} = \frac{0.0598}{19.023} = 0.00314$$

$$\frac{(n-1)s^2}{\chi^2_{1-\frac{\alpha}{2}}(n-1)} = \frac{0.0598}{2.7} = 0.02215$$

所以 σ^2 的置信度为 0.95 的置信区间为 $(0.00314, 0.02215)$。

综上所述，关于一个正态总体的均值、方差的置信区间汇总于表 6-2。

表 6-2　　　　一个正态总体置信度 $1-\alpha$ 的均值、方差的置信区间

待估计参数	其他参数	样本函数及其分布	置信区间
μ	σ^2 已知	$\dfrac{\overline{X}-\mu}{\sigma/\sqrt{n}} \sim N(0,1)$	$\left(\overline{X}-\dfrac{\sigma}{\sqrt{n}} \cdot u_{\frac{\alpha}{2}}, \ \overline{X}+\dfrac{\sigma}{\sqrt{n}} \cdot u_{\frac{\alpha}{2}}\right) \quad \Phi(u_{\frac{\alpha}{2}})=1-\alpha$
μ	σ^2 未知	$\dfrac{\overline{X}-\mu}{S/\sqrt{n}} \sim t(n-1)$	$\left(\overline{X}-\dfrac{S}{\sqrt{n}} \cdot t_{\frac{\alpha}{2}}(n-1), \overline{X}+\dfrac{S}{\sqrt{n}} \cdot t_{\frac{\alpha}{2}}(n-1)\right)$
σ^2	μ 未知	$\dfrac{(n-1)S^2}{\sigma^2} \sim \chi^2(n-1)$	$\left(\dfrac{(n-1)S^2}{\chi^2_{\frac{\alpha}{2}}(n-1)}, \dfrac{(n-1)S^2}{\chi^2_{1-\frac{\alpha}{2}}(n-1)}\right)$

169

三、单侧置信区间

前面所讨论的参数 θ 的置信区间都既有下限 $\underline{\theta}$ 又有上限 $\bar{\theta}$，这种置信区间称为**双侧置信区间**。在实际问题中，对参数 θ 进行区间估计时，有时只关心参数的一个置信限。例如，对于产品平均寿命的估计，通常都是希望平均寿命长一些好，于是人们关心的只是平均寿命最小是多少，即这时只考虑置信下限 $\underline{\theta}$，而不考虑置信上限 $\bar{\theta}$，置信区间就可表示为 $(\underline{\theta},+\infty)$。当考虑一批产品的次品率时，通常都是希望次品率小一些好。于是人们关心的只是次品率最大是多少，即这时只考虑置信上限 $\bar{\theta}$，而不考虑置信下限 $\underline{\theta}$，置信区间可表示为 $(-\infty,\bar{\theta})$。一般地，有如下定义。

定义 2 设 $X_1, X_2, \cdots, X_n$ 为取自总体 X 的一个样本，总体 X 的分布含有未知参数 θ，给定 $\alpha(0<\alpha<1)$，如果存在统计量 $\underline{\theta}=\underline{\theta}(X_1, X_2, \cdots, X_n)$，满足

$$P\{\theta>\underline{\theta}\}=1-\alpha$$

则称随机区间 $(\underline{\theta},+\infty)$ 是 θ 的置信度为 $1-\alpha$ 的**单侧置信区间**，$\underline{\theta}$ 称为**单侧置信下限**。

如果存在统计量 $\bar{\theta}=\bar{\theta}(X_1, X_2, \cdots, X_n)$，满足

$$P\{\theta<\bar{\theta}\}=1-\alpha$$

则称随机区间 $(-\infty,\bar{\theta})$ 是 θ 的置信度为 $1-\alpha$ 的**单侧置信区间**，$\bar{\theta}$ 称为**单侧置信上限**。

$1-\alpha$ 称为置信度或置信水平。

单侧置信区间的求法与双侧置信区间的类似。下面通过一个例子来说明。

【例 4】 从一批灯泡中随机地抽取 16 件产品做寿命试验，测得平均寿命（单位：h）$\bar{x}=2\,160$，样本方差 $s^2=6\,400$。假设灯泡的寿命 $X\sim N(\mu,\sigma^2)$。试求这批灯泡寿命的置信为 0.95 的单侧置信下限。

解 由于 $X\sim N(\mu,\sigma^2)$，其中 σ^2 未知，样本方差 S^2 是 σ^2 的无偏估计量，取样本函数为

$$T=\frac{\overline{X}-\mu}{S/\sqrt{n}}\sim t(n-1)$$

且样本函数 T 的分布不依赖于未知参数 μ。

对于给定的置信度 $1-\alpha(0<\alpha<1)$，查 t 分布表得分位数 $t_\alpha(n-1)$，使得

$$P\left\{\frac{\overline{X}-\mu}{S/\sqrt{n}}\leqslant t_\alpha(n-1)\right\}=1-\alpha$$

即

$$P\left\{\mu \geqslant \overline{X} - \frac{S}{\sqrt{n}} \cdot t_\alpha(n-1)\right\} = 1 - \alpha$$

故 μ 的单侧置信区间为

$$\left(\overline{X} - \frac{S}{\sqrt{n}} \cdot t_\alpha(n-1),\ +\infty\right)$$

μ 的单侧置信下限为

$$\underline{\mu} = \overline{X} - \frac{S}{\sqrt{n}} \cdot t_\alpha(n-1)$$

在这个例子中，$n = 16$，$\bar{x} = 2\,160$，$s^2 = 6\,400$，$\alpha = 1 - 0.95 = 0.05$，查 t 分布表得分位数 $t_\alpha(n-1) = t_{0.05}(15) = 1.753\,1$，从而可得 μ 的置信水平为 0.95 的单侧置信下限为

$$\underline{\mu} = \bar{x} - \frac{s}{\sqrt{n}} \cdot t_\alpha(n-1) = 2\,160 - \frac{\sqrt{6\,400}}{\sqrt{16}} \times 1.753\,1 = 2\,124.938$$

μ 的置信水平为 0.95 的单侧置信区间为 $(2\,124.938,\ +\infty)$。

综上所述，关于一个正态总体均值、方差的单侧置信限汇总于表 6-3。

表 6-3　　　　　　　一个正态总体置信度为 1-α 均值、方差的单侧置信限

待估计参数	其他参数	样本函数及其分布	置信下限	置信上限
μ	σ^2 已知	$\dfrac{\overline{X}-\mu}{\sigma/\sqrt{n}} \sim N(0,1)$	$\underline{\mu} = \overline{X} - \dfrac{\sigma}{\sqrt{n}} \cdot u_\alpha$	$\bar{\mu} = \overline{X} + \dfrac{\sigma}{\sqrt{n}} \cdot u_\alpha$
μ	σ^2 未知	$\dfrac{\overline{X}-\mu}{S/\sqrt{n}} \sim t(n-1)$	$\underline{\mu} = \overline{X} - \dfrac{S}{\sqrt{n}} \cdot t_\alpha(n-1)$	$\bar{\mu} = \overline{X} + \dfrac{S}{\sqrt{n}} \cdot t_\alpha(n-1)$
σ^2	μ 未知	$\dfrac{(n-1)S^2}{\sigma^2} \sim \chi^2(n-1)$	$\underline{\sigma^2} = \dfrac{(n-1)S^2}{\chi^2_\alpha(n-1)}$	$\bar{\sigma^2} = \dfrac{(n-1)S^2}{\chi^2_{1-\alpha}(n-1)}$

习 题 6-2

1. 设某厂生产的滚珠直径 $X \sim N(\mu, \sigma^2)$，$\sigma^2 = 0.05$，现从某天生产的产品中任取 6 颗，测得直径(毫米)如下。

$$14.7 \quad 15.21 \quad 14.9 \quad 14.91 \quad 15.32 \quad 15.32$$

求总体均值 μ 的置信度为 0.99 的置信区间。

2. 已知某种木材的抗压力 $X \sim N(\mu, \sigma^2)$，现对 10 个试件作抗压力试验，测得数据如下(单位:kg)。

$$482 \quad 493 \quad 457 \quad 471 \quad 510 \quad 446 \quad 435 \quad 418 \quad 394 \quad 469$$

试求该种木材的平均抗压力的置信度为 0.95 的置信区间。

3. 已知某物体的温度服从 $N(\mu, \sigma^2)$，用测温仪对该物体的温度测量 5 次，其结果为(℃):

$$1\,250 \quad 1\,265 \quad 1\,245 \quad 1\,260 \quad 1\,275$$

(1) 若已知 $\sigma^2 = 9$，求 μ 的置信度为 0.95 的置信区间。

(2) 若 σ^2 未知，求 μ 的置信度为 0.95 的置信区间。

4. 设钉子的长度服从正态分布 $N(\mu, \sigma^2)$，现从中抽取 16 枚钉子测其长度(单位:厘米)，得样本均值、样本方差分别为 $\bar{x} = 2.125$，$s^2 = 0.000\,29$。试在下列情况下求总体均值 μ 的置信度为 0.90 的置信区间。

(1) 已知 $\sigma = 0,01$；(2) σ 为未知。

5. 某车间生产的铜丝，其折断力 $X \sim N(\mu, \sigma^2)$，其中 μ，σ^2 均未知，现从中任取 10 根，测得折断力(单位:千克)如下

$$578 \quad 572 \quad 570 \quad 568 \quad 572 \quad 570 \quad 570 \quad 572 \quad 596 \quad 584$$

求总体方差 σ^2 的置信度为 0.95 的置信区间。

6. 进行了 30 次试验，测得零件加工时间的样本均值 $\bar{x} = 5.5$ 秒，样本方差 $s^2 = 2.89$ 秒^2。求总体标准差 σ 的置信度为 0.90 的置信区间。

7. 设某种清漆的干燥时间服从正态分布 $N(\mu, \sigma^2)$，现随机抽取 9 个样品，测试其干燥时间(单位:小时)分别为

$$6.0 \quad 5.7 \quad 5.8 \quad 6.5 \quad 7.0 \quad 6.3 \quad 5.6 \quad 6.1 \quad 5.0$$

求总体均值 μ 的置信度为 0.95 的单侧置信上限。

8. 某批电子产品的寿命(单位:小时)服从正态分布 $N(\mu, \sigma^2)$，μ，σ^2 未知，现从

该批产品中随机抽取 7 个作寿命测试,得样本均值 $\bar{x}=1\ 218.57$,样本标准差 $s=87.45$。求该批电子产品的平均寿命 μ 的置信度为 95% 的置信下限。

9. 设某地居民(按户计)对某种商品的月需求量 X(单位:公斤)服从正态分布,$X \sim N(\mu, \sigma^2)$,随机抽取 10 户,测试其对该商品的月需求量,得样本均值 $\bar{x}=41.8$,样本方差 $s^2=23.95$,如果当地居民有 1 500 户,为保证至少有 99% 的把握能满足居民的需求,每月至少应进该商品多少?

第三节 两个正态总体参数的区间估计

在生产实践中经常会遇到两个正态总体的问题。例如,某种产品的某一质量指标 $X \sim N(\mu_1, \sigma_1^2)$,由于原料、设备、工艺及操作人员的变动,引起总体均值、方差有所改变,变化后的质量指标 $Y \sim N(\mu_2, \sigma_2^2)$。我们需要知道这些变化有多大,就需要考虑这两个正态总体均值差 $\mu_1 - \mu_2$ 或方差比 $\dfrac{\sigma_1^2}{\sigma_2^2}$ 的区间估计。

设 $X_1, X_2, \cdots, X_m$ 为取自总体 X 的一个样本,$\overline{X}$ 和 S_1^2 分别为其样本均值和样本方差;$Y_1, Y_2, \cdots, Y_n$ 为取自总体 Y 的一个样本,$\overline{Y}$ 和 S_2^2 分别为其样本均值和样本方差。$X \sim N(\mu_1, \sigma_1^2)$,$Y \sim N(\mu_2, \sigma_2^2)$,且 X 与 Y 相互独立,下面讨论两个正态总体参数的区间估计。

一、两个正态总体均值差的置信区间

两个正态总体均值差 $\mu_1 - \mu_2$ 的区间估计问题,可分为 σ_1^2 和 σ_2^2 已知、σ_1^2 和 σ_2^2 未知但相等的两种情况。

1. σ_1^2, σ_2^2 已知,求 $\mu_1 - \mu_2$ 的置信区间

取未知参数 μ_1、μ_2 的估计量 $\overline{X}$、$\overline{Y}$,且 $\overline{X}$ 和 $\overline{Y}$ 是 μ_1 和 μ_2 的无偏估计,样本函数为

$$U = \frac{\overline{X} - \overline{Y} - (\mu_1 - \mu_2)}{\sqrt{\dfrac{\sigma_1^2}{m} + \dfrac{\sigma_2^2}{n}}} \sim N(0, 1)$$

且样本函数 U 的分布不依赖于任何未知参数,对于给定的置信度 $1-\alpha(0<\alpha<1)$,查标准正态分布得分位数 $u_{\frac{\alpha}{2}}$(由 $\Phi(u_{\frac{\alpha}{2}})=1-\dfrac{\alpha}{2}$ 确定),使

$$P\{|U| < u_{\frac{\alpha}{2}}\} = 1-\alpha$$

即

$$P\left\{\left|\frac{\overline{X}-\overline{Y}-(\mu_1-\mu_2)}{\sqrt{\dfrac{\sigma_1^2}{m}+\dfrac{\sigma_2^2}{n}}}\right|<u_{\frac{\alpha}{2}}\right\}=1-\alpha$$

亦即

$$P\left\{\overline{X}-\overline{Y}-\sqrt{\frac{\sigma_1^2}{m}+\frac{\sigma_2^2}{n}}\cdot u_{\frac{\alpha}{2}}<\mu_1-\mu_2<\overline{X}-\overline{Y}+\sqrt{\frac{\sigma_1^2}{m}+\frac{\sigma_2^2}{n}}\cdot u_{\frac{\alpha}{2}}\right\}=1-\alpha$$

由此可得 $\mu_1-\mu_2$ 的置信度为 $1-\alpha$ 的置信区间为

$$\left(\overline{X}-\overline{Y}-\sqrt{\frac{\sigma_1^2}{m}+\frac{\sigma_2^2}{n}}\cdot u_{\frac{\alpha}{2}}, \ \overline{X}-\overline{Y}+\sqrt{\frac{\sigma_1^2}{m}+\frac{\sigma_2^2}{n}}\cdot u_{\frac{\alpha}{2}}\right) \tag{6-6}$$

【例1】 某新型纺机所纺纱线的断裂强度 $X\sim N(\mu_1, 2.18^2)$，普通纺机所纺线的断裂强度 $Y\sim N(\mu_2, 1.76^2)$。现对前者抽取容量为 200 的样本，算得样本均值 $\overline{x}=5.32$；对后者抽取容量为 100 的样本，算得样本均值 $\overline{y}=5.76$。给定置信度 0.95。求 $\mu_1-\mu_2$ 的置信区间。

解 对于给定的置信度 $1-\alpha=0.95$，于是 $\alpha=0.05$，查标准正态分布表，得分位数 $u_{\frac{\alpha}{2}}=u_{0.025}=1.96$。

又
$$\sqrt{\frac{\sigma_1^2}{m}+\frac{\sigma_2^2}{n}}\cdot u_{\frac{\alpha}{2}}=\sqrt{\frac{2.18^2}{200}+\frac{1.76^2}{100}}\times 1.96=0.458\,56$$

$$\overline{x}-\overline{y}-\sqrt{\frac{\sigma_1^2}{m}+\frac{\sigma_2^2}{n}}\cdot u_{\frac{\alpha}{2}}=5.32-5.76+0.458\,56=-0.898\,6$$

$$\overline{x}-\overline{y}+\sqrt{\frac{\sigma_1^2}{m}+\frac{\sigma_2^2}{n}}\cdot u_{\frac{\alpha}{2}}=5.32-5.76+0.458\,56=0.018\,6$$

所以 $\mu_1-\mu_2$ 的置信度为 0.95 的置信区间为 $(-0.898\,6, 0.018\,6)$。

2. $\sigma_1^2=\sigma_2^2=\sigma^2$ 未知，求 $\mu_1-\mu_2$ 的置信区间

取未知参数 μ_1, μ_2 的估计量 $\overline{X}, \overline{Y}, \overline{X}$ 和 $\overline{Y}$ 是 μ_1, μ_2 的无偏估计，样本函数为

$$T=\frac{\overline{X}-\overline{Y}-(\mu_1-\mu_2)}{S_w\sqrt{\dfrac{1}{m}+\dfrac{1}{n}}}\sim t(m+n-2)$$

其中 $S_\omega^2 = \dfrac{(m-1)S_1^2 + (n-1)S_2^2}{m+n-2}$。

由于样本函数 T 的分布不依赖于未知参数。同理上述情况 1 的推导可得 $\mu_1 -$ μ_2 的置信度为 $1-\alpha$ 的置信区间为

$$\left(\overline{X} - \overline{Y} - S_w \sqrt{\frac{1}{m} + \frac{1}{n}} \cdot t_{\frac{\alpha}{2}}(m+n-2), \ \overline{X} - \overline{Y} + S_w \sqrt{\frac{1}{m} + \frac{1}{n}} \cdot t_{\frac{\alpha}{2}}(m+n-2) \right)$$

$$(6-7)$$

其中 $t_{\frac{\alpha}{2}}(m+n-2)$ 是对于给定的置信度 $1-\alpha$，查 t 分布表所得的分位数。

【例 2】 某校为了解学科 A、学科 B 的学习情况，进行书面检查，满分均为 100 分，学科 A 的成绩 X 服从正态分布 $N(\mu_1, \sigma^2)$，学科 B 的成绩 Y 服从正态分布 $N(\mu_2, \sigma^2)$，现在分别随机地抽取 8 个学生的学科 A 的成绩和 9 个学生的学科 B 的成绩如下

学科 A 　80　75　66　58　70　61　68　52
学科 B 　78　59　61　82　67　62　68　64　50

求 $\mu_1 - \mu_2$ 的置信水平为 $1-\alpha = 90\%$ 的置信区间。

解 据所给数据得 $\bar{x} = 66.25$，$\bar{y} = 65.6667$，$s_1^2 = 83.0714$，$s_2^2 = 94.25$

对于给定的置信度 $1-\alpha = 0.90$，于是 $\alpha = 0.10$，查 t 分布表得分位数 $t_{\frac{\alpha}{2}}(15) = t_{0.05}(15) = 1.7531$。

又

$$S_w = \sqrt{\frac{(m-1)s_1^2 + (n-1)s_2^2}{m+n-2}} = \sqrt{\frac{7 \times 83.0714 + 8 \times 94.25}{15}} = 9.4357$$

$$S_w \sqrt{\frac{1}{m} + \frac{1}{n}} \cdot t_{\frac{\alpha}{2}}(m+n-2) = 9.4357 \times \sqrt{\frac{1}{8} + \frac{1}{9}} \times 1.7531 = 8.0378$$

$$\bar{x} - \bar{y} - S_w \sqrt{\frac{1}{m} + \frac{1}{n}} \cdot t_\alpha(m+n-2) = -7.4545$$

$$\bar{x} - \bar{y} + S_w \sqrt{\frac{1}{m} + \frac{1}{n}} \cdot t_\alpha(m+n-2) = 8.6211$$

所以 $\mu_1 - \mu_2$ 的置信度为 $1-\alpha$ 的置信区间为 $(-7.4545, 8.6211)$

二、两个正态总体方差比的置信区间

取未知参数 σ_1^2，σ_2^2 的估计量 S_1^2，S_2^2，S_1^2 和 S_2^2 是 σ_1^2，σ_2^2 的无偏估计，样本函数为

$$F = \frac{S_1^2/\sigma_1^2}{S_2^2/\sigma_2^2} \sim F(m-1, n-1)$$

样本函数的分布不依赖于未知参数。

对于给定的置信度 $1-\alpha(0<\alpha<1)$，由 $P\{\lambda_1<F<\lambda_2\}=1-\alpha$，确定 λ_1，λ_2。查 F 分布表得分位数 $F_{\frac{\alpha}{2}}(m-1, n-1)=\lambda_2$，$F_{1-\frac{\alpha}{2}}(m-1, n-1)=\lambda_1$，从而

$$P\{F_{1-\frac{\alpha}{2}}(m-1, n-1) < F < F_{\frac{\alpha}{2}}(m-1, n-1)\} = 1-\alpha$$

得

$$P\left\{ \frac{S_1^2/S_2^2}{F_{\frac{\alpha}{2}}(m-1, n-1)} < \frac{\sigma_1^2}{\sigma_2^2} < \frac{S_1^2/S_2^2}{F_{1-\frac{\alpha}{2}}(m-1, n-1)} \right\} = 1-\alpha$$

所以 σ_1^2/σ_2^2 的置信度为 $1-\alpha$ 的置信区间为

$$\left(\frac{S_1^2/S_2^2}{F_{\frac{\alpha}{2}}(m+n-2)}, \frac{S_1^2/S_2^2}{F_{1-\frac{\alpha}{2}}(m+n-2)} \right) \tag{6-8}$$

【例3】 某钢铁公司的技术人员为比较新旧两个电炉的温度状况，抽取了新电炉的 31 个温度数据及旧电炉的 25 个温度数据，得样本方差分别为 $S_1^2=75$，$S_2^2=100$，设新、旧电炉的温度均服从正态分布，其方差分别为 σ_1^2，σ_2^2。试求 $\frac{\sigma_1^2}{\sigma_2^2}$ 的置信度为 95% 的置信区间。

解 对于给定的置信度 $1-\alpha=95\%$，于是 $\alpha=0.05$，查 F 分布表得分位数

$$F_{0.025}(30, 24) = 2.21 \qquad F_{1-0.025}(30, 24) = \frac{1}{F_{0.025}(24, 30)} = \frac{1}{2.14}$$

于是

$$\frac{1}{F_{\frac{\alpha}{2}}(m-1, n-1)} \cdot \frac{S_1^2}{S_2^2} = \frac{1}{2.21} \times \frac{75}{100} = 0.34$$

$$\frac{1}{F_{1-\frac{\alpha}{2}}(m-1, n-1)} \cdot \frac{S_1^2}{S_2^2} = 2.14 \times \frac{75}{100} = 1.61$$

所求的置信度为 95% 的置信区间为 $(0.34, 1.61)$。

综上所述，关于两个正态总体的均值差 $\mu_1-\mu_2$，方差比 $\frac{\sigma_1^2}{\sigma_2^2}$ 的置信区间汇总于表 6-4。

表 6-4　　　　两个正态总体置信度 $1-\alpha$ 的 $\mu_1-\mu_2$，$\dfrac{\sigma_1^2}{\sigma_2^2}$ 的置信区间

待估计参数	其他参数	样本函数及其分布	置信区间
$\mu_1-\mu_2$	σ_1^2、σ_2^2 已知	$\dfrac{\overline{X}-\overline{Y}-(\mu_1-\mu_2)}{\sqrt{\dfrac{\sigma_1^2}{m}+\dfrac{\sigma_2^2}{n}}}\sim N(0,1)$	$(\overline{X}-\overline{Y}-a,\ \overline{X}-\overline{Y}+a)$ $a=\sqrt{\dfrac{\sigma_1^2}{m}+\dfrac{\sigma_2^2}{n}}\cdot u_{\frac{\alpha}{2}}$
$\mu_1-\mu_2$	σ_1^2、σ_2^2 未知，但相等	$\dfrac{\overline{X}-\overline{Y}-(\mu_1-\mu_2)}{S_w\sqrt{\dfrac{1}{m}+\dfrac{1}{n}}}\sim t(m+n-2)$	$(\overline{X}-\overline{Y}-b,\ \overline{X}-\overline{Y}+b)$ $b=S_w\sqrt{\dfrac{1}{m}+\dfrac{1}{n}}\cdot t_{\frac{\alpha}{2}}(m+n-2)$
$\dfrac{\sigma_1^2}{\sigma_2^2}$	μ_1,μ_2 未知	$\dfrac{S_1^2/\sigma_1^2}{S_2^2/\sigma_2^2}\sim F(m-1,n-1)$	$\left(\dfrac{S_1^2/S_2^2}{F_{\frac{\alpha}{2}}(m-1,n-1)},\ \dfrac{S_1^2/S_2^2}{F_{1-\frac{\alpha}{2}}(m-1,n-1)}\right)$

习　题　6-3

1. 一家银行负责人想知道储户存入两家银行的金额，他从每家银行各抽了一个由 25 户构成的样本。银行 A 与 B 的样本均值分别为 450 元和 325 元，假定两个总体独立且服从方差分别为 $\sigma_A^2=750$，$\sigma_B^2=850$ 的正态分布。求两家银行总体均值之差 $\mu_A-\mu_B$ 的 95% 的置信区间。

2. 某食品加工厂有甲乙两条加工猪肉罐头的生产线。设罐头质量服从正态分布并假设甲生产线与乙生产线互不影响。从甲生产线抽取 10 只罐头测得其平均质量 $\overline{x}=501\ \text{g}$，已知其总体标准差 $\sigma_1=5\ \text{g}$；从乙生产线抽取 20 只罐头测得其平均质量 $\overline{y}=498\ \text{g}$，已知其总体标准差 $\sigma_2=4\ \text{g}$。求甲乙两条猪肉罐头生产线生产罐头质量的均值差 $\mu_1-\mu_2$ 的 0.99 置信区间。

3. 随机地从 A 批导线中抽取 4 根，又从 B 批导线中抽取 5 根，测得电阻如下（单位:欧姆）。

A 批导线　0.143　0.142　0.143　0.137

B 批导线　0.140　0.142　0.136　0.138　0.140

设 A 批导线、B 批导线的电阻分别服从 $N(\mu_1,\sigma^2)$，$N(\mu_2,\sigma^2)$。且两样本相互独立。求 $\mu_1-\mu_2$ 的置信度为 0.95 的置信区间。

4. A、B 两个地区种植同一型号的小麦。现抽取了 19 块面积相同的麦田，其中 9 块属于地区 A，另外 10 块属于地区 B，测得它们的小麦产量（单位:kg）分别如下。

地区 A：100　105　110　125　110　98　105　116　112

地区 B：101　100　105　115　111　107　106　121　102　92

设地区 A 的小麦产量 $X \sim N(\mu_1, \sigma^2)$，地区 B 的小麦产量 $Y \sim N(\mu_2, \sigma^2)$，$\mu_1$、$\mu_2$、$\sigma^2$ 均未知。试求这两个地区小麦的平均产量之差 $\mu_1 - \mu_2$ 的 0.90 置信区间。

5. 研究由机器 A 和机器 B 生产的钢管的内径，抽取机器 A 生产的钢管 18 只，测量内径后算得样本方差 $s_1^2 = 0.34(\text{mm}^2)$；抽取机器 B 生产的钢管 13 只，测量内径后算得样本方差 $s_2^2 = 0.29(\text{mm}^2)$。设机器 A 和机器 B 生产的钢管的内径分别服从正态分布 $N(\mu_1, \sigma_1^2)$ 与 $N(\mu_2, \sigma_2^2)$，这里的 μ_1、μ_2、σ_1^2、σ_2^2 均未知，抽取的两个样本相互独立。求两个总体的方差比 $\dfrac{\sigma_1^2}{\sigma_2^2}$ 的置信度为 0.90 的置信区间。

6. 设两位化验员 A，B 独立地对某种聚合物含氯量用相同的方法各作 10 次测定，得样本方差分别为 $s_A^2 = 0.5419$，$s_B^2 = 0.6065$。化验员 A、B 所测定的总体均服从正态分布，其方差分别为 σ_A^2，σ_B^2。求方差比 $\dfrac{\sigma_A^2}{\sigma_B^2}$ 的置信度为 0.95 的置信区间。

复习题六

1. 选择题

(1) 设 X_1，X_2，X_3 为取自总体 X 的样本，则总体 X 的均值 μ 的最小方差的无偏估计量是（　　）。

A. $\hat{\mu}_1 = 0.3X_1 + 0.4X_2 + 0.3X_3$　　B. $\hat{\mu}_2 = 0.2X_1 + 0.4X_2 + 0.4X_3$

C. $\hat{\mu}_3 = 0.2X_1 + 0.2X_3 + 0.6X_3$　　D. $\hat{\mu}_4 = 0.2X_1 + 0.5X_2 + 0.3X_3$

(2) 设正态总体的方差未知，那么置信度为 $1 - \alpha$ 的均值 μ 的置信区间的长度是样本标准差 S 的（　　）倍。

A. $2t_\alpha(n)$　　　　B. $\dfrac{2}{\sqrt{n}} \cdot t_{\frac{\alpha}{2}}(n-1)$　　　C. $\dfrac{S}{\sqrt{n}} \cdot t_{\frac{\alpha}{2}}(n-1)$　　　D. $\dfrac{S}{\sqrt{n-1}}$

2. 填空题

(1) $\chi_{0.975}^2(6) = \underline{\qquad}$，$\chi_{0.025}^2(6) = \underline{\qquad}$。

(2) 设 X_1，X_2，$\cdots$，X_n 为取自总体 X 的样本，$\overline{X}$ 为样本均值，$\hat{\mu}_1 = \overline{X}$，$\hat{\mu}_2 = X_1$ 为总体均值 μ 的无偏估计量，从有效性看，$\underline{\qquad}$ 有效。

3. 设 X_1，X_2，$\cdots$，X_n 为取自总体 X 的样本，$\overline{X}$，S^2 分别为样本均值与样本方差，$X \sim U[a, b]$。a, b 为未知参数，求 a, b 的矩估计量。

4. 设 X_1，X_2，$\cdots$，X_n 为取自总体 X 的一个样本，总体 X 的密度函数

$$p(x) = \begin{cases} \dfrac{1}{\theta}e^{-\frac{x}{\theta}}, & x \geq 0 \\ 0, & x < 0 \end{cases}, \theta > 0,$$

求未知参数 θ 的极大似然估计量。

5. 设 X_1，X_2，$\cdots$，X_n 为取自总体 X 的一个样本，总体 X 在区间 $[\theta, \theta+1]$ 上服从均匀分布。求未知参数 θ 的矩估计量 $\hat{\theta}$，并判断 $\hat{\theta}$ 是否为无偏估计。

6. 设总体 $X \sim N(\mu, 0.9^2)$，任取容量 $n=9$ 的样本，样本均值 $\bar{x}=5$，样本均方差 $s=0.76$。求总体均值 μ 的置信度为 0.95 的置信区间。

7. 某种新型塑料的抗压力 $X \sim N(\mu, \sigma^2)$，其中 μ，σ^2 均为未知参数，现从中任取 10 个试件作压力试验，测得数据（单位：1 000N/cm^2）如下。

     49.3 48.6 47.5 48 51.2 45.6 47.7 49.5 46 50.6

试求置信度为 0.95 的总体均值 μ 和方差 σ^2 的置信区间。

8. 从一批灯泡中随机地抽取 5 只做寿命测试，测得其寿命（单位：小时）如下。

        1 050   1 100   1 120   1 250   1 280

已知这批灯泡的寿命服从 $N(\mu, \sigma^2)$，求平均寿命的置信度为 95% 的单侧置信下限。

9. 设来自总体 $N(\mu_1, 16)$ 的一个容量为 15 的样本，其样本均值 $\bar{x}_1 = 14.6$；来自总体 $N(\mu_2, 9)$ 的一个容量为 20 的样本，其样本均值 $\bar{x}_2 = 13.2$，且两样本相互独立。求 $\mu_1 - \mu_2$ 的置信度为 90% 的置信区间。

10. 已知甲、乙两种产品中某项质量指标均服从正态分布，其方差分别为 $\sigma_{甲}^2$，$\sigma_{乙}^2$。现从甲、乙两种产品中分别抽取 10 件和 11 件，测得该项指标的样本方差分别为 $s_{甲}^2 = 0.547\,6$，$s_{乙}^2 = 0.608\,4$。求方差比 σ_1^2/σ_2^2 的置信度为 90% 的置信区间。

第七章 假设检验

在实际问题中,有时虽然知道总体 X 所服从的分布类型,但含有未知参数;有时我们不确切知悉总体 X 服从的分布。为推断总体的这些未知特征,提出涉及总体的假设,然后根据样本信息对假设的成立与否作出推断,这一过程就是假设检验。本章在介绍假设检验的有关概念后,重点讨论正态总体的未知参数的检验方法,最后简单介绍非参数的 χ^2 检验法。

第一节 假设检验的基本概念

一、假设检验的基本思想

先看一个例子。

【例1】 某茶叶厂用自动包装机将茶叶装袋,每袋的标准重量为 100 克。每天开工时,需要先检验一下包装机工作是否正常,根据经验知道,用自动包装机所装的袋装茶的重量服从正态分布 $N(\mu, 1.15^2)$。某日开工后,随机抽测了 9 袋,其重量分别如下(单位:克):

      99.3, 98.7, 100.5, 101.2, 98.3, 99.7, 99.5, 102.1, 100

试问此包装机工作是否正常?

解 设随机变量 X 为袋装茶的重量,$X \sim N(\mu, 1.15^2)$。现在的问题是袋装茶的平均重量,是否为 $\mu_0 = 100$(克),为此提出假设 $\mu = \mu_0 = 100$,记为 $H_0 : \mu = \mu_0$。然后讨论求解。

取 U 统计量

$$U = \frac{\overline{X} - \mu_0}{1.15/\sqrt{9}}$$

如果假设 H_0 成立,则 $\overline{X} \sim N(100, 1.15^2)$,从而

$$U = \frac{\overline{X} - \mu_0}{1.15/\sqrt{9}} \sim N(0, 1)$$

对于水平 $\alpha(0<\alpha<1)$，由 $P\{|U|\geqslant\lambda\}=\alpha$ 确定实数 λ，据第五章第三节[例1]的注，λ 是标准正态分布的水平为 $\dfrac{\alpha}{2}$ 的分位数 $u_{\frac{\alpha}{2}}$，即 $\lambda=u_{\frac{\alpha}{2}}$，如图 7-1 所示，于是

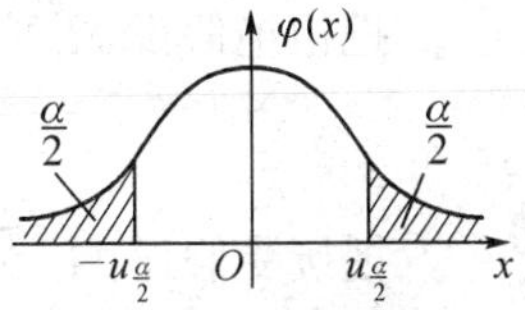

$$P\{|U|\geqslant u_{\frac{\alpha}{2}}\}=\alpha$$

当 α 很小时，比如取 $\alpha=0.05$，则事件

图 7-1　分位数 $u_{\frac{\alpha}{2}}$

$$\left\{\left|\frac{\overline{X}-\mu_0}{1.15/\sqrt{9}}\right|\geqslant u_{0.025}\right\}$$

是一个小概率事件。

查标准正态分布表，得水平为 $\dfrac{\alpha}{2}$ 的分位数 $u_{\frac{\alpha}{2}}=u_{0.025}=1.96$。

由样本值，得样本均值 $\bar{x}=99.9222$，统计量 U 的值 u 为

$$u=\frac{x-\mu_0}{\sigma/\sqrt{n}}=\frac{99.9222-100}{1.15/\sqrt{9}}=-0.2030$$

所以 $|u|=0.2030<1.96$，小概率事件 $\left\{\dfrac{\overline{X}-100}{1.15/\sqrt{9}}>u_{0.025}\right\}$ 没有发生，因而可认为假设 H_0 成立，即 $\mu=100$。

如果我们抽测的 9 袋茶叶重量的平均数为 $\bar{x}=100.77$ 克，给定水平 $\alpha=0.05$，$\dfrac{\alpha}{2}=0.025$，得分位数 $u_{\frac{\alpha}{2}}=u_{0.025}=1.96$，而统计量 U 的值 u 为

$$u=\frac{\bar{x}-\mu_0}{\sigma/\sqrt{n}}=\frac{100.77-100}{1.15/\sqrt{9}}=2.0087。$$

所以 $|u|=2.0087>1.96$，小概率事件 $\left\{\left|\dfrac{\overline{X}-100}{1.15/\sqrt{9}}\right|>u_{0.05}\right\}$ 发生了。因而可认为假设 H_0 不成立，即 $\mu\neq100$，包装机工作不正常。

上述分析方法，是先假设 H_0 成立，然后在这个结论成立的条件下进行推断。如果得到矛盾，则推翻假设 H_0。这里我们运用了一条小概率原则，即小概率事件在一次试验中几乎是不会发生的。若小概率事件在一次试验中发生了，则认为假设 H_0 不成立；否则，接受假设 H_0，通常记这个小概率事件的概率为 $\alpha(0<\alpha<1)$，称为显示性水平，通常取 $\alpha=0.10,\ 0.05,\ 0.01$ 等。

181

把拒绝假设 H_0 的区域称为**拒绝域**，[例 1]中的拒绝域为 $|u| = \left| \dfrac{\bar{x} - \mu_0}{\sigma/\sqrt{9}} \right| \geqslant$ 1.96。

把接受假设 H_0 的区域（即拒绝域以外的区域）称为**接受域**，[例 1]中的接受域为 $|u| = \left| \dfrac{\bar{x} - \mu_0}{\sigma/\sqrt{9}} \right| < 1.96$。

如果根据样本值计算出统计量的观察值落入拒绝域，则认为假设 H_0 不成立，称为**在显著性水平 α 下拒绝 H_0**；否则认为 H_0 成立，称为**在显著性水平 α 下接受 H_0**。

二、假设检验问题的提法与假设检验的步骤

根据例 1 中的讨论可见，在假设检验问题中，对于要检验的问题提出一个假设 H_0，称为**原假设或零假设**，把相反的结论称为**备择假设或对立假设**，记为 H_1。构成一个假设检验问题。

例如，对于例 1 假设检验问题可简记为：

$$H_0 : \mu = 100, \quad H_1 : \mu \neq 100 \tag{7-1}$$

形式(7-1)的假设检验称为**双侧假设检验**，其中备择假设 H_1 称为**双侧备择假设**。

有时还会提出下述形式的假设检验：

$$H_0 : \mu \leqslant \mu_0, \quad H_1 : \mu > \mu_0 \tag{7-2}$$

或

$$H_0 : \mu \geqslant \mu_0, \quad H_1 : \mu < \mu_0 \tag{7-3}$$

称这类假设检验为**单侧假设检验**，形式(7-2)又称为**右侧检验**，形式(7-3)又称为**左侧检验**。

设 $X_1, X_2, \cdots, X_n$ 为取自总体 X 的一个样本。据例 1 中的讨论，我们将假设检验的一般步骤归纳如下：

1. 建立原假设 H_0 及备择假设 H_1。

2. 根据检验对象，构造合适的统计量 $G = G(X_1, X_2, \cdots, X_n)$。

3. 在原假设 H_0 成立的条件下，确定统计量 $G(X_1, X_2, \cdots, X_n)$ 的概率分布，该分布不依赖未知参数。

4. 选择显著性水平 α，确定随机变量 G 分布的分位数和拒绝域。

5. 根据样本值计算统计量的观察值，由此作出接受原假设或拒绝原假设的结论。

三、假设检验的两类错误

在假设检验里，我们通过样本对总体作出推断，也可能犯错误。这种推断错误可分为两类：

(1) 第一类错误。当原假设 H_0 为正确时，由于小概率事件的发生，而作出拒绝 H_0 的决策，也就是犯了"弃真"的错误，称此为**第一类错误**。

犯第一类错误的概率恰好就是"小概率事件"发生的概率 α，即

$$P\{拒绝\ H_0 \mid H_0\ 为真\} = \alpha$$

(2) 第二类错误。当原假设 H_0 不正确时，由于小概率事件未发生，而作出接受 H_0 的决策，也就是犯了"取伪"的错误，称此为**第二类错误**，记 β 为犯第二类错误的概率，即

$$P\{接受\ H_0 \mid H_0\ 不真\} = \beta$$

当然，我们希望所做出的检验能使得犯这两种类型错误的概率同时尽可能地小，最好全为零，但实际上这是不可能的。当样本的容量(即观察个数)给定后，一般来说，犯这两种类型错误的概率就不能同时被控制。要使犯两类错误的概率都减小，则必须增大样本容量 n。

犯这两类错误所造成的影响往往不一样。例如，我们要求检验病人是否患有某种疾病，若我们取原假设 H_0 为该人患此种疾病，则犯第二类错误(无病当作有病)就会造成由于使用不必要的药品而引起病人的痛苦和经济上的浪费；犯第一类错误(有病当作无病)就有可能导致死亡。

一般地，对于显著性水平 α，如果注重经济效益，α 可取小些，例如取 $\alpha = 0.01$；如果注重社会效益，α 可取大些，例如取 $\alpha = 0.1$；如果经济效益和社会效益兼顾，可取 $\alpha = 0.05$。

最后，说说假设检验与区间估计的关系。假设检验是用小概率事件的发生否定原假设 H_0，否定参数 θ 属于某范围，而区间估计则是用大概率事件确定某区域包含参数 θ 的真值，所以两种方法的提法不同，但是解决问题的途径是相通的。

例如，在区间估计中，对于正态总体 $X \sim N(\mu, \sigma^2)$，当 σ^2 已知，μ 的置信水平为 $1-\alpha$ 的置信区间为 $\left(\bar{x} - \dfrac{\sigma}{\sqrt{n}} \cdot u_{\frac{\alpha}{2}},\ \bar{x} + \dfrac{\sigma}{\sqrt{n}} \cdot u_{\frac{\alpha}{2}}\right)$，以大概率 $1-\alpha$ 包含 μ 的真值。而在例 1，当小概率事件 $\{|U| \geqslant u_{\frac{\alpha}{2}}\}$ 发生时，则拒绝 H_0，由样本值得统计量 U 的值

u，如果满足

$$\left|\frac{\bar{x}-\mu_0}{\sigma/\sqrt{n}}\right|\geqslant u_{\frac{\alpha}{2}} \quad 即 \mu_0\in\left(-\infty,\ \bar{x}-\frac{\sigma}{\sqrt{n}}u_{\frac{\alpha}{2}}\right]\cup\left[\bar{x}+\frac{\sigma}{\sqrt{n}}u_{\frac{\alpha}{2}},\ +\infty\right)$$

也即 $\mu_0\overline{\in}\left(\bar{x}-\frac{\sigma}{\sqrt{n}}\cdot u_{\frac{\alpha}{2}},\ \bar{x}+\frac{\sigma}{\sqrt{n}}\cdot u_{\frac{\alpha}{2}}\right)$ 时则拒绝 H_0。

习 题 7-1

1. 假设检验所依据的原则是什么？

2. 在假设检验中，何谓第一类错误及第二类错误？

3. 假设检验的具体步骤是什么？

第二节 一个正态总体参数的假设检验

设 X_1，X_2，…，X_n 为取自总体 X 的一个样本，$X\sim N(\mu,\ \alpha^2)$。样本均值和样本方差分别为 $\overline{X}$ 和 S^2。下面讨论正态总体 X 的均值 μ 和方差 σ^2 的假设检验。

一、一个正态总体均值的假设检验

1. 方差 σ^2 已知，检验假设 $H_0:\mu=\mu_0$

检验步骤如下。

(1) 建立假设 $H_0:\mu=\mu_0$，$H_1:\mu\neq\mu_0$，（μ_0 为已知常数）。

(2) 取 U 统计量

$$U=\frac{\overline{X}-\mu_0}{\sigma/\sqrt{n}} \tag{7-4}$$

(3) 当 H_0 成立时，$U\sim N(0,\ 1)$。

(4) 对于给定的显著性水平 $\alpha(0<\alpha<1)$，由 $P\{|U|\geqslant\lambda\}=\alpha$，确定 λ。查标准正态分布表，得水平为 $\frac{\alpha}{2}$ 的分位数 $u_{\frac{\alpha}{2}}\left(由\ \Phi(u_{\frac{\alpha}{2}})=1-\frac{\alpha}{2}确定\right)$，$\lambda=u_{\frac{\alpha}{2}}$，于是

$$P\{|U|\geqslant u_{\frac{\alpha}{2}}\}=\alpha$$

从而拒绝域为 $|u|\geqslant u_{\frac{\alpha}{2}}$。

(5) 由样本值计算统计量 U 的值，记为 u，如果 $|u|\geqslant u_{\frac{\alpha}{2}}$，则拒绝 H_0，即认为

总体均值与 μ_0 有显著差异;否则接受 H_0,即认为总体均值与 μ_0 无显著差异。

由于这种检验法应用 U 统计量,所以称为 u 检验法。

【例1】 已知某炼铁厂铁水含碳量服从正态分布 $N(4.55, 0.108^2)$,现在测定了九炉铁水,其平均含碳量为 4.484(单位:%)。如果方差没有变化,可否认为现在生产的铁水平均含碳量为 4.55(显著性水平 $\alpha=0.05$)?

解 (1)建立假设 $H_0:\mu=4.55$,$H_1:\mu\neq4.55$。

(2)取 U 统计量

$$U=\frac{\overline{X}-4.55}{0.108/\sqrt{9}}$$

(3)当 H_0 成立时,$U\sim N(0,1)$。

(4)对于给定的显著性水平 $\alpha=0.05$,$\frac{\alpha}{2}=0.025$,查标准正态分布态,得水平为 $\frac{\alpha}{2}=0.025$ 的分位数 $u_{\frac{\alpha}{2}}=u_{0.025}=1.96$,从而拒绝域为 $|u|\geqslant1.96$。

(5)由已知条件 $\bar{x}=4.484$,得统计量 U 的值为

$$u=\frac{4.484-4.55}{0.108/\sqrt{9}}=-1.83$$

因为 $|u|=1.83<1.96=u_{0.025}$,所以接受假设 H_0,即可认为现在生产的铁水平均含碳量为 4.55。

类似地,关于单侧假设检验,仍取 U 统计量

$$U=\frac{\overline{X}-\mu_0}{\sigma/\sqrt{n}}$$

右侧检验:检验假设 $H_0:\mu\leqslant\mu_0$,$H_1:\mu>\mu_0$(μ_0 为已知常数),其拒绝域为 $u\geqslant u_\alpha$。
左侧检验:检验假设 $H_0:\mu\geqslant\mu_0$,$H_1:\mu<\mu_0$(μ_0 为已知常数),其拒绝域为 $u\leqslant-u_\alpha$。
此处 u_α 均是水平为 α 的标准正态分布的分位数。

【例2】 某厂对废水进行处理,要求某种有毒物质的浓度不超过 19(单位:毫克/立升)。现在随机抽样检查废水的该有毒物的浓度 10 次,得样本均值 $\bar{x}=17.1$,假设有毒物质的含量服从正态分布 $N(\mu,8.5)$,问处理后的废水是否符合要求(显著性水平 $\alpha=0.05$)?

解 (1)建立假设 $H_0:\mu\leqslant19$,$H_1:\mu>19$。
(2)取 U 统计量

$$U = \frac{\overline{X} - 19}{\sqrt{8.5}/\sqrt{10}}$$

(3) 当 H_0 成立时 $U \sim N(0, 1)$。

(4) 对于给定的显著性水平 $\alpha = 0.05$，查标准正态分布表得水平为 α 的分位数 $u_{0.05} = 1.65$，从而拒绝域为 $u \geqslant u_{0.05} = 1.65$。

(5) 由于 $\bar{x} = 17.1$，得统计量 U 的值 u 为

$$u = \frac{17.1 - 19}{\sqrt{8.5}/\sqrt{10}} = -2.060\,8$$

因为 $u = -2.060\,8 < u_{0.05} = 1.65$，所以接受 H_0，即处理后的废水合格。

2. 方差 σ^2 未知，检验假设 $H_0 : \mu = \mu_0$

检验步骤如下：

(1) 建立假设 $H_0 : \mu = \mu_0$，$H_1 : \mu \neq \mu_0$（μ_0 为已知常数）。

(2) 取 T 统计量

$$T = \frac{\overline{X} - \mu_0}{S/\sqrt{n}}。 \tag{7-5}$$

(3) 当 H_0 成立时，$T \sim t(n-1)$。

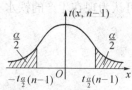

图 7-2 分位数 $t_{\frac{\alpha}{2}}(n-1)$

(4) 对于给定的显著性水平 $\alpha(0 < \alpha < 1)$，由 $P\{|T| \geqslant \lambda\} = \alpha$ 确定 λ，据第五章第三节例 4 的注，λ 是自由度为 $n-1$ 的 T 分布，得水平为 $\frac{\alpha}{2}$ 的分位数 $t_{\frac{\alpha}{2}}(n-1)$，即 $\lambda = t_{\frac{\alpha}{2}}(n-1)$，如图 7-2 所示。从而拒绝域为 $|t| \geqslant t_{\frac{\alpha}{2}}(n-1)$。

(5) 由样本值计算统计量 T 的值，记为 t，若 $|t| \geqslant t_{\frac{\alpha}{2}}(n-1)$，则拒绝 H_0；否则接受 H_0。

这种检验法应用 T 统计量，所以称为 t-检验法。

【例 3】 某地区从当年的新生儿童中随机地抽取 20 个，测得其平均体重为 3 160 克，样本标准差为 300 克。根据过去统计资料知，新生儿童体重服从正态分布 $N(3\,140, \sigma^2)$，试问现在与过去的新生儿童体重有无显著差异（显著性水平 $\alpha = 0.01$）？

解 (1) 建立假设 $H_0 : \mu = 3\,140$，$H_1 : \mu \neq 3\,140$。

(2) 取 T 统计量

$$T = \frac{\overline{X} - 3\,140}{S/\sqrt{20}}$$

(3) 当 H_0 成立时，$T \sim t(19)$。

(4) 对于给定的显著性水平 $\alpha = 0.01$，$\frac{\alpha}{2} = 0.005$，查自由度为 19 的 t 分布表，得水平 $\frac{\alpha}{2} = 0.005$ 的分位数 $t_{0.005}(19) = 2.860\,9$，从而拒绝域为 $|t| \leqslant 2.860\,9$。

(5) 据已知条件，样本均值 $\bar{x} = 3\,160$，样本标准差 $s = 300$，得统计量 T 的值为

$$t = \frac{3\,160 - 3\,140}{300/\sqrt{20}} = 0.298\,1$$

因为 $|t| = 0.298\,1 < t_{0.005}(19) = 2.860\,9$，从而接受 H_0，即认为现在与过去的新生儿童体重没有显著变化。

关于单侧假检验，仍取 T 统计量

$$T = \frac{\overline{X} - \mu_0}{S/\sqrt{n}}$$

右侧检验：假设检验 $H_0 : \mu \leqslant \mu_0$，$H_1 : \mu > \mu_0$（$\mu_0$ 为已知常数），其拒绝域为 $t \geqslant t_\alpha(n-1)$。

左侧检验：假设检验 $H_0 : \mu \geqslant \mu_0$，$H_1 : \mu < \mu_0$（$\mu_0$ 为已知常数），其拒绝域为 $t \leqslant -t_\alpha(n-1)$。

此处 $t_\alpha(n-1)$ 均是自由度为 $n-1$ 的 t 分布的水平为 α 为分位数。

【例4】 某厂生产镍合金线，其抗拉强度服从正态分布 $N(10\,620, \sigma^2)$，今改进工艺后生产一批镍合金线，抽取 10 根，测得抗拉强度如下（单位：kg）。

$$\begin{array}{ccccc} 10\,512 & 10\,623 & 10\,668 & 10\,554 & 10\,776 \\ 10\,707 & 10\,557 & 10\,581 & 10\,666 & 10\,670 \end{array}$$

问改进工艺后生产的镍合金线的抗拉强度是否比过去生产的镍合金线抗拉强度要高（显著性水平 $\alpha = 0.05$）？

解 (1) 建立假设 $H_0 : \mu \leqslant 10\,620$，$H_1 : \mu > 10\,620$。

(2) 取统计量

$$T = \frac{\overline{X} - 10\,620}{S/\sqrt{10}}$$

(3) 当 H_0 成立时，$T \sim t(9)$。

(4) 对于给定的显著性水平 $\alpha = 0.05$，查自由度为 9 的 t 分布表，得水平为 $\alpha = 0.05$ 的分位数 $t_{0.05}(9) = 1.833\,1$。从而拒绝域为 $t \geqslant 1.833\,1$。

(5) 由样本值得样本均值 $\bar{x} = 10\,631.4$，样本标准差 $s = 80.996\,8$，于是统计量 T 的值为

$$t = \frac{\bar{x} - 10\,620}{s/\sqrt{10}} = \frac{10\,631.4 - 10\,620}{80.996\,8/\sqrt{10}} = 0.445\,1$$

因为 $t = 0.445\,1 < t_{0.05}(9) = 1.833\,1$，所以接受 H_0，即认为抗拉强度没有明显提高。

二、一个正态总体的方差的假设检验

检验假设 $H_0 : \sigma^2 = \sigma_0^2$（$\sigma_0^2$ 为已知常数）。

检验步骤如下。

(1) 建立假设 $H_0 : \sigma^2 = \sigma_0^2$，$H_1 : \sigma^2 \neq \sigma_0^2$（$\sigma_0^2$ 为已知常数）。

(2) 取 χ^2 统计量

$$\chi^2 = \frac{(n-1)S^2}{\sigma_0^2} \tag{7-6}$$

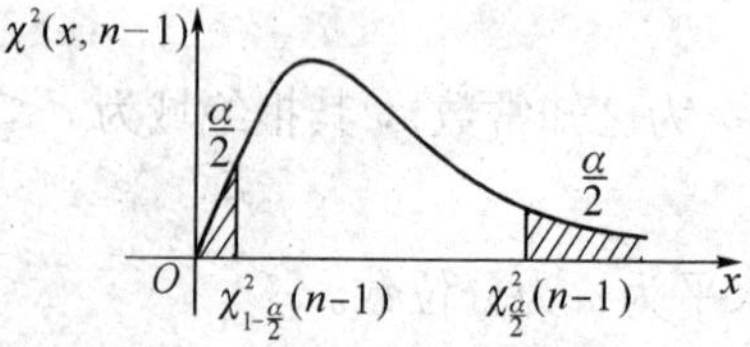

(3) 当 H_0 成立时，统计量 $\chi^2 \sim \chi^2(n-1)$。

(4) 对于给定的显著性水平 $\alpha(0 < \alpha < 1)$，由

$$P\{\chi^2 \leqslant \lambda_1\} = P\{\chi^2 \geqslant \lambda_2\} = \frac{\alpha}{2}$$

图 7-3

确定 λ_1，λ_2，查自由度为 $n-1$ 的 χ^2 分布表，得分位数 $\chi^2_{1-\frac{\alpha}{2}}(n-1) = \lambda_1$，$\chi^2_{\frac{\alpha}{2}}(n-1) = \lambda_2$，如图7-3所示，即

$$P\{\chi^2 \leqslant \chi^2_{1-\frac{\alpha}{2}}(n-1)\} = P\{\chi^2 \geqslant \chi^2_{\frac{\alpha}{2}}(n-1)\} = \frac{\alpha}{2}.$$

从而拒绝域为 $\chi^2 \leqslant \chi^2_{1-\frac{\alpha}{2}}(n-1)$ 或 $\chi^2 \geqslant \chi^2_{\frac{\alpha}{2}}(n-1)$。

(5) 由样本值计算统计量 χ^2 的值，记为 $\check{\chi}^2$，如果值 $\check{\chi}^2$ 落于拒绝域，则拒绝 H_0；否则接受 H_0。

由于这种检验法应用 χ^2 统计量，所以称为 χ^2-检验法。

【例5】 在正常情况下，某项投资的利润近似服从正态分布 $N(\mu, 5)$，现投资人员制定一种模型，将此类模型应用在具有风险的商业投资中，现测得此项投资在

两年内各季度的利润率(单位:%)如下表 7 - 1 所示。

表 7 - 1 利润率

年	第一年				第二年			
季 度	1	2	3	4	1	2	3	4
利润率	4.8	2.8	9.9	7.6	9.5	6.0	6.4	−5.0

设这 8 个观察值是取自所有季度利润率总体的样本,现在检验模型是否正确,即 σ^2 是否等于 5(显著性水平 $\alpha = 0.05$)?

解 (1)建立假设 $H_0 : \sigma^2 = 5$, $H_1 : \sigma^2 \neq 5$。

(2)取 χ^2 统计量

$$\chi^2 = \frac{(n-1)S^2}{\sigma_0^2} = \frac{7S^2}{5}$$

(3)当 H_0 成立时,$\chi^2 \sim \chi^2(7)$。

(4)对于给定的显著性水平 $\alpha = 0.05$,查自由度为 $n-1 = 7$ 的 χ^2 分布表,得分位数 $\chi_{0.975}^2(7) = 1.69$,$\chi_{0.025}^2(7) = 16.013$。从而拒绝域为 $\chi^2 \leqslant 1.69$ 或 $\chi^2 \geqslant 16.013$。

(5)由样本值得样本方差 $s^2 = 22.622\,9$,于是统计量 χ^2 的值为

$$\chi^2 = \frac{7s^2}{5} = \frac{7 \times 22.622\,9}{5} = 31.672\,1$$

因为 $\chi^2 = 31.672\,1 > \chi_{0.025}^2(7) = 16.013$,所以拒绝 H_0,即此模型投资利润的方差与正常方差不符。

关于单侧假设检验,仍取 χ^2 统计量

$$\chi^2 = \frac{(n-1)S^2}{\sigma_0^2}$$

右侧检验:假设检验 $H_0 : \sigma^2 \leqslant \sigma_0^2$,$H_1 : \sigma^2 > \sigma_0^2$($\sigma_0^2$ 为已知数),其拒绝域为 $[\chi_\alpha^2(n-1), +\infty)$。

左侧检验:假设检验 $H_0 : \sigma^2 \geqslant \sigma_0^2$,$H_1 : \sigma^2 < \sigma_0^2$($\sigma_0^2$ 为已知数)其拒绝域为 $[0, \chi_{1-\alpha}^2(n-1)]$。

此处 $\chi_\alpha^2(n-1)$,$\chi_{1-\alpha}^2(n-1)$ 均是自由度为 $n-1$ 的 χ^2 分布的分位数。

【例6】 某种导线的电阻服从正态分布,要求其标准差不得超过 0.005(单位:

欧姆)。今在生产的一批导数中取样品 9 根，测得样本标准差为 $s = 0.007$，能否认为这批导线的方差偏大(显著性水平 $\alpha = 0.05$)？

解 (1) 建立假设 $H_0: \sigma^2 \leqslant (0.005)^2$，$H_1: \sigma^2 > (0.005)^2$。

(2) 取 χ^2 统计量

$$\chi^2 = \frac{8S^2}{(0.005)^2}$$

(3) 当 H_0 成立时，$\chi^2 \sim \chi^2(8)$。

(4) 对于给定的显著性水平 $\alpha = 0.05$，查自由度为 8 的 χ^2 分布表，得水平为 $\alpha = 0.05$ 的分位数 $\chi^2_{0.05}(8) = 15.507$。从而拒绝域为 $\chi^2 \geqslant 15.507$。

(5) 由样本值，得统计量 χ^2 的值为

$$\chi^2 = \frac{8 \times 0.007^2}{0.005^2} = 15.68$$

由于 $\chi^2 = 15.68 > 15.507$，所以拒绝 H_0，即认为这批导线的电阻的方差偏大。

综上所述，关于一个正态总体均值与方差的检验问题汇总如表 7-2。

表 7-2　　　　　正态总体均值与方差的假设检验

条件	原假设 H_0	备择假设 H_1	检验统计量	拒绝域
σ^2 已知	$\mu = \mu_0$	$\mu \neq \mu_0$	$U = \dfrac{\overline{X} - \mu_0}{\sigma/\sqrt{n}}$	$\lvert u \rvert \geqslant u_{\frac{\alpha}{2}}$，$\Phi(u_{\frac{\alpha}{2}}) = 1 - \dfrac{\alpha}{2}$
	$\mu \leqslant \mu_0$	$\mu > \mu_0$		$u \geqslant u_\alpha$，$\Phi(u_\alpha) = 1 - \alpha$
	$\mu \geqslant \mu_0$	$\mu < \mu_0$		$u \leqslant -u_\alpha$
σ^2 未知	$\mu = \mu_0$	$\mu \neq \mu_0$	$T = \dfrac{\overline{X} - \mu_0}{S/\sqrt{n}}$	$\lvert t \rvert \geqslant t_{\frac{\alpha}{2}}(n-1)$
	$\mu \leqslant \mu_0$	$\mu > \mu_0$		$t \geqslant t_\alpha(n-1)$
	$\mu \geqslant \mu_0$	$\mu < \mu_0$		$t \leqslant -t_\alpha(n-1)$
μ 未知	$\sigma^2 = \sigma_0^2$	$\sigma^2 \neq \sigma_0^2$	$\chi^2 = \dfrac{(n-1)S^2}{\sigma_0^2}$	$\chi^2 \leqslant \chi^2_{1-\frac{\alpha}{2}}(n-1)$ 或 $\chi^2 \geqslant \chi^2_{\frac{\alpha}{2}}(n-1)$
	$\sigma^2 \leqslant \sigma_0^2$	$\sigma^2 > \sigma_0^2$		$\chi^2 \geqslant \chi^2_\alpha(n-1)$
	$\sigma^2 \geqslant \sigma_0^2$	$\sigma^2 < \sigma_0^2$		$\chi^2 \leqslant \chi^2_{1-\alpha}(n-1)$

习 题 7-2

1. 某工厂生产一种产品，其产品的强力(单位:千克)服从正态分布 $N(6.6, 1)$，

今在产品中随机抽取 50 件进行强力试验,得平均强力为 7.1。如果方差不变。试问产品的强力的均值有无变化(显著性水平 $\alpha = 0.05$)?

2. 由经验知道某零件的重量(单位:克)服从正态分布 $N(4.51, 0.107^2)$,技术革新后,抽得 9 个样品,测得其样本均值为 4.473,如果方差没有变化,能否认为零件的平均重量仍为 4.51(显著性水平 $\alpha = 0.05$)?

3. 根据资料分析,某瓷砖厂生产的瓷砖抗断强度服从正态分布。现从该厂产品中随机地取出 6 块,测得抗断强度(单位:10^6 Pa)数据如下:

$$3.256, 2.966, 3.164, 3.000, 3.187, 3.103$$

能否认为这批瓷砖的平均抗断强度为 3.250(10^6 Pa)(显著性水平 $\alpha = 0.05$)?

4. 某校三年级的英语成绩服从正态分布 $N(85, \sigma^2)$,现抽取某班 28 名学生的英语考试成绩,得平均分数 $\bar{x} = 80$ 分,样本方差 $s^2 = 64$,能否认为全年级英语成绩均值没有变化(显著性水平 $\alpha = 0.05$)?

5. 从一批保险丝中随机抽取 25 根,测试其熔化时间得:42,65,75,78,87,42,45,68,72,90,19,24,80,81,81,36,54,69,77,84,42,51,57,59,78(时间单位)。假定保险丝熔化时间服从正态分布,试检验可否认为保险丝熔化时间的方差等于 500 时间单位(显著性水平 $\alpha = 0.05$)?

6. 测定某电子元件可靠性指标 15 次,计算得指标平均值为 $\bar{x} = 0.95$,样本标准差为 $s = 0.03$,该元件的订货合同规定其可靠性指标的标准差为 0.05。假设元件可靠性指标服从正态分布。试问该电子元件可靠性指标的标准差是否有变化(显著性水平 $\alpha = 0.10$)?

7. 对某种袋装食品的质量管理标准规定:每袋平均净重 500 g。标准差不大于 10 g。现在从要出厂的一批这种袋装食品中随意抽取 14 袋,测量每袋的净重,得样本均值 $\bar{x} = 503.64$,样本标准差 $s = 11.11$。假设这种袋装食品每袋的重量 X 服从正态分布 $N(\mu, \sigma^2)$,试在显著性水平 $\alpha = 0.01$ 下,检验这一批袋装食品每袋平均净重 μ 和标准差 σ 是否符合标准?

8. 用某仪器间接测量温度(单位:℃),其测量值服从正态分布,现重复测量 5 次,测得结果为

$$1\,250 \quad 1\,265 \quad 1\,245 \quad 1\,260 \quad 1\,275$$

试问是否有理由认为该仪器测量均值大于 1 277 ℃(显著性水平 $\alpha = 0.05$)?

9. 某种导线,要求其电阻的标准差不得超过 0.005(单位:欧姆),今在一批导线中取样品 9 根,测得样本标准差 $s = 0.007$(欧姆)。设总体服从正态分布,能否认为这

批导线的标准差显著地偏大吗(显著性水平 $\alpha = 0.05$)?

10. 某种型号电池的寿命(单位:小时)服从正态分布,其半均寿命至少为 21.5 小时。现抽取 6 节电池进行寿命测试,得样本均值 $\bar{x} = 20$,样本方差 $s^2 = 10$。试问该型号电池的寿命是否低于所说的寿命(显著性水平 $\alpha = 0.05$)?

第三节 两个正态总体参数的假设检验

设 $X_1, X_2, \cdots, X_m$ 为取自总体 X 的一个样本,$\overline{X}$ 和 S_1^2 分别为其样本均值和样本方差;$Y_1, Y_2, \cdots, Y_n$ 为取自总体 Y 的一个样本,$\overline{Y}$ 和 S_2^2 分别为其样本均值和样本方差。$X \sim N(\mu_1, \sigma_1^2)$,$Y \sim N(\mu_2, \sigma_2^2)$,且 X 与 Y 相互独立。现在讨论总体 X, Y 的参数的假设检验。与单个正态总体假设检验不同的是,我们重点讨论两个正态总体的均值或方差的差异。

一、两个正态总体均值的假设检验

1. σ_1^2、σ_2^2 已知,检验假设 $H_0: \mu_1 - \mu_2 = \mu_0$。

检验步骤如下:

(1) 建立假设 $H_0: \mu_1 - \mu_2 = \mu_0$,$H_1: \mu_1 - \mu_2 \neq \mu_0$($\mu_0$ 为已知常数)。

(2) 取 U 统计量

$$U = \frac{\overline{X} - \overline{Y} - \mu_0}{\sqrt{\sigma_1^2/m + \sigma_2^2/n}} \tag{7-7}$$

(3) 当 H_0 成立时,$U \sim N(0, 1)$。

(4) 对于给定的显著性水平 $\alpha(0 < \alpha < 1)$,由 $P\{|U| \geqslant \lambda\} = \alpha$ 确定 λ,查标准正态分布表,得水平为 $\frac{\alpha}{2}$ 的分位数 $u_{\frac{\alpha}{2}}\left(\Phi(u_{\frac{\alpha}{2}}) = 1 - \frac{\alpha}{2}\right)$,得 $\lambda = u_{\frac{\alpha}{2}}$。从而拒绝域为 $|u| \geqslant u_{\frac{\alpha}{2}}$。

(5) 由样本值计算统计量 U 的值,记为 u,若 $|u| \geqslant u_{\frac{\alpha}{2}}$,则拒绝 H_0,特别地,当 $\mu_0 = 0$ 时,即认为总体均值 μ_1 与 μ_2 有显著差异;否则接受 H_0,当 $\mu_0 = 0$ 时,即认为总体均值 μ_1 与 μ_2 无显著差异。

上述检验法应用 U 统计量,所以称为 u 检验法。

【例 1】 设甲、乙两台机床生产同类产品,其产品重量分别服从方差 $\sigma_1^2 = 70(克^2)$ 和 $\sigma_2^2 = 90(克^2)$ 的正态分布。从甲机床的产品中随机地抽取出 35 件,其平均重量为 137 克,又从乙机床的产品中随机地抽取出 45 件,其平均重量为 130 克。

取显著性水平 $\alpha = 0.01$ 时，试问两台机床的平均重量有无显著差异？

解 （1）建立假设 $H_0:\mu_1 = \mu_2$，$H_1:\mu_1 \neq \mu_2$。

（2）取 U 统计量

$$U = \frac{\overline{X} - \overline{Y} - \mu_0}{\sqrt{\sigma_1^2/m + \sigma_2^2/n}} = \frac{\overline{X} - \overline{Y}}{\sqrt{\frac{70}{35} + \frac{90}{45}}}$$

（3）当 H_0 成立时，$U \sim N(0, 1)$。

（4）对于给定的显著性水平 $\alpha = 0.01$，$\frac{\alpha}{2} = 0.005$，查标准正态分布表，得水平 $\frac{\alpha}{2} = 0.005$ 的分位数 $u_{0.005} = 2.58$，从而拒绝域为 $|u| \geqslant 2.58$。

（5）由题意得 $\bar{x} = 137$，$\bar{y} = 130$。统计量 U 的值为

$$u = \frac{137 - 130}{\sqrt{\frac{70}{35} + \frac{90}{45}}} = 3.5$$

由于 $|u| = 3.5 \geqslant 2.58 = u_{0.005}$，所以拒绝假设 H_0，亦即认为两机床的产品的平均重量有显著差别。

当 σ_1^2，σ_2^2 已知时，关于单侧假设检验，仍取 U 统计量

$$U = \frac{\overline{X} - \overline{Y} - \mu_0}{\sqrt{\sigma_1^2/m + \sigma_2^2/n}}$$

右侧检验：检验假设 $H_0:\mu_1 - \mu_0 \leqslant \mu_0$，$H_1:\mu_1 - \mu_2 > \mu_0$（$\mu_0$ 为已知常数），其拒绝域为 $[u_\alpha, +\infty)$。

左侧检验：检验假设 $H_0:\mu_1 - \mu_0 \geqslant \mu_0$，$H_1:\mu_1 - \mu_2 < \mu_0$（$\mu_0$ 为已知常数），其拒绝域为 $u \leqslant -u_\alpha$，即 $(-\infty, -u_\alpha]$。

此处 u_α 均为水平为 α 的标准正态分布的分位数。

【例2】 在[例1]判断的基础上，问抽样的结果是否可以认为甲机床生产的产品的平均重量比乙机床生产的重。

解 （1）建立假设 $H_0:\mu_1 \leqslant \mu_2$，$H_1:\mu_1 \geqslant \mu_2$。

（2）取 U 统计量

$$U = \frac{\overline{X} - \overline{Y}}{\sqrt{\sigma_1^2/m + \sigma_2^2/n}} = \frac{\overline{X} - \overline{Y}}{\sqrt{\frac{70}{35} + \frac{90}{45}}}$$

（3）当 H_0 成立时，$U \sim N(0,1)$。

（4）对于给定的显著性水平 $\alpha = 0.05$，查标准正态分布表，得水平为 0.05 的分位数 $u_{0.05} = 1.65$，从而拒绝域为 $u \geqslant 1.65$。

（5）据[例1]统计量 U 的值为 $u = 3.5$。

因为 $u = 3.5 > 1.65 = u_{0.05}$，所以拒绝 H_0，即认为甲机床生产的产品的平均重量比乙机床生产的重。

2. 方差 σ_1^2、σ_2^2 未知，但 $\sigma_1^2 = \sigma_2^2$，检验假设 $H_0 : \mu_1 - \mu_2 = \mu_0$。

检验步骤如下：

（1）建立假设 $H_0 : \mu_1 - \mu_2 = \mu_0$，$H_1 : \mu_1 - \mu_2 \neq \mu_0$（$\mu_0$ 为已知常数）。

（2）取 T 统计量

$$T = \frac{\overline{X} - \overline{Y} - \mu_0}{S_w \sqrt{1/m + 1/n}} \qquad (7-8)$$

其中

$$S_w = \sqrt{\frac{(m-1)S_1^2 + (n-1)S_2^2}{m+n-2}}$$

（3）当 H_0 成立时，$T \sim t(m+n-2)$。

（4）对于给定的显著性水平 $\alpha(0 < \alpha < 1)$，由 $P\{|T| \geqslant \lambda\} = \alpha$ 确定 λ。查自由度为 $m+n-2$ 的 T 分布表，得水平为 $\frac{\alpha}{2}$ 的分位数 $t_{\frac{\alpha}{2}}(m+n-2)$，$\lambda = t_{\frac{\alpha}{2}}(m+n-2)$。从而拒绝值为 $|t| \geqslant t_{\frac{\alpha}{2}}(m+n-2)$。

（5）由样本值计算统计量 T 的值，记为 t，若 $|t| \geqslant t_{\frac{\alpha}{2}}(m+n-2)$，则拒绝 H_0，特别地，当 $\mu = 0$ 时，即认为总体 X 与 Y 的均值 μ_1 与 μ_2 有显著差异；否则接受 H_0，当 $\mu = 0$ 时，即认为总体 X 与 Y 的均值 μ_1 与 μ_2 无显著差异。

上述检验法应用 T 统计量，所以称为 t-检验法。

【例3】 为研究某地正常成年男、女性血液红细胞的平均数的差别，检查某地正常成年男子 45 名，正常成年女子 25 名，计算得男性红细胞平均数为 465.13（单位：万/mm³），样本标准差为 54.80；女性红细胞平均数为 422.16，样本标准差为 49.20。设正常成年男子、女子红细胞数均服从正态分布，且方差相同。试检验该地正常成人的红细胞平均数是否与性别有关（显著性水平 $\alpha = 0.01$）？

解 （1）建立假设 $H_0 : \mu_1 = \mu_2$，$H_1 : \mu_1 \neq \mu_2$。

（2）取 T 统计量

$$T = \frac{\overline{X} - \overline{Y}}{S_w \sqrt{1/m + 1/n}}, \quad S_w = \sqrt{\frac{(m-1)S_1^2 + (n-1)S_2^2}{m+n-2}}$$

(3) 当 H_0 成立时，$T \sim t(m+n-2)$。

(4) 对于给定的显著性水平 $\alpha = 0.01$，$\frac{\alpha}{2} = 0.005$，查自由度为 68 的 t 分布表得分位数 $t_{\frac{\alpha}{2}}(68) = t_{0.005}(68) = 2.66$，从而拒绝域为 $|t| \geqslant 2.66$。

(5) 据 $m=45$，$\bar{x} = 465.13$，$s_1 = 54.80$，$n = 25$，$\bar{y} = 422.16$，$s_2 = 49.20$，得统计量 T 的值 t 为

$$t = \frac{465.13 - 422.16}{\sqrt{\dfrac{44 \times 54.8^2 + 24 \times 49.2^2}{68}} \times \sqrt{\dfrac{1}{45} + \dfrac{1}{25}}} = 3.2569$$

由于 $|t| = 3.2569 \geqslant 2.66 = t_{0.005}(44)$，所以拒绝假设 H_0，认为正常成年男、女性红细胞数有显著差别。

当 σ_1^2，σ_2^2 未知，但是 $\sigma_1^2 = \sigma_2^2$，关于单侧假设检验，仍取 T 统计量

$$T = \frac{\overline{X} - \overline{Y} - \mu_0}{S_w \sqrt{1/m + 1/n}}$$

右侧检验：检验假设 $H_0: \mu_1 - \mu_2 \leqslant \mu_0$，$H_1: \mu_1 - \mu_2 > \mu_0$（$\mu_0$ 为已知常数），其拒绝域为 $t > t_\alpha(m+n-2)$。

左侧检验：检验假设 $H_0: \mu_1 - \mu_2 \geqslant \mu_0$，$H_1: \mu_1 - \mu_2 < \mu_0$（$\mu_0$ 为已知常数），其拒绝域为 $t < -t_\alpha(m+n-2)$。

此处 $t_\alpha(m+n-2)$ 均是自由度为 $m+n-2$ 的 t 分布的分位数。

对于两个正态总体均值差的假设检验的一般情况，即方差 σ_1^2，σ_2^2 未知，且 $\sigma_1^2 \neq \sigma_2^2$，比较复杂，这里不再深入讨论。

二、两个正态总体方差的假设检验

检验步骤如下：

(1) 建立假设 H_0，$\sigma_1^2 = \sigma_2^2$，$H_1: \sigma_1^2 \neq \sigma_2^2$。

(2) 取 F 统计量

$$F = \frac{S_1^2}{S_2^2} \tag{7-9}$$

(3) 当 H_0 成立时，$F \sim F(m-1, n-1)$。

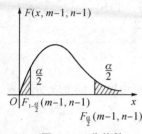

图7-4 分位数

（4）对于给定的显著性水平 α，由

$$P\{F \leqslant \lambda_1\} = P\{F \geqslant \lambda_2\} = \frac{\alpha}{2}$$

确定 λ_1，λ_2。查自由度 $(m-1, n-1)$ 的 F 分布表，得分位数 $F_{1-\frac{\alpha}{2}}(m-1, n-1) = \lambda_1$，$F_{\frac{\alpha}{2}}(m-1, n-1) = \lambda_2$. 从而拒域为 $F \leqslant F_{1-\frac{\alpha}{2}}(m-1, n-1)$ 或 $F \geqslant F_{\frac{\alpha}{2}}(m-1, n-1)$。

（5）由样本值计算统计量 F 的值，记为 F，如果值 F 落于拒绝域，则拒绝 H_0；否则接受 H_0。

由于事先并未对两个总体加以区分，这样在应用时可以选择 S_1^2、S_2^2 中较大的作为统计量 F 中的分子。

由于这种检验法应用 F 统计量，所以称为 F-检验法。

【例4】 如果删去[例3]中方差相等的假设，利用[例3]数据，检验两者方差是否相等？

解 （1）建立假设 $H_0: \sigma_1^2 = \sigma_2^2$，$H_1: \sigma_1^2 \neq \sigma_2^2$。

（2）取 F 统计量

$$F = \frac{S_1^2}{S_2^2}$$

（3）当 H_0 成立时，$F = \dfrac{S_1^2}{S_2^2} \sim F(44, 24)$。

（4）对于给定的显著性水平 $\alpha = 0.01$，$\dfrac{\alpha}{2} = 0.05$，查自由度为 $(44, 24)$ 的 F 分布表，得分位数

$$F_{\frac{\alpha}{2}}(44, 24) = F_{0.005}(44, 24) = 2.77$$

$$F_{1-\frac{\alpha}{2}}(44, 24) = F_{0.995}(44, 24) = \frac{1}{F_{0.005}(24, 44)} = 0.4$$

从而拒绝域为 $F \leqslant 0.4$ 或 $F \geqslant 2.77$。

（5）由样本值，$s_1 = 54.8$，$s_2 = 49.20$，得统计量 F 的值为

$$F = \frac{s_1^2}{s_2^2} = \frac{(54.8)^2}{(49.20)^2} = 1.2406$$

因为 $F_{0.995}(44, 24) = 0.4 < F < F_{0.005}(44, 24) = 2.77$。所以接受 H_0，即认为

男女红细胞数的方差无显著差异。

关于单侧假设检验，仍取 F 统计量

$$F = \frac{S_1^2}{S_2^2}$$

右侧检验：检验假设 $H_0 : \sigma_1^2 \leqslant \sigma_2^2$，$H_1 : \sigma_1^2 > \sigma_2^2$，其拒绝域为 $F \geqslant F_\alpha(m-1, n-1)$。

左侧检验：检验假设 $H_0 : \sigma_1^2 \geqslant \sigma_2^2$，$H_1 : \sigma_1^2 < \sigma_2^2$，其拒绝域为 $F \leqslant F_{1-\alpha}(m-1, n-1)$。

一般地，对于两个正态总体 X 和 Y，如果它们的方差是未知的，而需检验它们的均值是否相等时，首先用 F-检验法检验它们的方差是否一致，如果检验结果是接受方差相等这一假设，再运用 t 检验法，检验它们的均值是否相等。下面举例说明。

【例5】 设某锌矿的甲、乙两支矿脉的含锌量(单位：%)都服从正态分布，现在各抽取样本容量分别为 8 与 9 的样本进行含锌量测试，得样本含锌量平均数及样本方差如下：

甲支：$\bar{x} = 0.269$，$s_1^2 = 0.173\,6$，$m = 8$，

乙支：$\bar{y} = 0.230$，$s_2^2 = 0.133\,7$，$n = 9$

问甲、乙两支矿脉含锌量的均值是否可认为相同(显著性水平 $\alpha = 0.05$)？

解 （1）建立假设 $H_0 : \sigma_1^2 = \sigma_2^2$，$H_1 : \sigma_1^2 \neq \sigma_2^2$。

取 F 统计量 $\qquad\qquad\qquad F = \dfrac{S_1^2}{S_2^2}$

当 H_0 成立时统计量 $F = \dfrac{S_1^2}{S_2^2} \sim F(7, 8)$。

对于给定的显著性水平 $\alpha = 0.05$，$\dfrac{\alpha}{2} = 0.005$，查自由度为 $(7, 8)$ 的 F 分布表，得分位数

$$F_{\frac{\alpha}{2}}(7, 8) = F_{0.025}(7, 8) = 4.53$$

$$F_{1-\frac{\alpha}{2}}(7, 8) = F_{0.975}(7, 8) = \frac{1}{F_{0.025}(8, 7)} = \frac{1}{4.90} = 0.204$$

由样本值得统计量 F 的值为

$$F = \frac{s_1^2}{s_2^2} = \frac{0.173\,6}{0.133\,7} = 1.298$$

因为 $0.204 = F_{0.975}(7, 8) < F < F_{0.025}(7, 8) = 4.53$，所以接受 H_0，即认为两支矿脉的方差一样。

（2）建立假设 $H_0:\mu_1=\mu_2$，$H_1:\mu_1\neq\mu_2$。

取 T 统计量

$$T=\frac{\overline{X}-\overline{Y}}{S_w\sqrt{1/m+1/n}}, \qquad S_w=\sqrt{\frac{(m-1)S_1^2+(n-1)S_2^2}{m+n-2}}$$

当 H_0 成立时，$T\sim T(m+n-2)$。

对于给定的显著性水平 $\alpha=0.05$，$\frac{\alpha}{2}=0.025$，查自由度为 $m+n-2=15$ 的 t

分布表，水平为 $\frac{\alpha}{2}$ 的分位数 $t_{\frac{\alpha}{2}}(15)=t_{0.025}(15)=2.1314$，从而拒绝域为 $|t|\geqslant$

$t_{0.025}(15)=2.1314$。

由样本值得

$$S_w=\sqrt{\frac{7\times0.1736+8\times0.1337}{15}}=0.3903$$

$$t=\frac{0.269-0.236}{0.3903\times\sqrt{\frac{1}{8}+\frac{1}{9}}}=0.2057$$

由于 $|t|<t_{\frac{\alpha}{2}}(15)$，所以接受 H_0，即认为甲、乙两支矿脉含锌量的均值是相同的。

综上所述，关于两个正态总体参数的检验问题汇总成表 7-3。

表 7-3　　　　　　　　　　两个正态总体参数的假设检验

条件	原假设 H_0	备择假设 H_i	检验统计量	拒绝域
σ_1^2, σ_2^2 均已知	$\mu_1-\mu_2=\mu_0$	$\mu_1-\mu_2\neq\mu_0$	$U=\dfrac{\overline{X}-\overline{Y}-\mu_0}{\sqrt{\sigma_1^2/m+\sigma_2^2/n}}$	$\|u\|\geqslant u_{\frac{\alpha}{2}}$, $\Phi(u_{\frac{\alpha}{2}})=1-\dfrac{\alpha}{2}$
	$\mu_1-\mu_2\leqslant\mu_0$	$\mu_1-\mu_2>\mu_0$		$u\geqslant u_\alpha$, $\Phi(u_\alpha)=1-\alpha$
	$\mu_1-\mu_2\geqslant\mu_0$	$\mu_1-\mu_2<\mu_0$		$u\leqslant-u_\alpha$
σ_1^2, σ_2^2 均未知 但 $\sigma_1^2=\sigma_2^2$	$\mu_1-\mu_2=\mu_0$	$\mu_1-\mu_2\neq\mu_0$	$T=\dfrac{\overline{X}-\overline{Y}-\mu_0}{S_w\sqrt{1/m+1/n}}$	$\|t\|\geqslant t_{\frac{\alpha}{2}}(m+n-2)$
	$\mu_1-\mu_2\leqslant\mu_0$	$\mu_1-\mu_2>\mu_0$	$S_w=\sqrt{\dfrac{(m-1)S_1^2+(n-1)S_2^2}{m+n-2}}$	$t\geqslant t_\alpha(m+n-2)$
	$\mu_1-\mu_2\geqslant\mu_0$	$\mu_1-\mu_2<\mu_0$		$t\leqslant-t_\alpha(m+n-2)$
μ_1, μ_2 均未知	$\sigma_1^2=\sigma_2^2$	$\sigma_1^2\neq\sigma_2^2$	$F=\dfrac{S_1^2}{S_2^2}$	$F\leqslant F_{1-\frac{\alpha}{2}}(m-1,n-1)$ 或 $F\geqslant F_{\frac{\alpha}{2}}(m-1,n-1)$
	$\sigma_1^2\leqslant\sigma_2^2$	$\sigma_1^2>\sigma_2^2$		$F\geqslant F_\alpha(m-1,n-1)$
	$\sigma_1^2\geqslant\sigma_2^2$	$\sigma_1^2<\sigma_2^2$		$F\leqslant F_{1-\alpha}(m-1,n-1)$

习 题 7-3

1. 设甲、乙两地 20 岁的男子体重分别服从均方差为 $\sigma_1 = 5.77$ 千克和 $\sigma_2 = 5.17$ 千克的正态分布。从甲地区 20 岁的男子中抽取 153 人，其平均体重为 57.41 千克；又从乙地区同年龄的男子中抽取 686 人，其平均体重为 55.95 千克。试检验两地区 20 岁男子平均体重有无显著差异（显著性水平 $\alpha = 0.05$）？

2. 设甲、乙两厂生产同样的灯泡，其寿命 X，Y 分别服从正态分布 $N(\mu_1, \sigma_1^2)$，$N(\mu_2, \sigma_2^2)$，已知它们寿命的标准差分别为 84 小时和 96 小时，现从两厂生产的灯泡中各取 60 只，测得平均寿命甲厂为 1 295 小时，乙厂为 1 230 小时。能否认为两厂生产的灯泡寿命无显著差异（显著性水平 $\alpha = 0.05$）？

3. 从两处煤矿各抽样一次，分析其含灰率（单位：%）如下。

甲矿　24.3，20.8，23.7，21.3，17.4；　乙矿　18.2，16.9，20.2，16.7
假定各煤矿含灰率都服从正态分布，且方差相等。试问甲、乙二矿煤的含灰率有无显著差异（显著性水平 $\alpha = 0.05$）？

4. 从一批电子元件中取出 20 个，测得它们的平均使用时数为 1 532，样本标准差为 497；再从另一批电子元件中取出 15 个，测得平均使用时数为 1 261，样本标准差为 501。设两批电子元件的总体都服从正态分布，且方差相等。试检验两批电子元件使用时数的总体均值有无显著差异（显著性水平 $\alpha = 0.01$）？

5. 某种食品的甲、乙两品种。进行抽样分析，其维生素 C 的含量（单位：%）如下。

甲：0.19，0.18，0.21，0.30，0.41，0.12，0.27

乙：0.15，0.13，0.07，0.24，0.19，0.06，0.08，0.12

如果甲、乙两品种维生素 C 的含量都服从正态分布，且方差相等。试问乙品种维生素 C 的含量的均值是否比甲品种维生素 C 的含量均值低（显著性水平 $\alpha = 0.05$）？

6. 两台机床加工同一零件，分别取 6 个和 9 个零件，量其长度（单位：cm）得样本方差分别为 $s_1^2 = 0.345$，$s_2^2 = 0.357$，假定零件长度服从正态分布。问是否可以认为两台机床所加工零件长度的方差无显著差异（显著性水平 $\alpha = 0.05$）？

7. 某种羊毛在处理前后，各抽取样本，测得含脂率（单位：%）如下。

处理前：19　18　21　30　66　42　8　12　30　27

处理后：15　13　7　24　19　4　8　20

199

羊毛含脂率服从正态分布。问处理后含脂率的标准差有无显著变化(显著性水平$\alpha=0.05$)?

8. 甲、乙两家铸造厂生产同一种铸件,假设两厂铸件的重量都服从正态分布,随机从两家各查检几件铸件测得重量(单位:kg)如下。

甲厂:93.3　92.1　94.7　90.1　95.6　90.0　94.7

乙厂:95.6　94.9　96.2　95.1　95.8　96.3

问乙厂铸件重量的方差是否比甲厂的小(显著性水平$\alpha=0.05$)?

9. 对甲、乙两批同类电子元件的电阻(单位:Ω)进行检测,结果如下。

甲:0.140,0.138,0.143,0.141,0.144,0.137

乙:0.135,0.140,0.142,0.136,0.138,0.141

已知这两批元件电阻均服从正态分布。问这两批电阻有无显著差异(显著性水平$\alpha=0.05$)?

第四节　非参数的 χ^2-检验法

前两节讨论了正态总体参数的假设检验问题,这些问题都是在总体的分布形式为已知的条件下进行的,但是,在有些问题中,往往事先并不知道总体的分布类型,于是需要根据样本对总体的分布或分布类型提出假设并进行检验,这种检验一般称为非参数检验。本节简单介绍一种非参数的 χ^2-检验法。也称为分布拟合检验。

一、离散型总体的非参数的 χ^2-检验法

设离散型总体 X 只能取 $a_1, a_2, \cdots, a_r$ 这 r 个值,现在问题是:如何检验总体 X 的分布律为

$$P\{X=a_i\}=p_i,\ i=1, 2, \cdots, r$$

其中 p_i 为已知数,$p_i \geq 0$,$\sum_{i=1}^{r} p_i = 1$。

设 $x_1, x_2, \cdots, x_n$ 为取自总体 X 的一个样本值,$x_1, x_2, \cdots, x_n$ 中取 a_1, $a_2, \cdots, a_r$ 的频数分别为 $k_1, k_2, \cdots, k_r$,$\sum_{i=1}^{r} k_i = n$,且设事件 $A_i = \{X=a_i\}$,$i=1, 2, \cdots, r$。解决此问题的 χ^2-检验法的步骤如下。

(1) 建立假设 $H_0 : P(A_i)=p_i$,$i=1, 2, \cdots, r$。

(2)取统计量

$$\chi^2 = \sum_{i=1}^{r} \frac{(k_i - np_i)^2}{np_i} \qquad (7-10)$$

（3）当 H_0 成立时，n 充分大（$n \geqslant 50$）时，(7-10) 式定义的统计量 χ^2 近似服从自由度为 $r-1$ 的 χ^2 分布（皮尔逊定理）。

（4）对于给定的显著性水平 α，查自由度为 $r-1$ 的 χ^2 分布表，得水平为 α 的分位数 $\chi_\alpha^2(r-1)$，从而拒绝域为 $[\chi_\alpha^2(r-1), +\infty)$。

（5）由样本值计算统计量 χ^2 的值，记为 χ^2，如果 $\chi^2 \geqslant \chi_\alpha^2(r-1)$，则拒绝 H_0；否则接受 H_0。

【例 1】 已知袋内放着白球和黑球，现进行有放回的取球，直到取到白球为止，记录首次取到白球所需的次数，重复进行如此试验 100 次，结果如表 7-4 所示。试问该袋内黑、白球个数是否相等（显著性水平 $\alpha = 0.05$）？

表 7-4　　　　　　　　　　　频数表

首次取到白球所需次数 i	1	2	3	4	$\geqslant 5$
频数 k_i	43	31	15	6	5

解　设 X 为首次取到白球所需的次数，p 为从袋内任取一球为白球的概率，则

$$P\{X = i\} = (1-p)^{i-1}p, \ i = 1, 2, \cdots$$

如果黑球与白球个数相等，则 $p = \dfrac{1}{2}$。

据表 7-4 的情况，将问题简化，设事件 $A_i = \{X = i\}$，$p_i = P(A_i)$，$i = 1, 2, 3, 4$，$A_5 = \{X \geqslant 5\}$，$P_5 = P(A_5)$，则

$$P(A_1) = \frac{1}{2}, \ P(A_2) = \frac{1}{4}, \ P(A_3) = \frac{1}{8}, \ P(A_4) = \frac{1}{16}, \ P(A_5) = 1 - \sum_{i=1}^{4} P(A_i) = \frac{1}{16}$$

（1）建立假设 $H_0 : P(A_1) = \dfrac{1}{2}$，$P(A_2) = \dfrac{1}{4}$，$P(A_3) = \dfrac{1}{8}$，$P(A_4) = P(A_5) = \dfrac{1}{16}$。

（2）取统计量

$$\chi^2 = \sum_{i=1}^{5} \frac{(k_i - np_i)^2}{np_i}$$

（3）当 H_0 成立时，由于 $n = 100$，统计量 χ^2 近似服从自由度为 4 的 χ^2 分布 $\chi^2(4)$。

（4）对于给定的显著性水平 $\alpha = 0.05$，查自由度为 4 的 χ^2 分布表，得水平为 $\alpha = 0.05$ 的分位数 $\chi^2_{0.05}(4) = 9.488$。从而拒绝域为 $[9.488, +\infty)$。

（5）由样本值列表计算统计量 χ^2 的值为 $\chi^2 = 3.18$，如表 7-5 所示。因为 $\chi^2 = 3.18 < \chi^2_{0.05}(4) = 9.488$，所以接受 H_0，即认为白球与黑球的个数相等。

表 7-5　　　　　　　　　　　　统计量的值计算表

A_i	k_i	p_i	np_i	$k_i - np_i$	$(k_i - np_i)^2 / np_i$
A_1	43	0.5	50	-7	0.98
A_2	31	0.25	25	6	1.44
A_3	15	0.125	12.5	2.5	0.5
A_4	6	0.062 5	6.25	-0.25	0.01
A_5	5	0.062 5	6.25	-1.25	0.25
Σ					3.18

如果在总体 X 的分布中 p_i 为未知参数 $\theta_1, \theta_2, \cdots, \theta_m$ 的函数，即 $p_i = p_i(\theta_1, \theta_2, \cdots, \theta_m)$，$i = 1, 2, \cdots, r$，于是，首先在 H_0 成立条件下利用样本给出 θ_j 的极大似然估计，记为 $\hat{\theta}_j$，$j = 1, 2, \cdots, m$。然后得 $\hat{p}_i = p_i(\hat{\theta}_1, \hat{\theta}_2, \cdots, \hat{\theta}_m)$，此时，相应的统计量为

$$\chi^2 = \sum_{i=1}^{r} \frac{(n_i - n\hat{p}_i)^2}{n\hat{p}_i} \tag{7-11}$$

当 H_0 成立、样本容量 $n \geqslant 50$ 时，(7-11)定义的统计量 χ^2 近似服从自由度为 $(r-m-1)$ 的 χ^2 分布。

对于给定的水平 $\alpha(0 < \alpha < 1)$，查自由度为 $(r-m-1)$ 的 χ^2 分布表，得水平为 α 的分位数 $\chi^2_{\alpha}(r-m-1)$，从而拒绝域为 $[\chi^2_{\alpha}(r-m-1), +\infty)$。

【例 2】　在实验中，每隔一定时间观察一次由某种铀所放射的到达计算器上的 α 粒子数，共观察了 100 次，得频数如表 7-6 所示。其中 k_i 为观察到 i 个 α 粒子的频数。从理论上可知次数 X 应服从泊松分布。试问根据实验的结果，X 是否可认为服从泊松分布（显著性水平 $\alpha = 0.05$）？

表 7-6　　　　　　　　　　　　　　频数表

粒子数 i	0	1	2	3	4	5	6	7	8	9	10	11	$\geqslant 12$
频数 k_i	1	5	16	17	26	11	9	9	2	1	2	1	0

解　根据题意需检验

$$P\{X=i\}=\frac{\lambda^i \mathrm{e}^{-\lambda}}{i\,!},\ 常数\ \lambda>0,\ i=0,1,2,\cdots$$

据实验数据，将检验的问题简化，设事件 $A_i=\{X=i\}$，$i=0,1,\cdots,11$，$A_{12}=\{X\geqslant 12\}$。

(1) 建立假设 $H_0:P(A_i)=\dfrac{\lambda^i \mathrm{e}^{-\lambda}}{i\,!}$，$i=0,1,\cdots,11$。

$$P(A_{12})=1-\sum_{i=0}^{11}\frac{\lambda^i \mathrm{e}^{-\lambda}}{i\,!}$$

(2) H_0 中含有未知参数 λ，由极大似然估计得 $\hat{\lambda}=\bar{x}=\displaystyle\sum_{i=0}^{12}\frac{i\times k_i}{100}=4.2$。然后再计算各事件的概率估计值。

$$\hat{p}_i=P(A_i)=\frac{4.2^i\times \mathrm{e}^{-4.2}}{i\,!},\ i=0,1,\cdots,11$$

$$\hat{p}_{12}=1-\sum_{i=0}^{11}\hat{p}_i$$

(3) 取统计量

$$\chi^2=\sum_{i=0}^{12}\frac{(k_i-n\hat{p}_i)^2}{n\hat{p}_i}$$

(4) 当 H_0 成立时，由于 $n=100$，统计量 χ^2 近似服从自由度为 10 的 χ^2 分布 $\chi^2(10)$。

(5) 对于给定的显著性水平 $\alpha=0.05$，查自由度为 10 的 χ^2 分布表，得水平为 $\alpha=0.05$ 的分位数 $\chi^2_\alpha(10)=\chi^2_{0.05}(10)=18.307$，从而拒绝域为 $[18.307,+\infty)$。

(6) 由样本值列表计算统计量 χ^2 的值为 $\chi^2=11.6672$，如表 7-7 所示。由于 $\chi^2=11.6672<\chi^2_{0.05}(10)=18.307$，所以接受 H_0，即认为样本来自参数 $\lambda=4.2$ 的泊松分布。

表 7-7   统计量的值计算表

A_i	k_i	$\hat{p}_i$	$n\hat{p}_i$	$k_i - n\hat{p}_i$	$(k_i - n\hat{p}_i)^2/n\hat{p}_i$
A_0	1	0.015 0	1.50	-0.5	0.166 7
A_1	5	0.063 0	6.30	-1.3	0.268 1
A_2	16	0.132 3	13.23	2.77	0.580 0
A_3	17	0.185 2	18.52	-1.52	0.124 8
A_4	26	0.194 4	19.44	6.56	2.213 7
A_5	11	0.163 3	16.33	-5.33	1.739 7
A_6	9	0.114 3	11.43	-2.43	0.516 5
A_7	9	0.068 6	6.86	2.14	0.667 6
A_8	2	0.036 0	3.60	-1.60	0.711 1
A_9	1	0.016 8	1.68	-0.68	0.275 2
A_{10}	2	0.007 1	0.71	1.29	2.34
A_{11}	1	0.002 7	0.27	0.73	1.973 7
A_{12}	0	0.000 9	0.09	-0.09	0.09
$\sum$					11.667 2

二、连续型总体非参数的 χ^2-检验法

设连续型总体 X 的密度函数为 $p(x)$，要检验 $p(x)$ 是否为已知函数 $p_0(x)$。取 $x_1, x_2, \cdots, x_n$ 为总体 X 的一个样本值，解决此问题的 χ^2-检验法的步骤如下。

(1) 建立假设 $H_0 : p(x) = p_0(x)$。

(2) 以适当的分点 $-\infty = a_0 < a_1 < a_2 < \cdots < a_{r-1} < a_r = +\infty$，将实数轴分为 r 个区间

$$(a_0, a_1], (a_1, a_2], \cdots, (a_{r-2}, a_{r-1}], (a_{r-1}, a_r)$$

记事件 $A_i = \{a_{i-1} < X \leqslant a_i\}(i-1, 2, \cdots, r-1)$，$A_r = \{a_{r-1} < X < a_r\}$。设总体 X 的样本值 $x_1, x_2, \cdots, x_n$ 落入 $A_i(i = 1, 2, \cdots, r)$ 的频数为 $k_i(i = 1, 2, \cdots, r)$，$\sum_{i=1}^{r} k_i = n$。计算概率 $p_i = P(A_i)$，$i = 1, 2, \cdots, r$。

(3) 取统计量

$$\chi^2 = \sum_{i=1}^{r} \frac{(k_i - np_i)^2}{np_i} \tag{7-12}$$

(4) 当 H_0 成立，n 充分大($n \geqslant 50$)时，(7-12)定义的统计量 χ^2 近似服从自由度为 $r-1$ 的 χ^2 分布 $\chi^2(r-1)$。

(5) 对于给定的显著性水平 α，查自由度为 $r-1$ 的 χ^2 分布，得水平为 α 的分位数 $\chi_\alpha^2(r-1)$，从而拒绝域为 $[\chi_\alpha^2(r-1), +\infty)$。

(6) 由样本值列表计算统计量 χ^2 的值，记为 χ^2，如果值 $\chi^2 > \chi_\alpha^2(r-1)$，则拒绝 H_0；否则接受 H_0。

如果密度函数 $p_0(x)$ 中含有 m 个未知参数，上述步骤要进行修改，首先由极大似然估计法估计这 m 个未知参数，然后计算事件 A_i 的概率，记为 $\hat{p}_i$，即 $\hat{p}_i = P(A_i)$；取统计量为

$$\chi^2 = \sum_{i=1}^{r} \frac{(k_i - n\hat{p}_i)^2}{n\hat{p}_i}$$

当 H_0 成立，n 充分大时，统计量 χ^2 近似服从 $\chi^2(r-m-1)$ 分布，拒绝域为 $[\chi_\alpha^2(r-m-1), +\infty)$。

【例3】 表 7-8 记录了某妇婴保健院 2 880 个婴儿的出生时刻。试问婴儿的出生时刻 X 是否服从区间 $[0, 24]$ 上的均匀分布？

表 7-8　　　　　　　　2 880 个婴儿出生时间频数表

时间区间	$[0, 1)$	$[1, 2)$	$[2, 3)$	$[3, 4)$	$[4, 5)$	$[5, 6)$	$[6, 7)$	$[7, 8)$
出生个数 k_i	127	139	143	138	134	115	129	113
时间区间	$[8, 9)$	$[9, 10)$	$[10, 11)$	$[11, 12)$	$[12, 13)$	$[13, 14)$	$[14, 15)$	$[15, 16)$
出生个数 k_i	126	122	121	119	130	125	112	97
时间区间	$[16, 17)$	$[17, 18)$	$[18, 19)$	$[19, 20)$	$[20, 21)$	$[21, 22)$	$[22, 23)$	$[23, 24]$
出生个数 k_i	115	94	99	97	100	119	127	139

解　设婴儿出生时刻为 X。

建立假设 $H_0 : X \sim U[0, 24]$。

H_0 成立时，X 的分布函数为

$$F(x) = \begin{cases} 0, & x < 0 \\ \dfrac{x}{24}, & 0 \leqslant x \leqslant 24 \\ 1, & x > 24 \end{cases}$$

设事件 $A_i = \{i-1 \leqslant x < i\}$，$A_{24} = \{23 \leqslant x \leqslant 24\}$，$i = 1, 2, \cdots, 23$，得 $p_i =$

$$P(A_i) = F(i) \quad F(i-1) = \frac{1}{24}, \quad np_i = 2\,880 \times \frac{1}{24} = 120, \quad i = 1, 2, \cdots, 24。$$

取统计量

$$\chi^2 = \sum_{i=1}^{24} \frac{(k_i - np_i)^2}{np_i}$$

当 H_0 成立时，由于 $n = 120 > 50$，统计量 χ^2 近似服从自由度为 23 的 χ^2 分布 $\chi^2(23)$。

对于给定的显著性水平 $\alpha = 0.05$，查自由度为 23 的 χ^2 分布表，得水平为 $\alpha = 0.05$ 的分位数 $\chi^2_{0.05}(23) = 35.172$，从而拒绝域为 $[35.172, +\infty)$。

由样本值表 7-8，列表计算统计量 χ^2 的值为 $\chi^2 = 40.466$，如表 7-9 所示。因为 $\chi^2 = 40.466 > \chi^2_{0.05}(23)$，所以拒绝 H_0，即婴儿出生时刻不服从均匀分布 $U[0, 24]$。

表 7-9　　　　　　　　　　统计量 χ^2 的值计算表

A_i	k_i	p_i	np_i	$(k_i-np_i)^2/np_i$	A_i	k_i	p_i	np_i	$(k_i-np_i)^2/np_i$
A_1	127	$\frac{1}{24}$	120	0.408 3	A_{13}	130	$\frac{1}{24}$	120	0.833 3
A_2	139	$\frac{1}{24}$	120	3.008 3	A_{14}	125	$\frac{1}{24}$	120	0.208 3
A_3	143	$\frac{1}{24}$	120	4.408 3	A_{15}	112	$\frac{1}{24}$	120	0.533 3
A_4	138	$\frac{1}{24}$	120	2.7	A_{16}	97	$\frac{1}{24}$	120	4.408 3
A_5	134	$\frac{1}{24}$	120	1.633 3	A_{17}	115	$\frac{1}{24}$	120	0.208 3
A_6	115	$\frac{1}{24}$	120	0.208 3	A_{18}	94	$\frac{1}{24}$	120	5.633 3
A_7	129	$\frac{1}{24}$	120	0.675	A_{19}	99	$\frac{1}{24}$	120	3.675
A_8	113	$\frac{1}{24}$	120	0.408 3	A_{20}	97	$\frac{1}{24}$	120	4.408 3
A_9	126	$\frac{1}{24}$	120	0.3	A_{21}	100	$\frac{1}{24}$	120	3.333 3
A_{10}	122	$\frac{1}{24}$	120	0.033 3	A_{22}	119	$\frac{1}{24}$	120	0.008 3
A_{11}	121	$\frac{1}{24}$	120	0.008 3	A_{23}	127	$\frac{1}{24}$	120	0.408 3
A_{12}	119	$\frac{1}{24}$	120	0.008 3	A_{24}	139	$\frac{1}{24}$	120	3.008 3
Σ									40.466

【例4】 自 1965 年 1 月 1 日至 1971 年 2 月 9 日共 2 231 天中，全世界记录达到里氏震级 4 级和 4 级以上的地震共 162 次，相继两次地震间隔天数 X 如表 7-10 所示。试检验相继两次地震间隔的天数 X 是否服从指数分布（显著性水平 $\alpha = 0.05$）？

表 7-10 频数表

$a_{i-1} \leqslant X \leqslant a_i$	0—5	5—10	10—15	15—20	20—25	25—30	30—35	35—40	≥40
发生的频数 k_i	50	31	26	17	10	8	6	6	8

解 (1) 建立假设 H_0：X 的密度函数为

$$p(x) = \begin{cases} \lambda e^{-\lambda x}, & x \geqslant 0, \\ 0, & \text{其他}。\end{cases}$$

(2) 设事件 $A_i = \{a_{i-1} < X \leqslant a_i\}$，$a_0 = 0$，$a_i = a_{i-1} + 5$，$i = 1, 2, \cdots, 8$，$A_9 = \{X \geqslant 40\}$。

由于 λ 为未知参数，λ 的极大似然估计为 $\hat{\lambda} = \dfrac{1}{\bar{x}}$。

取 x_i 为区间 $[a_{i-1}, a_i]$ 的中点，即 $x_i = a_{i-1} + \dfrac{a_i - a_{i-1}}{2} = a_{i-1} + 2.5$，$i = 1$，$2, \cdots, 8$，在 $x \geqslant 40$ 区间内 x_9 取 42.5，得

$$\bar{x} = \frac{1}{162} \sum_{i=1}^{9} x_i k_i = 13.487\,7, \quad \hat{\lambda} = \frac{1}{\bar{x}} = 0.074\,1$$

(3) $\hat{p}_i = P\{a_{i-1} < X \leqslant a_i\} = e^{-\hat{\lambda} a_{i-1}} - e^{-\hat{\lambda} a_i}$，$i = 1, 2, \cdots, 8$

$$\hat{p}_9 = P\{X > 40\} = e^{-40\hat{\lambda}}$$

(4) 取统计量

$$\chi^2 = \sum_{i=1}^{9} \frac{(k_i - n\hat{p}_i)^2}{n\hat{p}_i} \sim \chi^2(7)$$

(5) 对于给定的显著性水平 $\alpha = 0.05$，查自由度为 7 的 χ^2 分布表，得分位数 $\chi^2_{0.05}(7) = 14.07$，从而拒绝域为 $[14.07, +\infty)$。

(6) 由样本值列表计算统计量 χ^2 的值为 $\chi^2 = 2.409\,54$，如表 7-11 所示。因为 $\chi^2 = 2.409\,54 < 14.07 = \chi^2_{0.05}(7)$，所以接受 H_0，即可认为相继两次地震间隔天数 X 服从指数分布。

207

表 7 - 11   统计量的值计算表

i	k_i	$\hat{p}_i$	$n\hat{p}_i$	$k_i - n\hat{p}_i$	$(k_i - n\hat{p}_i)^2/n\hat{p}_i$
1	50	0.309 6	50.155 2	−0.155 2	0.000 48
2	30	0.213 8	34.635 6	−4.635 6	0.620 42
3	26	0.147 5	23.895	2.105	0.185 44
4	17	0.101 9	16.507 8	0.492 2	0.014 68
5	10	0.070 4	11.404 8	−1.404 8	0.173 04
6	8	0.048 5	7.857	0.143	0.002 60
7	6	0.033 5	5.427	0.573	0.060 50
8	6	0.023 2	3.758 4	2.241 6	1.336 94
9	8	0.051 6	8.359 2	−0.359 2	0.015 44
$\sum$	162				2.409 54

习　题　7-4

1. 抛掷一枚硬币 100 次，正面朝上出现了 40 次。试问这枚硬币的质地是否匀称（显著性水平 $\alpha = 0.05$）？

2. 检验产品质量时，每次抽取 10 个产品来检查，共进行了 100 次，得到每 10 个产品中次品数 X 如表 7 - 12 所示。能否可认为次品数服从二项分布（显著性水平 $\alpha = 0.05$）？

表 7 - 12   频数表

$X=1$	0	1	2	3	4	5	6	7	8	9	10
频数 k_i	35	40	18	5	1	1	0	0	0	0	0

3. 检查了 100 个零件上的疵点数，结果如表 7 - 13 所示。试检验整批零件上的疵点数是否服从泊松分布（显著性水平 $\alpha = 0.05$）？

表 7 - 13   频数表

疵点数 i	0	1	2	3	4	5	6
频数 k_i	14	27	26	20	7	3	3

4. 检查了一本书的 100 页，记录各页中印刷错误的个数 x_i 如表 7 - 14 所示。

能否可认为一页的印刷错误个数 X 服从泊松分布（显著性水平 $\alpha = 0.05$）?

表 7-14   频数表

一页中印刷错误个数 x_i	0	1	2	3	4	5	6	$\geqslant 7$
含 x_i 个错误的页数 k_i	36	40	19	2	0	2	1	0

5. 从某纱厂生产的一批棉纱中抽取 300 条进行拉力强度（单位：公斤）试验，得数据如表 7-15 所示。试问该批棉纱的拉力强度 X 是否服从正态分布（显著性水平 $\alpha = 0.01$）?

表 7-15   频数表

$a_{i=1} < X \leqslant a_i$	0.50—0.64	0.64—0.78	0.78—0.92	0.92—1.06
频数 k_i	1	2	9	25
$a_{i=1} < X \leqslant a_i$	1.06—1.20	1.20—1.34	1.34—1.48	1.48—1.62
频数 k_i	37	53	56	53
$a_{i=1} < X \leqslant a_i$	1.62—1.76	1.76—1.90	1.90—2.04	2.04—2.18	2.18—2.32
频数 k_i	25	19	16	3	1

复习题七

1. 选择题

(1) 在假设检验中，用 α 和 β 分别表示犯第一类错误和第二类错误的概率，则当样本容量一定时，下列说法正确的是(　　)。

A. α 减小，β 也减少

B. α 增大，β 也增大

C. 小概率事件在一次试验中发生了，则拒绝原假设 H_0

D. A 和 B 同时成立

(2) 作假设检验时，在(　　)情况下，采用 t-检验法。

A. 对单个正态总体，已知总体方差，检验假设 $H_0 : \mu = \mu_0$

B. 对单个正态总体，未知总体方差，检验假设 $H_0 : \mu = \mu_0$

C. 对单个正态总体，未知总体均值，检验假设 $H_0 : \sigma^2 = \sigma_0^2$

D. 对两个正态总体，检验假设 $H_0 : \sigma_1^2 = \sigma_2^2$

(3) 设 X_1，X_2，$\cdots$，X_{10} 为取自总体 X 的一个样本，$X \sim N(\mu_1, \sigma_1^2)$，$\overline{X}$，$S_1^2$ 分别为样本均值、样本方差；Y_1，Y_2，$\cdots$，Y_{15} 为取自总体 Y 的一个样本，$Y \sim N(\mu_2, \sigma_2^2)$，$\overline{Y}$，$S_2^2$ 分别为样本均值，样本方差，且 X 与 Y 相互独立，σ_1^2、σ_2^2 未知，但 $\sigma_1^2 = \sigma_2^2$，检验假设"两总体均值是否相等"，应取统计量（ ）。

A. $\dfrac{\sqrt{150}(\overline{X}-\overline{Y})}{\sqrt{10S_1^2+15S_2^2}}$ B. $\dfrac{\sqrt{150}(\overline{X}-\overline{Y})}{\sqrt{9S_1^2+14S_2^2}}$ C. $\dfrac{\sqrt{138}(\overline{X}-\overline{Y})}{\sqrt{10S_1^2+15S_2^2}}$ D. $\dfrac{\sqrt{138}(\overline{X}-\overline{Y})}{\sqrt{9S_1^2+14S_2^2}}$

2. 填空题

(1) 设 X_1，X_2，$\cdots$，X_n 为取自总体 X 的一个样本，S^2 为样本方差，$X \sim N(\mu, \sigma^2)$，μ 未知，检验假设 $H_0: \sigma^2 = \sigma_0^2$（$\sigma_0^2$ 为已知常数），应取统计量是 _____。

(2) 设 X_1，X_2，$\cdots$，X_n 为取自总体 X 的一个样本，$X \sim N(\mu_1, \sigma_1^2)$，$S_1^2$ 为样本方差；Y_1，Y_2，$\cdots$，Y_n 为取自总体 Y 的一个样本，$Y \sim N(\mu_2, \sigma_2^2)$，$S^2$ 为样本方差。参数 μ_1，μ_2 未知，X 与 Y 相互独立。检验假设 $H_0: \sigma_1^2 = \sigma_2^2$，应取的统计量是 _____。

(3) 设 $\overline{X}$，S^2 分别为总体 X 容量为 n 的一个样本的样本均值，样本方差，$X \sim N(\mu, \sigma^2)$，检验假设 $H_0: \mu \leqslant \mu_0$，$H_1: \mu > \mu_0$（μ_0 为已知常数）。当 σ^2 已知时，应取的统计量是 _____；当 σ^2 未知时，应取的统计量是 _____。

3. 某市轻工产品月产值占该市工业产品总月产值的百分比 X 服从正态分布 $N(\mu, 1.21)$，现抽查 10 个月，得比例数据如下（单位:%）

31.31   30.10   32.16   32.56   29.66   31.64   30.00   31.87   31.03   30.95

能否认为过去该市轻工产品月产值占该市工业产品总月产值百分比的平均数为 32.50%（显著性水平 $\alpha = 0.05$）?

4. 已知某一试验，其温度服从正态分布 $N(\mu, \sigma^2)$，现在测量温度的 5 个值如下。

1 250   1 265   1 245   1 260   1 275

能否可以认为 $\mu = 1\,277$（显著性水平 $\alpha = 0.05$）?

5. 在正常情况下，某肉类加工厂生产的小包装纯精肉每包重量服从正态分布 $N(\mu, 100)$，某日抽取 12 包，测得其重量（单位:克）如下:

501, 497, 483, 492, 510, 503, 478, 494, 483, 496, 502, 513

试问该日生产的纯精肉每包重量的方差是否正常?（显著性水平 $\alpha = 0.05$）?

6. 现抽检某种类型的 6 套电池的寿命（单位:小时）如下:

19   18   22   20   16   25

试问这种类型电池的平均寿命是否至少 22.5 小时（显著性水平 $\alpha = 0.05$）?

7. 过去经验显示，某校高三学生完成标准考试的时间（单位：分钟）服从正态分布 $N(\mu, 36)$，现随机抽验 20 位学生，其样本标准差 $s = 4.51$。检验假设 $H_0: \sigma^2 \geqslant 36$，$H_1: \sigma^2 < 36$（显著性水平 $\alpha = 0.05$）。

8. 某厂用甲、乙两种不同的原料生产同一型号产品，现从甲、乙原料生产的产品中分别抽 220 件、205 件进行重量（单位：kg）测试，得样本均值和样本方差如下。

甲：$\bar{x} = 2.46$，$s_1^2 = 0.57$，容量 $m = 220$；乙：$\bar{y} = 2.55$，$s_2^2 = 0.48$，容量 $n = 205$

如果用不同原料生产的产品的重量均服从正态分布，且方差相同。试问使用不同原料生产的产品的平均重量是否一样（显著性水平 $\alpha = 0.05$）？

9. 为比较新老配方对橡胶伸长率的影响，现分别从新、老配方橡胶产品中随机抽取 10 个和 9 个样品，得出新、老配方橡胶伸长率（单位：%）的样本方差分别为 210 和 58.8。设新、老配方橡胶伸长率均服从正态分布。问两种配方的总体方差有无显著差异（显著性水平 $\alpha = 0.1$）？

10. 假设某厂生产的灯泡的寿命服从正态分布，现有两箱灯泡，今从第一箱中抽取 9 只灯泡进行测试，得到它的平均寿命是 1 532 小时，标准差是 423 小时；从第二箱中抽取 18 只进行测试，得到它的平均寿命是 1 412 小时，标准差是 380 小时。检验是否可以认为这两箱灯泡是同一批生产的（显著性水平 $\alpha = 0.05$）？

11. 将一颗骰子掷 120 次，所得点数的频数如表 7－16 所示。试问这颗骰子是否均匀、对称（显著性水平 $\alpha = 0.05$）？

表 7－16　　　　　　　　　　　频数表

点数 i	1	2	3	4	5	6
出现次数 k_i	23	26	21	20	15	15

12. 1500—1931 年的 432 年间共爆发了 299 次战争，设 k_i 为一年内发生 i 次战争的年数，即频数，如表 7－17 所示。试问每年发生战争的次数 X 是否服从泊松分布（显著性水平 $\alpha = 0.05$）？

表 7－17　　　　　　　　　　　频数表

一年内战争次数 i	0	1	2	3	4
k_i	223	142	48	15	4

第八章　方差分析与回归分析

方差分析是鉴别各因素对客观事件的效应的一种有效的统计手段;回归分析是处理变量之间非确定性关系的一种方法。本章对方差分析、回归分析作简单介绍。

第一节　单因素方差分析

我们将试验中要考察的指标称为**试验指标**,影响试验指标的可控条件称为**因素**,用大写英文字母 A, B, …表示。例如,在化工生产中,影响产品的因素有配方、设备、温度、压力、催化剂、操作人员等。我们通过观察或试验,应用方差分析方法从诸多因素中找出对指标有显著影响的因素。

因素所处的状态,称为该**因素的水平**。例如,因素 A 有 4 个状态,即 4 个水平,可记为 A_1, A_2, A_3, A_4。如果在一项试验中仅有一个因素在变化,这种试验称为**单因素试验**;如果在试验中有多个因素在变化,则称为**多因素试验**。相应的方差分析分别称为**单因素方差分析**和**多因素方差分析**。本节讨论单因素方差分析。

一、单因素方差分析问题的一般提法

先看一个例子。

【例 1】 比较四种不同化肥对同种小麦亩产量的影响,取一片土壤肥沃程度和水利灌溉条件差不多的土地,分 16 块。肥料品种记为 A_1、A_2、A_3、A_4,每种肥料施在 4 块土地上,得亩产量如表 8-1 所示。

表 8-1　　　　　　　　　　试验数据表

肥料品种	亩产量			
A_1	981	964	917	669
A_2	607	693	506	358
A_3	791	642	810	705
A_4	901	703	792	883

问肥料品种对小麦亩产量有无显著影响？

现在我们来分析这个问题。肥料品种是影响小麦产量的一个因素，而四种不同的化肥就是这个因素的四个水平。施用一种肥料后小麦产量是一个随机变量。因此，四种施肥方案所得的产量可看作是四个总体 X_1，X_2，X_3，X_4。要确定四种施肥方案对小麦平均亩产有无影响。

设产量肥从正态分布，总体 X_1，X_2，X_3，X_4 相互独立，且方差相同，即 $X_i \sim N(\mu_i, \sigma^2)$，$\mu_i$，$\sigma^2$ 未知，$i=1, 2, 3, 4$，于是问题就归结为检验假设

$$H_0 : \mu_1 = \mu_2 = \mu_3 = \mu_4$$

是否成立。

于是，我们得到如下单因素方差分析问题的一般提法：

设因素 A 有 r 个水平 A_1，A_2，$\cdots$，A_r。在水平 A_i 下的总体 $X_i \sim N(\mu_i, \sigma^2)$，$\mu_i$，$\sigma^2$ 未知 $(i=1, 2, \cdots, r)$，且 X_1，X_2，$\cdots$，X_r 相互独立。

在总体 X_i 中取容量为 n_i 的样本 X_{i1}，X_{i2}，$\cdots$，X_{in_i}，样本方差为 S_i^2，其样本观察值为 x_{i1}，x_{i2}，$\cdots$，$x_{in_i}(i=1, 2, \cdots, r)$。如表 8-2 所示。

表 8-2　　　　　　　　　　　　试验数据表

水　平	试　验　数　据			
A_1	x_{11}	x_{12}	$\cdots$	x_{1n_1}
A_2	x_{21}	x_{22}	$\cdots$	x_{2n_2}
$\vdots$	$\cdots\cdots$			
A_r	x_{r1}	x_{r2}	$\cdots$	x_{rn_r}

问题为检验假设

$$H_0 : \mu_1 = \mu_2 = \cdots = \mu_r$$

$$H_1 : \mu_1, \mu_2, \cdots, \mu_r \text{ 不全相等}$$

通常备择假设 H_1 可以不写。

二、统计分析

为了解这个数学问题，显然可以对每对总体应用 t-检验法，但是这样做太麻烦。这里我们介绍单因素方差分析方法。

1. 平方和分解

设试验总次数为 n，全体样本均值为 $\overline{X}$，第 i 组样本的均值（即水平 A_i 下的样本

均值)为$\overline{X}_i$,即

$$n = \sum_{i=1}^{r} n_i, \quad \overline{X} = \frac{1}{n} \sum_{i=1}^{r} \sum_{j=1}^{n_i} X_{ij}, \quad \overline{X}_i = \frac{1}{n_i} \sum_{j=1}^{n_i} X_{ij}$$

全体样本 X_{ij} 与 $\overline{X}$ 之间的总离差平方和 S_T 为

$$S_T = \sum_{i=1}^{r} \sum_{j=1}^{n_i} (X_{ij} - \overline{X})^2 \qquad (8-1)$$

因为

$$\sum_{i=1}^{r} \sum_{j=1}^{n_i} (X_{ij} - \overline{X})^2 = \sum_{i=1}^{r} \sum_{j=1}^{n_i} (X_{ij} - \overline{X}_i + \overline{X}_i - \overline{X})^2$$

$$= \sum_{i=1}^{r} \sum_{j=1}^{n_i} (X_{ij} - \overline{X}_i)^2 + \sum_{i=1}^{r} \sum_{j=1}^{n_i} (\overline{X}_i - \overline{X})^2$$

$$+ 2 \sum_{i=1}^{r} \sum_{j=1}^{n_i} (X_{ij} - \overline{X}_i)(\overline{X}_i - \overline{X})$$

而

$$\sum_{i=1}^{r} \sum_{j=1}^{n_i} (X_{ij} - \overline{X}_i)(\overline{X}_i - \overline{X}) = \sum_{i=1}^{r} (\overline{X}_i - \overline{X}) \sum_{j=1}^{n_i} (X_{ij} - \overline{X}_i) = 0$$

令

$$S_E = \sum_{i=1}^{r} \sum_{j=1}^{n_i} (X_{ij} - \overline{X}_i)^2$$

$$S_A = \sum_{i=1}^{r} n_i (\overline{X}_i - \overline{X})^2$$

则

$$S_T = S_A + S_E \qquad (8-2)$$

分别称 S_E 与 S_A 为**组内离差平方和**与**组间离差平方和**。总离差平方和 S_T 是全体样本方差 S^2 的 $n-1$ 倍,它被分解成二项之和。第一项 S_A 的各项 $n_i (\overline{X}_i - \overline{X})^2$,表示 A_i 水平下的样本均值与全部数据总平均的差异,它是由于因素 A 的不同水平作用所引起的;第二项 S_E 的各项 $(X_{ij} - \overline{X}_i)^2$,表示在水平 A_i 下样本与样本均值的差异,它是由于随机波动引起的,S_E 也称为**误差平方和**。

设 S^2 为全体样本 $X_{ij} (j=1, 2, \cdots, n_i; i=1, 2, \cdots, r)$ 的样本方差,S_i^2 为水平 A_i 下样本方差,即

$$S^2 = \frac{1}{n-1} \sum_{i=1}^{r} \sum_{j=1}^{n_i} (X_{ij} - \overline{X})^2$$

$$S_i^2 = \frac{1}{n_i-1} \sum_{j=1}^{n_i} (X_{ij} - \overline{X}_i)^2 \quad (i=1, 2, \cdots, r)$$

则

$$S_T = (n-1)S^2 \tag{8-3}$$

$$S_E = \sum_{i=1}^{r} (n_i-1)S_i^2 \tag{8-4}$$

$$S_A = S_T - S_E$$

2. 检验方法

为检验假设 H_0，取统计量

$$F = \frac{\dfrac{S_A}{r-1}}{\dfrac{S_E}{n-r}} \tag{8-5}$$

当假设 H_0 成立时，可以证明 $\dfrac{S_A}{\sigma^2} \sim \chi^2(r-1)$，$\dfrac{S_E}{\sigma^2} \sim \chi^2(n-r)$，并且 $\dfrac{S_A}{\sigma^2}$，$\dfrac{S_E}{\sigma^2}$ 相互独立。由第五章第三节 F 分布的定义得

$$F = \frac{\dfrac{S_A}{r-1}}{\dfrac{S_E}{n-r}} = \frac{\dfrac{S_A/\sigma^2}{r-1}}{\dfrac{S_E/\sigma^2}{n-r}} \sim F(r-1, n-r)$$

对于给定的显著性水平 α，查自由度为 $(r-1, n-r)$ 的 F 分布表得分位数 $F_\alpha(r-1, n-r)$，使

$$P\{F \geqslant F_\alpha(r-1, n-r)\} = \alpha$$

拒绝域为 $[F_\alpha(r-1, n-r), +\infty)$。如果统计量 F 的值大于等于 $F_\alpha(r-1, n-r)$，则拒绝 H_0，即认为在显著性水平 α 下，因素水平的变化对试验结果有显著影响；否则接受 H_0，即可以认为因素水平的变化对试验结果没有显著影响。

下面我们讨论具体的计算问题，步骤如下。

（1）我们根据表 8-2 样本观察值，可以列表计算统计量 S_T、S_E 的值，如表 8-3 所示。

表 8-3   统计量 S_T、S_E 的值计算表

水 平	试 验 数 据				$(n_i-1)S_i^2$
A_1	x_{11}	x_{12}	$\cdots$	x_{1n_1}	$(n_1-1)S_1^2$
A_2	x_{21}	x_{22}	$\cdots$	x_{2n_2}	$(n_2-1)S_2^2$
$\vdots$		$\vdots$			$\vdots$
A_r	x_{r1}	x_{r2}	$\cdots$	x_{m_r}	$(n_r-1)S_r^2$
总和	$S_T=(n-1)S^2$				$S_E=\displaystyle\sum_{i=1}^{r}(n_i-1)S_i^2$

（2）列方差分析表进行分析。如表 8-4 所示，最后给出结论。

表 8-4   方差分析表

方差来源	离差平方和	自由度	F 值	分位数
组间	S_A	$r-1$	$F=\dfrac{\dfrac{S_A}{r-1}}{\dfrac{S_E}{n-r}}$	$F_\alpha(r-1,\,n-r)$
组内	S_E	$n-r$		
总和	S_T	$n-1$		

取显著性水平 $\alpha=0.05$，应用方差分析法解[例 1]。

解 建立假设 $H_0:\mu_1=\mu_2=\mu_3=\mu_4$。$H_1:\mu_1,\mu_2,\mu_3,\mu_4$ 不全相等。

（1）由样本观察值列表计算统计量 S_E，S_T 的值，如表 8-5 所示。

表 8-5   统计量 S_T、S_E 的值计算表

水 平	试 验 数 据				$(n_i-1)S_i^2$
A_1	981	964	917	669	63 116.75
A_2	607	693	506	358	62 174
A_3	791	642	810	705	18 294
A_4	901	703	792	883	25 002.75
总和	$S_T=433\,557.75$				$S_E=168\,587.5$

$$S_A=S_T-S_E=264\,970.25$$

（2）列方差分析表，进行讨论，如表 8-6 所示。

表 8 - 6   方差分析表

方差来源	离差平方和	自由度	F 值	分位数
组间	$S_A = 264\,970.25$	3		
组内	$S_E = 168\,587.5$	12	$F = \dfrac{\dfrac{S_A}{r-1}}{\dfrac{S_E}{n-r}} = 6.29$	$F_{0.05}(3, 12) = 3.49$
总和	$S_T = 433\,557.75$	15		

因为 $F = 6.29 > F_{0.05}(3, 12) = 3.49$，所以拒绝 H_0，即认为肥料品种对小麦产量有显著影响。

习　题　8 - 1

1. 今有某种型号的电池三批，它们分别为 A、B、C 三个工厂所生产的，为评比其质量，各随机抽取 5 只电池为样品，经试验得其寿命（小时）如下表 8 - 7 所示，设各工厂所生产的电池的寿命服从同方差的正态分布。试检验电池的平均寿命有无显著的差异（显著性水平 $\alpha = 0.05$）。

表 8 - 7   试验数据

A	40	48	38	42	45
B	26	34	30	28	32
C	39	40	43	50	50

2. 将抗生素注入人体会产生抗生素与血浆蛋白质结合的现象，以致减少了药效。如表 8 - 8 所列出的是 5 种常用的抗生素注入到牛的体内时，抗生素与血浆蛋白质结合的百分比。设各总体服从正态分布，且方差相等。检验这些百分比的均值有无显著的差异（显著性水平 $\alpha = 0.05$）？

表 8 - 8   试验数据

青霉素	四环素	链霉素	红霉素	氯霉素
29.6	27.3	5.8	21.6	29.2
24.3	32.6	6.2	17.4	32.8
28.5	30.8	11.0	18.3	25.0
32.0	34.8	8.3	19.0	24.2

3. 某农业科学试验站进行玉米品种对比试验，试验结果如表 8-9 所示。设四个品种的小区产量(单位:千克/小区)相互独立，有相同方差。问这四个不同的玉米品种的平均产量间是否有显著差异(显著性水平 $\alpha=0.01$)?

表 8-9 试验数据

品种	1	2	3	4	5
A	32.3	34.0	34.3	35.0	36.5
B	33.3	33.0	36.3	36.8	34.5
C	30.8	34.3	35.3	32.3	35.8
D	29.3	26.0	29.8	28.0	28.8

4. 抽查某地区三所小学五年级男同学的身高，得数据如表 8-10 所示。设三所小学五年级男同学的身高相互独立，有相同方差。问这三所小学五年级男同学的身高间是否有显著差异(显著性水平 $\alpha=0.05$)?

表 8-10 试验数据

小学	1	2	3	4	5	6
A	128.1	134.1	133.1	138.9	140.8	127.4
B	150.3	147.9	136.8	126.0	150.7	155.8
C	140.6	143.1	144.5	143.7	148.5	146.4

5. 某印染厂观察同种布料，用不同的印染工艺处理对缩水率的影响。在 6 种不同印染工艺下各进行 4 次或 5 次试验，测得缩水率的百分数如表 8-11 所示。试问不同的印染工艺处理对缩水率有无显著影响(显著性水平 $\alpha=0.05$)?

表 8-11 试验数据

印染工艺	1	2	3	4	5
A_1	4.8	4.4	5.7	3.9	4.7
A_2	2.2	3.9	1.6	3.3	
A_3	3.2	4.2	4.3	4.1	
A_4	3.0	3.6	2.1	2.5	
A_5	5.0	2.4	2.7	4.8	
A_6	4.7	4.3	3.6	5.0	4.4

第二节 双因素方差分析

对于多因素的试验，我们仅讨论双因素试验的方差分析。对于双因素试验的方差分析，我们分为无重复试验和等重试验两种情况来讨论。无重复试验的方差分析仅检验两个因素对试验结果有无显著影响，而等重复试验的方差分析除了检验两个因素各自的效应外，还需检验两个因素的交互作用对试验结果有无显著影响。

一、无重复试验双因素方差分析

1. 无重复试验双因素方差分析问题的一般提法

设有两个因素 A、B 对试验的两个指标可能产生影响，因素 A 有 m 个水平 A_1，A_2，$\cdots$，A_m；因素 B 有 n 个水平 B_1，B_2，$\cdots$，B_n，在因素 A、B 的每一组水平搭配 (A_i, B_j) 下只进行一次试验。设所得的总体 X_{ij} 服从 $N(\mu_{ij}, \sigma^2)$，且相互独立，其观测值为 x_{ij}，μ_{ij}，σ^2 未知（$i=1, 2, \cdots, m$；$j=1, 2, \cdots, n$），如表 8-12 所示。

表 8-12　　　　　　　　试验数据

因素 B＼因素 A	B_1	B_2	$\cdots$	B_n
A_1	x_{11}	x_{12}	$\cdots$	x_{1n}
A_2	x_{21}	x_{22}	$\cdots$	x_{2n}
$\vdots$	$\vdots$	$\vdots$	$\vdots$	$\vdots$
A_m	x_{m1}	x_{m2}	$\cdots$	x_{mn}

由假设 $X_{ij} \sim N(\mu_{ij}, \sigma^2)$，记 $\varepsilon_{ij} = X_{ij} - \mu_{ij}$，$\varepsilon_{ij}$ 可视为随机误差，从而 $\varepsilon_{ij} \sim N(0, \sigma^2)$。

设　　$\mu = \dfrac{1}{mn} \sum\limits_{i=1}^{m} \sum\limits_{j=1}^{n} \mu_{ij}$

$\mu_{i\cdot} = \dfrac{1}{n} \sum\limits_{j=1}^{n} \mu_{ij}$，$\alpha_i = \mu_{i\cdot} - \mu$，$i=1, 2, \cdots, m$

$\mu_{\cdot j} = \dfrac{1}{m} \sum\limits_{i=1}^{m} \mu_{ij}$，$\beta_j = \mu_{\cdot j} - \mu$，$j=1, 2, \cdots, n$

μ 称为总平均，α_i 称为水平 A_i 的效应，β_j 称为水平 B_j 的效应。且

$$\sum_{i=1}^{m} \alpha_i = 0, \quad \sum_{j=1}^{n} \beta_j = 0, \quad \mu_{ij} = \mu + \alpha_i + \beta_j$$

于是，无重复试验的双因素方差分析的问题为

$$X_{ij} = \mu + \alpha_i + \beta_j + \varepsilon_{ij}, \quad i = 1, 2, \cdots, m; \ j = 1, 2, \cdots, n。$$

$$\varepsilon_{ij} \sim N(0, \sigma^2), \ \varepsilon_{ij}(i = 1, 2, \cdots, m; \ j = 1, 2, \cdots, n) \ 相互独立$$

$$\sum_{i=1}^{m} \alpha_i = 0, \quad \sum_{j=1}^{n} \beta_j = 0$$

检验假设

$$\begin{cases} H_{0A}: \alpha_1 = \alpha_2 = \cdots = \alpha_m \\ H_{1A}: \alpha_1, \alpha_2, \cdots, \alpha_m \ 不全为零; \end{cases} \qquad \begin{cases} H_{0B}: \beta_1 = \beta_2 = \cdots = \beta_n = 0 \\ H_{1B}: \beta_1, \beta_2, \cdots, \beta_n \ 不全为零 \end{cases}$$

2. 平方和分解

设 $\overline{X}$, S^2 为全体样本的样本均值和样本方差，$\overline{X}_{i\cdot}$ 为因素 A_i 下样本均值，$\overline{X}_{\cdot j}$ 为因素 B_j 下样本均值，即

$$\overline{X} = \frac{1}{nm} \sum_{i=1}^{m} \sum_{j=1}^{n} X_{ij} \quad S^2 = \frac{1}{mn-1} \sum_{i=1}^{m} \sum_{j=1}^{n} (X_{ij} - \overline{X})^2$$

$$\overline{X}_{i\cdot} = \frac{1}{n} \sum_{j=1}^{n} X_{ij}, \quad \overline{X}_{\cdot j} = \frac{1}{m} \sum_{i=1}^{m} X_{ij} \quad i = 1, 2, \cdots, m; j = 1, 2, \cdots, n \quad (8-6)$$

类似于单因素方差分析，全部样本 X_{ij} 对总平均值 $\overline{X}$ 的离差平方和 S_T 进行分解，

$$S_T = \sum_{i=1}^{m} \sum_{j=1}^{n} (X_{ij} - \overline{X})^2 = S_A + S_B + S_E$$

其中

$$S_A = n \sum_{i=1}^{m} (\overline{X}_{i\cdot} - \overline{X})^2 \qquad S_B = m \sum_{j=1}^{n} (\overline{X}_{\cdot j} - \overline{X})^2$$

$$S_E = \sum_{i=1}^{m} \sum_{j=1}^{n} (X_{ij} - \overline{X}_{i\cdot} - \overline{X}_{\cdot j} + \overline{X})^2$$

S_A 称为**因素 A 的离差平方和**，S_B 称为**因素 B 的离差平方和**，S_E 称为**误差平方和**。

3. 检验方法

为检验假设 H_{0A}，取统计量

$$F_A = \frac{\dfrac{S_A}{m-1}}{\dfrac{S_B}{(m-1)(n-1)}} = \frac{(n-1)S_A}{S_E} \qquad (8-7)$$

为检验假设 H_{0B}，取统计量

$$F_B = \frac{\dfrac{S_B}{n-1}}{\dfrac{S_E}{(m-1)(n-1)}} = \frac{(m-1)S_B}{S_E} \qquad (8-8)$$

当 H_{0A} 成立时，可以证明 $F_A \sim F(m-1, (m-1)(n-1))$，对于给定的显著性水平 α，得分位数 $F_{A\alpha}(m-1, (m-1)(n-1))$，于是假设 H_{0A} 的拒绝域为 $[F_{A\alpha}(m-1, (m-1)(n-1)), +\infty)$。

同样地，当 H_{0B} 成立时，可以证明 $F_B \sim F(n-1, (m-1)(n-1))$，对于给定的显著性水平 α，得分位数 $F_{B\alpha}(n-1, (m-1)(n-1))$，于是假设 H_{0B} 拒绝域为 $[F_{B\alpha}(n-1, (m-1)(n-1)), +\infty)$。

如果统计量的值 $F_A \geqslant F_{A\alpha}(m-1, (m-1)(n-1))$，则拒绝 H_{0A}，即认为在显著性水平 α 下，因素 A 对试验结果有显著影响；否则接受 H_{0A}。同理，如果统计量的值 $F_B \geqslant F_{B\alpha}(n-1, (m-1)(n-1))$，则拒绝 H_{0B}；否则接受 H_{0B}。

下面讨论具体的计算问题。

设 S_1^2 为样本均值 $\overline{X}_{i\cdot}$，$(i=1, 2, \cdots, m)$ 的样本方差；S_2^2 为样本均值 $\overline{X}_{\cdot j}$（$j=1, 2, \cdots, n$）的样本方差。即

$$S_1^2 = \frac{1}{m-1}\sum_{i=1}^{m}(\overline{X}_{i\cdot} - \overline{X})^2, \quad S_2^2 = \frac{1}{n-1}\sum_{j=1}^{n}(\overline{X}_{\cdot j} - \overline{X})^2$$

则

$$S_T = (mn-1)S^2, \quad S_A = n(m-1)S_1^2, \quad S_B = m(n-1)S_2^2 \qquad (8-9)$$

我们根据表 8-12 样本观察值，可以列表计算统计量 S_T，S_A，S_B 的值。如表 8-13 所示。

表 8-13　　　　　　　　统计量 S_T、S_A、S_B 的值计算表

因素A ＼ 因素B	B_1	B_2	$\cdots$	B_n	$\bar{x}_{i\cdot}$	$S^2 = \dfrac{1}{(mn-1)}\sum\limits_{i=1}^{m}\sum\limits_{j=1}^{n}(x_{ij}-\overline{X})^2$	$S_T = (mn-1)S^2$
A_1	x_{11}	x_{12}	$\cdots$	x_{1n}	$\bar{x}_1\cdot$		
A_2	x_{21}	x_{22}	$\cdots$	x_{2n}	$\bar{x}_2\cdot$	$S_1^2 = \dfrac{1}{m-1}\sum\limits_{i=1}^{m}(\overline{X}_{i\cdot}-\overline{X})^2$	$S_A = n(m-1)S_1^2$
$\vdots$	$\vdots$	$\vdots$	$\cdots$	$\vdots$	$\vdots$		
A_m	x_{m1}	x_{m2}	$\cdots$	x_{mn}	$\bar{x}_m\cdot$		
$\bar{x}_{\cdot j}$	$\bar{x}_{\cdot 1}$	$\bar{x}_{\cdot 2}$	$\cdots$	$\bar{x}_{\cdot n}$		$S_2^2 = \dfrac{1}{n-1}\sum\limits_{j=1}^{n}(\overline{X}_{\cdot j}-\overline{X})^2$	$S_B = m(n-1)S_2^2$

221

由 $S_E = S_T - S_A - S_B$ 计算 S_E 的值。

列无重复试验双因素方差分析表，进行讨论，如表 8-14 所示，最后给出结论。

表 8-14　　　　　　　　　　无重复试验双因素方差分析表

方差来源	平方和	自由度	F 值	分位数
因素 A	S_A	$m-1$	$F_A = \dfrac{(n-1)S_A}{S_E}$	$F_{A\alpha}(m-1, (m-1)(n-1))$
因素 B	S_B	$n-1$	$F_B = \dfrac{(m-1)S_B}{S_E}$	$F_{B\alpha}(n-1, (m-1)(n-1))$
误差 E	S_E	$(m-1)(n-1)$		
总和	S_T	$mn-1$		

【例 1】　对木材进行抗压强度的试验，选择三种不同比重(g/cm^3)的木材：

$$A_1 : 0.34 \sim 0.47; A_2 : 0.48 \sim 0.52; A_3 : 0.53 \sim 0.56$$

及三种不同的加荷速度($\text{kg/cm}^2 \cdot \text{min}$)

$$B_1 : 600; \quad B_2 : 2\,400; \quad B_3 : 4\,200$$

测得木材的抗压强度(kg/cm^2)如表 8-15 所示。

表 8-15　　　　　　　　　　　　试验数据

A \ B	B_1	B_2	B_3
A_1	3.72	3.90	4.02
A_2	5.22	5.24	5.08
A_3	5.28	5.74	5.54

检验木材比重及加荷速度对木材的抗压强度是否有显著影响(显著性水平 $\alpha = 0.05$)?

解　(1) 由样本观察值列表计算统计量 S_T, S_A, S_B 的值，如表 8-16 所示。

表 8-16　　　　　　　　　统计量 S_T, S_A, S_B 的值计算表

因素A \ 因素B	B_1	B_2	B_3	$\bar{x}_{i\cdot}$	$S^2 = 0.5766$	$S_T = 4.6128$
A_1	3.72	3.90	4.05	3.89		
A_2	5.22	5.24	5.08	5.18	$S_1 = 0.73943$	$S_A = 4.4366$
A_3	5.28	5.74	5.54	5.52		
$\bar{x}_{\cdot j}$	4.74	4.96	4.89		$S_2 = 0.01263$	$S_B = 0.0758$

（2）列方差分析表，进行讨论，如表 8-17 所示。

表 8-17　　　　　　　　方差分析表

方差来源	平方和	自由度	F 值	分位数
因素 A	$S_A = 4.4366$	2	$F_A = 88.03$	$F_{A0.05}(2, 4) = 6.94$
因素 B	$S_B = 0.0756$	2	$F_B = 1.50$	$F_{B0.05}(2, 4) = 6.94$
误差 E	$S_E = 0.1006$	4		
总和	$S_T = 4.6128$	8		

因为 $F_A > F_{A0.05}(2, 4)$，所以木材比重对抗压强度有显著影响；又 $F_B <$ $F_{B0.05}(2, 4)$，所以加荷速度对抗压强度无显著影响。

二、等重复试验双因素方差分析

1. 等重复试验双因素方差分析问题的一般提法

上述讨论中，我们只对 A，B 两个因素各水平的组合仅进行一次试验，所以不能了解 A，B 两因素之间是否存在交互作用的影响。现在要考虑 A、B 各水平的交互作用。

设有两个因素 A、B 对试验的两个指标可能产生影响，因素 A 有 m 个水平 A_1，A_2，$\cdots$，A_m；因素 B 有 n 个水平 B_1，B_2，$\cdots$，B_n，在因素 A、B 的每一组水平搭配 $(A_i, B_j)F$ 各进行 $t(t \geq 2)$ 次试验，设所得的总体 X_{ijk} 相互独立，且服从正态分布 $N(\mu_{ij}, \sigma^2)(\mu_{ij}, \sigma^2$ 未知)，其观察值为 x_{ijk}，$k=1, 2, \cdots, t$。$i=1, 2, \cdots, m$；$j=1$，$2, \cdots, n$。如表 8-18 所示。

表 8-18　　　　　　　　试验结果

因素 B 因素 A	B_1	B_2	$\cdots$	B_n
A_1	x_{111}，x_{112}，$\cdots$，x_{11t}	x_{121}，x_{122}，$\cdots$，x_{12t}	$\cdots$	x_{1n1}，x_{1n2}，$\cdots$，x_{1nt}
A_2	x_{211}，x_{212}，$\cdots$，x_{21t}	x_{221}，x_{222}，$\cdots$，x_{22t}	$\cdots$	x_{2n1}，x_{2n2}，$\cdots$，x_{2nt}
$\vdots$	$\vdots$	$\vdots$	$\vdots$	$\vdots$
A_m	x_{m11}，x_{m12}，$\cdots$，x_{m1t}	x_{m21}，x_{m22}，$\cdots$，x_{m2t}	$\cdots$	x_{mn1}，x_{mn2}，$\cdots$，x_{mnt}

由假设 $X_{ijk} \sim N(\mu_{ij}, \sigma^2)$，记 $\varepsilon_{ijk} = X_{ijk} - \mu_{ij}$，$\varepsilon_{ijk}$ 可视为随机误差，引入记号：

$$\mu = \frac{1}{mn} \sum_{i=1}^{m} \sum_{j=1}^{n} \mu_{ij}$$

$$\mu_{i\cdot} = \frac{1}{n}\sum_{j=1}^{n}\mu_{ij}, \quad \alpha_i = \mu_{i\cdot} - \mu, \, i = 1, 2, \cdots, m$$

$$\mu_{\cdot j} = \frac{1}{m}\sum_{i=1}^{m}\mu_{ij}, \quad \beta_j = \mu_{\cdot j} - \mu, \, j = 1, 2, \cdots, n$$

μ 称为总平均，α_i 称为水平 A_i 的效应，β_j 称为水平 B_j 的效应。

令 $\nu_{ij} = \mu_{ij} - \mu_{i\cdot} - \mu_{\cdot j} + \mu$，称 ν_{ij} 为水平 A_i 和水平 B_j 的交互效应，则

$$\mu_{ij} = \nu_{ij} + \mu_{i\cdot} + \mu_{\cdot j} - \mu = \nu_{ij} + (\alpha_i + \mu) + (\beta_j + \mu) - \mu$$
$$= \mu + \alpha_i + \beta_j + \nu_{ij}$$

又 $\sum_{i=1}^{m}\alpha_i = 0$; $\sum_{j=1}^{n}\beta_j = 0$, $\sum_{i=1}^{m}\nu_{ij} = 0$, $j = 1, 2, \cdots, n$; $\sum_{j=1}^{n}\nu_{ij} = 0$, $i = 1, 2, \cdots, m$。

于是，我们的等重复试验双因素方差分析的问题为

$$X_{ij} = \mu + \alpha_i + \beta_j + \nu_{ij} + \varepsilon_{ijk}, \, \varepsilon_{ijk} \sim N(0, \sigma^2)$$

ε_{ijk} 相互独立，$i = 1, 2, \cdots, m; j = 1, 2, \cdots, n, k = 1, 2, \cdots, t$。

$$\sum_{i=1}^{m}\alpha_i = 0, \quad \sum_{j=1}^{n}\beta_j = 0, \quad \sum_{i=1}^{m}\nu_{ij} = 0, \, j = 1, 2, \cdots, n, \quad \sum_{j=1}^{n}\nu_{ij} = 0, \, i = 1, 2, \cdots, m$$

其中 μ, α_i, β_j, ν_{ij}, σ^2 均是未知参数，$i = 1, 2, \cdots, m$, $j = 1, 2, \cdots, n$。

检验假设为：

$$\begin{cases} H_{0A} : \alpha_1 = \alpha_2 = \cdots = \alpha_m = 0 \\ H_{1A} : \alpha_1, \alpha_2, \cdots, \alpha_m \text{ 不全为零} \end{cases} ; \quad \begin{cases} H_{0B} : \beta_1 = \beta_2 = \cdots = \beta_n = 0 \\ H_{1B} : \beta_1, \beta_2, \cdots, \beta_n \text{ 不全为零} \end{cases} ;$$

$$\begin{cases} H_{0AB} : \nu_{11} = \nu_{12} = \cdots = \nu_{mn} = 0 \\ H_{1AB} : \nu_{11}, \nu_{12}, \cdots, \nu_{mn} \text{ 不全为零} \end{cases}$$

2. 平方和分解

引入记号：

$$T = \sum_{i=1}^{m}\sum_{j=1}^{n}\sum_{k=1}^{t}X_{ijk},$$

$$T_{ij\cdot} = \sum_{k=1}^{t}X_{ijk}, \quad \overline{X}_{ij\cdot} = \frac{1}{t}T_{ij\cdot}, \, i = 1, 2, \cdots, m, \, j = 1, 2, \cdots, n$$

$$T_{i\cdot\cdot} = \sum_{j=1}^{n}\sum_{k=1}^{t}X_{ijk}, \quad \overline{X}_{i\cdot\cdot} = \frac{1}{nt}T_{i\cdot\cdot}, \, i = 1, 2, \cdots, m$$

$$T_{\cdot j \cdot} = \sum_{i=1}^{m} \sum_{k=1}^{t} X_{ijk} , \quad \overline{X}_{\cdot j \cdot} = \frac{1}{mt} T_{\cdot j \cdot} , \quad j = 1, 2, \cdots, m$$

全部样本 X_{ijk} 对总体总平均值 $\overline{X}(\overline{X} = \dfrac{1}{mnt} T)$ 的离差平方和记为 S_T，即

$$S_T = \sum_{i=1}^{m} \sum_{j=1}^{n} \sum_{k=1}^{t} (X_{ijk} \sim \overline{X})^2 = \sum_{i=1}^{m} \sum_{j=1}^{n} \sum_{k=1}^{t} X_{ijk}^2 - \frac{T^2}{mnt}$$

离差平方和 S_T 可分解为

$$S_T = S_A + S_B + S_{AB} + S_E \tag{8-10}$$

其中
$$S_A = nt \sum_{i=1}^{m} (\overline{X}_{i \cdot \cdot} - \overline{X})^2 = \frac{1}{nt} \sum_{i=1}^{m} T_{i \cdot \cdot}^2 - \frac{T^2}{mnt} \tag{8-11}$$

$$S_B = mt \sum_{j=1}^{n} (\overline{X}_{\cdot j \cdot} - \overline{X})^2 = \frac{1}{mt} \sum_{j=1}^{n} T_{\cdot j \cdot}^2 - \frac{T^2}{mnt} \tag{8-12}$$

$$S_{AB} = t \sum_{i=1}^{m} \sum_{j=1}^{n} (\overline{X}_{ij \cdot} - \overline{X}_{i \cdot \cdot} - \overline{X}_{\cdot j \cdot} + \overline{X})^2$$

$$= \frac{1}{t} \sum_{i=1}^{m} \sum_{j=1}^{n} T_{ij \cdot}^2 - \frac{T^2}{mnt} - S_A - S_B \tag{8-13}$$

$$S_E = \sum_{i=1}^{m} \sum_{j=1}^{n} \sum_{k=1}^{t} (X_{ijk} - \overline{X}_{ij \cdot})^2 = S_T - S_A - S_B - S_{AB}$$

225

3. 检验方法

为检验假设 H_{0A}，取统计量

$$F_A = \frac{\dfrac{S_A}{m-1}}{\dfrac{S_E}{mn(t-1)}} \tag{8-14}$$

为检验假设 H_{0B}，取统计量

$$F_B = \frac{\dfrac{S_B}{n-1}}{\dfrac{S_E}{mn(t-1)}} \tag{8-15}$$

为检验 H_{0AB}，取统计量

$$F_{AB} = \frac{\dfrac{S_{AB}}{(m-1)(n-1)}}{\dfrac{S_E}{mn(t-1)}} \qquad (8-16)$$

当 H_{0A} 成立时，$F_A \sim F(m-1, mn(t-1))$，对于给定的显著性水平 α，得分位数 $F_{A\alpha}(m-1, (m-1)(n-1))$，于是假设 H_{0A} 的拒绝域为 $[F_{A\alpha}(m-1, mn(t-1)), +\infty)$。

当 H_{0B} 成立时，$F_B \sim F(n-1, mn(t-1))$，对于给定的显著性水平 α，得分位数 $F_{B\alpha}(n-1, (m-1)(n-1))$，于是假设 H_{0B} 的拒绝域为 $[F_{B\alpha}(n-1, mn(t-1)), +\infty)$。

当 H_{0AB} 成立时，$F_{AB} \sim F((m-1)(n-1), mn(t-1))$，对于给定的显著性水平 α，得分位数 $F_{AB\alpha}((m-1)(n-1), mn(t-1))$，于是假设 H_{0AB} 的拒绝域为 $[F_{AB\alpha}((m-1)(n-1), mn(t-1)), +\infty)$。

下面讨论具体计算问题。

根据表 8-18 样本观察值，我们可以列表计算统计量 S_T，S_A，S_B，S_{AB} 的值，如表 8-19 所示。

表 8-19　　　　　　　　　统计量 S_T，S_A，S_B，S_{AB} 的值计算表

因素B / 因素A	B_1	B_2	$\cdots$	B_n	行和 $T_{i\cdot\cdot}$	$T_{i\cdot\cdot}^2$
A_1	$x_{111}, x_{112}, \cdots, x_{11t}$	$x_{121}, x_{122}, \cdots, x_{12t}$	$\cdots$	$x_{1n1}, x_{1n2}, \cdots, x_{1nt}$	$T_{1\cdot\cdot}$	$T_{1\cdot\cdot}^2$
A_2	$x_{211}, x_{212}, \cdots, x_{21t}$	$x_{221}, x_{222}, \cdots, x_{22t}$	$\cdots$	$x_{2n1}, x_{2n2}, \cdots, x_{2nt}$	$T_{2\cdot\cdot}$	$T_{2\cdot\cdot}^2$
$\vdots$	$\vdots$	$\vdots$	$\vdots$	$\vdots$	$\vdots$	$\vdots$
A_m	$x_{m11}, x_{m12}, \cdots, x_{m1t}$	$x_{m21}, x_{m22}, \cdots, x_{m2t}$	$\cdots$	$x_{mn1}, x_{mn2}, \cdots, x_{mnt}$	$T_{m\cdot\cdot}$	$T_{m\cdot\cdot}^2$
列和 $T_{\cdot j\cdot}$	$T_{\cdot 1\cdot}$	$T_{\cdot 2\cdot}$	$\cdots$	$T_{\cdot n\cdot}$	T	$\sum\limits_{i=1}^{m} T_{i\cdot\cdot}^2$
$T_{\cdot j\cdot}^2$	$T_{\cdot 1\cdot}^2$	$T_{\cdot 2\cdot}^2$	$\cdots$	$T_{\cdot n\cdot}^2$	$\sum\limits_{j=1}^{n} T_{\cdot j\cdot}^2$	
$\sum\limits_{i=1}^{m} T_{ij\cdot}^2$	$\sum\limits_{i=1}^{m} T_{i1\cdot}^2$	$\sum\limits_{i=1}^{m} T_{i2\cdot}^2$	$\cdots$	$\sum\limits_{i=1}^{m} T_{in\cdot}^2$	$\sum\limits_{j=1}^{n}\sum\limits_{i=1}^{m} T_{ij\cdot}^2$	

列等重复试验双因素方差分析表，进行讨论，如表 8-20 所示，最后给出结论。

表 8－20   等重复试验双因素方差分析表

方差来源	平方和	自由度	F 值	分位数
因素 A	S_A	$m-1$	$F_A = \dfrac{\dfrac{S_A}{m-1}}{\dfrac{S_E}{mn(t-1)}}$	$F_{A\alpha}(m-1, mn(t-1))$
因素 B	S_B	$n-1$	$F_B = \dfrac{\dfrac{S_B}{n-1}}{\dfrac{S_E}{mn(t-1)}}$	$F_{B\alpha}(n-1, mn(t-1))$
A、B 的交互效应	S_{AB}	$(m-1)(n-1)$	$F_{AB} = \dfrac{\dfrac{S_{AB}}{(m-1)(n-1)}}{\dfrac{S_E}{mn(t-1)}}$	$F_{AB\alpha}((m-1)(n-1),$ $mn(t-1))$
误差 E	S_E	$mn(t-1)$		
总和	S_T	$mnt-1$		

【例 2】 在水稻栽培试验中，品种因素 A 有 3 个水平：A_1（早熟），A_2（中熟），A_3（晚熟）；密度因素 B 有 3 个水平：B_1（5×2 平方寸），B_2（5×3 平方寸），B_3（5×4 平方寸）；(A_i, B_j) 重复 3 次，$i, j=1, 2, 3$，得水稻栽培试验数据如表 8－21 所示。试对此试验结果进行方差分析（显著性水平 $\alpha=0.05$）。

表 8－21   试验数据

因素 B 因素 A	B_1	B_2	B_3
A_1	8, 8, 8	7, 7, 6	6, 5, 6
A_2	9, 9, 8	7, 9, 6	8, 7, 6
A_3	7, 7, 6	8, 7, 8	10, 9, 9

解 在表 8－21 的试验数据中增添 $T_{\cdot j \cdot}$，$T_{\cdot j \cdot}^2$，$\sum\limits_{i=1}^{3} T_{ij\cdot}$ 三行，增添 $T_{i\cdot\cdot}$，$T_{i\cdot\cdot}^2$ 两列，如表 8－20 所示，表中括号内数据为组合 (A_i, B_j) 进行的 3 次试验结果之和，即 $\sum\limits_{k=1}^{3} x_{ijk}$。

(1) 列表计算统计量 S_T，S_A，S_B，S_{AB}，S_E 的值，如表 8－22 所示。

表 8 - 22   统计量 S_T，S_A，S_B，S_{AB} 的值计算表

因素B 因素A	B_1	B_2	B_3	$T_{i\cdot\cdot}$	$T_{i\cdot\cdot}^2$
A_1	8, 8, 8(24)	7, 7, 6(20)	6, 5, 6(17)	61	3 721
A_2	9, 9, 8(26)	7, 9, 6(22)	8, 7, 6(21)	69	4 761
A_3	7, 7, 6(20)	8, 7, 8(23)	10, 9, 9(28)	71	5 041
$T_{\cdot j\cdot}$	70	65	66	$\sum\limits_{i=1}^{3} T_{i\cdot\cdot} = 201$	$\sum\limits_{i=1}^{3} T_{i\cdot\cdot}^2 = 13\ 523$
$T_{\cdot j\cdot}^2$	4 900	4 225	4 356	$\sum\limits_{j=1}^{3} T_{\cdot j\cdot}^2 = 13\ 481$	
$\sum\limits_{i=1}^{3} T_{ij\cdot}^2$	1 652	1 412	1 514	$\sum\limits_{j=1}^{3}\sum\limits_{i=1}^{3} T_{ij\cdot}^2 = 4\ 579$	

据表 8 - 22 得

设 $$a = \sum_{i=1}^{3}\sum_{j=1}^{3}\sum_{k=1}^{3} x_{ijk}^2 = 1\ 537$$

$$S_T = a - \frac{T^2}{mnt} = 1\ 537 - \frac{201^2}{27} = 40.666\ 7$$

$$S_A = \frac{1}{nt}\sum_{i=1}^{m} T_{i\cdot\cdot}^2 - \frac{T^2}{mnt} = \frac{1}{9} \times 13\ 523 - \frac{201^2}{27} = 6.222\ 3$$

$$S_B = \frac{1}{mt}\sum_{j=1}^{n} T_{\cdot j\cdot}^2 - \frac{T^2}{mnt} = \frac{1}{9} \times 13\ 481 - \frac{201^2}{27} = 1.555\ 6$$

$$S_{AB} = \frac{1}{t}\sum_{i=1}^{m}\sum_{j=1}^{n} T_{ij\cdot}^2 - \frac{T^2}{mnt} - S_A - S_B$$

$$= \frac{1}{3} \times 4\ 579 - \frac{201^2}{27} - 6.222\ 3 - 1.555\ 6$$

$$= 22.222\ 2$$

$$S_E = S_T - S_A - S_B - S_{AB}$$

$$= 40.666\ 7 - 6.222\ 3 - 1.555\ 6 - 22.222\ 2$$

$$= 10.666\ 7$$

(2) 列方差分析表，进行讨论，如表 8 - 23 所示。

表 8 - 23　　　　　　　　　　　方差分析表

方差来源	平方和	自由度	F 值	分位数
因素 A	$S_A = 6.222\ 2$	2	$F_A = 5.25$	$F_{A0.05}(2, 18) = 3.55$
因素 B	$S_B = 1.555\ 6$	2	$F_B = 1.31$	$F_{B0.05}(2, 18) = 3.55$
A, B 的交互效应	$S_{AB} = 22.222\ 2$	4	$F_{AB} = 9.37$	$F_{AB0.05}(4, 18) = 2.93$
误差 E	$S_E = 10.666\ 7$	18		
总和	$S_T = 40.666\ 7$	26		

由表 8 - 23，得 $F_A > F_{A0.05}(2, 18)$，$F_B < F_{B0.05}(2, 18)$，$F_{AB} > F_{AB0.05}(4, 18)$，所以认为因素 A（品种）、A 与 B 的交互效应影响显著，因素 B（密度）影响不显著。

习　题　8 - 2

1. 试验某种钢不同的含铜量（单位：%）在各种温度下的冲击值（kg/cm^2），其实测数据如表 8 - 24 所示。试问含铜量和温度这两个因素是否对钢的冲击值有显著影响（显著性水平 $\alpha = 0.01$）？

表 8 - 24　　　　　　　　　　　试验数据

因素	B_1(0.2%)	B_2(0.4%)	B_3(0.8%)
A_1(20℃)	10.6	11.6	14.5
A_2(0℃)	7.0	11.1	13.3
A_3(−20℃)	4.2	6.8	11.5
A_4(−40℃)	4.2	6.3	8.7

2. 在 B_1，B_2，B_3，B_4 四台不同的纺织机器中，采用三种不同的加压水平 A_1，A_2，A_3。在每种加压水平和每台机器中各取一个试样测量，得纱支强度如表 8 - 25 所示。试问不同加压水平和不同机器之间对纱支强度有无显著差异（显著性水平 $\alpha = 0.01$）？

表 8 - 25　　　　　　　　　　　试验数据

因素	B_1	B_2	B_3	B_4
A_1	1 577	1 692	1 800	1 642
A_2	1 535	1 640	1 783	1 621
A_3	1 592	1 652	1 810	1 663

3. 一火箭使用了四种燃料(A_1，A_2，A_3，A_4)、三种推进器(B_1，B_2，B_3)作射程试验，每种燃料与推进器的组合作一次试验，得火箭射程(单位：海里)如下表8-26所示。试检验燃料之间、推进器之间对火箭射程有无显著差异(显著性水平$\alpha=0.05$)？

表8-26　　　　　　　　　　　　试验数据

因素	B_1	B_2	B_3
A_1	58.2	56.2	65.3
A_2	49.1	54.1	51.6
A_3	60.1	70.9	39.2
A_4	75.8	58.2	48.7

4. 某种化工过程在三种浓度、四种温度水平下得率(单位：％)的数据如表8-27所示。假设在诸水平搭配下得率的总体服从正态分布且方差相等。试检验在不同浓度、不同温度对得率有无显著影响？两者对得率的交互作用的效应是否显著(显著性水平$\alpha=0.05$)？

表8-27　　　　　　　　　　　　试验数据

因素	$B_1(10℃)$	$B_2(24℃)$	$B_3(38℃)$	$B_4(52℃)$
$A_1(2％)$	14，10	11，11	13，9	10，12
$A_2(4％)$	9，7	10，8	7，11	6，10
$A_3(6％)$	5，11	13，14	12，13	14，10

第三节　一元线性回归

在客观世界中，变量之间的关系可以分为两类，一类是确定性的关系，这种关系可用函数关系来表述。例如，自由落体运动中，物体下落的距离 s 与所需时间 t 之间的关系是确定性的关系，可借助函数关系 $s=\dfrac{1}{2}gt^2(0 \leqslant t \leqslant T)$ 来表示。另一类是非确定性的关系，例如，作物的产量与施肥量之间存在密切的关系，但是施一定量的肥料，未必能求出作物确定的产量，然而作物的产量与施肥量之间存在非确定的关系。这种非确定关系称为相关关系，在大量的试验中呈现出其统计规律性，回归分析就是讨论如何将这个统计规律性表达出来。

一、线性回归方程

研究两个变量之间的相关关系称为**一元回归分析**。设两个变量分别为 x 与 Y，其中 x 是可以控制或可以精确测量的变量，作为普通变量；Y 是随机变量。当 x 取某固定值 x_i 时，Y 的相应值 y_i 不能事先确定。现在通过试验观察，得到总体 (x,Y) 的容量为 n 的样本观察值 (x_1,y_1)，(x_2,y_2)，$\cdots$，(x_n,y_n)，在平面坐标系中得到 n 个点，这 n 个点所构成的图形称为**散点图**，如图 8-1 所示。

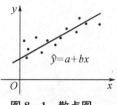

图 8-1　散点图

如果这 n 个点的位置散布在一条直线附近（见图 8-1），则称这**两个变量之间存在线性相关关系**。尽管两个变量之间不是确定性的函数关系，但我们可以借助直线的函数形式

$$\hat{y} = a + bx \qquad\qquad (8-17)$$

来表示两个变量的规律性，则 (8-17) 被称为 Y 对 x 的**线性回归方程**，因此，Y 与 x 之间的关系可用数学模型

$$Y = a + bx + \varepsilon$$

来表示，其中 a、b 是未知常数，ε 是表示许多没有考虑的因素的综合影响，是随机误差。

我们通过具体例子结合方法的讲述，说明如何求线性回归方程。

【例 1】 某地区工业局要求预测明年轻工产品人均销售额。根据统计部门得到前 25 年统计，每年的人均销售额 Y 和人均国民收入 x 的数据如表 8-28 所示。求 Y 对 x 的线性回归方程。

表 8-28　　　　　　　　　　前 25 年统计

前 n 年	Y_i 元/人	x_i 元/人	前 n 年	Y_i 元/人	x_i 元/人	前 n 年	Y_i 元/人	x_i 元/人
25	0.35	116	16	0.56	186	7	1.18	269
24	0.37	137	15	0.63	162	6	1.22	270
23	0.52	142	14	0.66	163	5	1.36	288
22	0.67	156	13	0.77	173	4	1.45	348
21	0.60	123	12	0.78	197	3	1.61	422
20	0.57	115	11	0.94	226	2	1.86	448
19	0.53	128	10	1.00	238	1	2.11	485
18	0.59	156	9	1.05	258			
17	0.50	162	8	1.10	254			

231

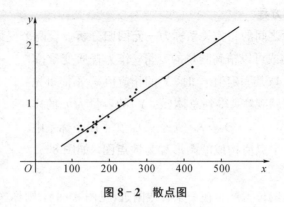

图 8-2 散点图

解 如果将表 8-28 所示各数据 (x_i, y_i) 画出散点图(见图 8-2),则由该图可见,这两个变量大致呈线性关系,即散点 (x_i, y_i) 大致在某条直线上下波动。这就启发我们设想用一条直线把变量 x 和 Y 两者关系近似地描述出来,但是这样的直线可以作出很多条,到底哪条直线"最优"? 直观的想法是要求这条直线 $\hat{y} = a + bx$ 与已知点 (x_i, y_i) 最接近。

一般地,对于样本的一组观察值 $(x_1, y_1), (x_2, y_2), \cdots, (x_n, y_n)$ 所构成的散点图 8-1,为找回归直线 8-17,对 x_i 由回归方程 8-17 确定一个**回归值**

$$\hat{y}_i = a + bx_i$$

这个回归值 $\hat{y}_i$ 与实际观察值 y_i 之差的平方 $(y_i - \hat{y}_i)^2$ 刻画了 y_i 与回归直线的偏离度, $i = 1, 2, \cdots, n$。我们可能达不到这 n 个偏离都很小,但我们希望达到总体上很小,即使这 n 个偏差平和最小,设

$$Q(a, b) = \sum_{i=1}^{n} (y_i - \hat{y}_i)^2 = \sum_{i=1}^{n} [y_i - (a + bx_i)]^2$$

为了确定 a、b 的估计 $\hat{a}$、$\hat{b}$,我们只要使 $Q(a, b)$ 在 $a = \hat{a}$、$b = \hat{b}$ 时达到最小,根据多元函数求极限的原理,令

$$\begin{cases} \dfrac{\partial Q}{\partial a} = -2 \sum_{i=1}^{n} (y_i - a - bx_i) = 0 \\ \dfrac{\partial Q}{\partial b} = -2 \sum_{i=1}^{n} x_i (y_i - a - bx_i) = 0 \end{cases}$$

得方程组

$$\begin{cases} na + b\sum_{i=1}^{n} x_i = \sum_{i=1}^{n} y_i \\ a\sum_{i=1}^{n} x_i + b\sum_{i=1}^{n} x_i^2 = \sum_{i=1}^{n} x_i y_i \end{cases}$$

解上方程组，得 a、b 的估计值 $\hat{a}$、$\hat{b}$

$$\begin{cases} \hat{b} = \dfrac{L_{xy}}{L_{xx}} \\ \hat{a} = \bar{y} - \hat{b}\bar{x} \end{cases} \tag{8-18}$$

其中

$$\bar{x} = \frac{1}{n}\sum_{i=1}^{n} x_i, \qquad \bar{y} = \frac{1}{n}\sum_{i=1}^{n} y_i$$

$$L_{xx} = \sum_{i=1}^{n}(x_i - \bar{x})^2 = (n-1)S_x^2$$

$$L_{xy} = \sum_{i=1}^{n}(x_i - \bar{x})(y_i - \bar{y}) = \sum_{i=1}^{n} x_i y_i - n\bar{x}\,\bar{y}$$

$$L_{yy} = \sum_{i=1}^{n}(y_1 - \bar{y})^2 = (n-1)S_y^2$$

$\bar{x}$、$\bar{y}$、L_{xx}、L_{xy}、L_{yy} 可借助计算器进行计算。S_x^2、S_y^2 分别为 x_1，x_2，$\cdots$，x_n 及 y_1，y_2，$\cdots$，y_n 的样本方差。

得回归直线方程

$$\hat{y} = \hat{a} + \hat{b}x$$

上述求出 Q 极值的方法，称为**最小二乘法**。

下面我们用上述方法，解[例1]。

由样本值得，$\bar{x} = 224.88$，$S_x^2 = 11\,084.86$，$\bar{y} = 0.919\,2$，$\sum_{i=1}^{n} x_i y_i = 6\,330.44$

$$L_{xx} = (n-1)S_x^2 = 266\,036.64$$

$$L_{xy} = \sum_{i=1}^{n} x_i y_i - n\bar{x}\,\bar{y} = 1\,162.697\,6$$

从而

233

$$\hat{b} = \frac{L_{xy}}{L_{xx}} = 0.004\,37$$

$$\hat{a} = \bar{y} - \hat{b}\bar{x} = -0.064$$

因此，人均销售额 Y 与人均国民收入 x 间的线性回归方程为

$$\hat{y} = -0.064 + 0.004\,37x$$

二、相关性检验

从上述求线性回归方程的过程可见，无论散点如何分布，我们总能用最小二乘法求得回归直线。因此，需要判别 Y 与 x 之间是否具有显著的线性相关关系，这种判别的过程，称为**相关性检验**。

检验 Y 与 x 之间线性相关关系的显著性，有三种本质相同的检验法：F 检验法、t 检验法、相关系数法。下面仅介绍相关系数检验法。

相关系数检验法步骤如下：

(1) 检验假设 $H_0 : b = 0$。

(2) 取统计量为样本相关系数。

$$r = \frac{L_{xy}}{\sqrt{L_{xx}L_{yy}}} \tag{8-19}$$

(3) 对于给定的显著性水平 $\alpha (0 < \alpha < 1)$，查相关系数临界值表，得临界值 $r_\alpha(n-2)$，使

$$P\{|r| > r_\alpha(n-2)\} = \alpha$$

(4) 由观测值计算相关系数 r 的值，其值记为 r。如果值 r 满足 $|r| > r_\alpha(n-2)$，则否定 H_0，即认为 Y 与 x 之间存在显著的线性相关关系；否则 Y 与 x 之间不存在显著的线性相关关系。

【例 2】 继续[例 1]的讨论，当取显著性水平 $\alpha = 0.01$ 时进行相关性检验。

解 检验假设 $H_0 : b = 0$。

由表 8-26 数据得，$S_y^2 = 0.220\,8$，$L_{yy} = (n-1)S_y^2 = 5.299\,2$，$L_{xy} = 1\,162.70$，$L_{xx} = 266\,036.64$，从而

$$r = \frac{L_{xy}}{\sqrt{L_{xx}L_{yy}}} = \frac{1\,162.70}{\sqrt{266\,036.64 \times 5.299\,2}} = 0.979\,2$$

当 $\alpha = 0.01$ 时，查相关系数临界值表，得 $r_{0.01}(25-2) = 0.505$，由于

$$|r| > r_\alpha$$

所以拒绝 $H_0 : b=0$，即 Y 与 x 之间存在显著的线性相关关系。

三、预测和控制

如果变量 Y 与 x 之间的线性相关关系显著，则由观测数据 $(x_i,\ y_i)(i=1,$ $2,\ \cdots,\ n)$ 求出的线性回归方程为 $\hat{y}=\hat{a}+\hat{b}x$，就大致地反映了 Y 与 x 之间的变化规律，从而对于 x 的任一值 x_0，可以用 $\hat{y}_0=\hat{a}+\hat{b}x_0$ 作为 Y 所对应的值 y_0 的估计。

所谓的预测问题就是求 $Y=y_0$ 的置信度为 $1-\alpha$ 的置信区间，称为**预测区间**。

对于 x 的任一值 x_0，其相应的 Y 的取值 y_0 按一定的分布在 $\hat{y}_0$ 附近波动，这种波动近似地服从正态分布，且均值为 $\hat{y}_0$，方差的近似值为 $\hat{\sigma}^2=\dfrac{Q}{n-2}$，且可以证明 $Q=L_{xy}(1-r^2)$，得当 n 较大时，

$$U=\frac{y_0-\hat{y}_0}{\hat{\sigma}}\sim N(0,\ 1)$$

对于给定的置信度 $1-\alpha$，由标准正态分布表确定水平为 $\dfrac{\alpha}{2}$ 的分位数 $u_{\frac{\alpha}{2}}$，使

$$P\{|U|\geqslant u_{\frac{\alpha}{2}}\}=\alpha$$

由此，得

$$P\{\hat{y}_0-\hat{\sigma}u_{\frac{\alpha}{2}}<y_0<\hat{y}_0+\hat{\sigma}u_{\frac{\alpha}{2}}\}=1-\alpha$$

所以 y_0 的置信度为 $1-\alpha$ 的预测区间为

$$(\hat{y}_0-\hat{\sigma}u_{\frac{\alpha}{2}},\ \hat{y}_0+\hat{\sigma}u_{\frac{\alpha}{2}})\qquad\qquad(8-20)$$

如果在回归直线 $\hat{y}_0=\hat{a}+\hat{b}x_0$ 的上下分别作两条与回归直线平行的直线：

$$L_1:y=\hat{a}+\hat{b}x-\hat{\sigma}u_{\frac{\alpha}{2}}$$

$$L_2:y=\hat{a}+\hat{b}x+\hat{\sigma}u_{\frac{\alpha}{2}}$$

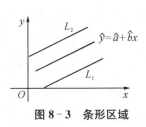

图 8-3 条形区域

则可以预测，在全部可能出现的散点 $(x_i,\ y_i)(i=1,\ 2,\ \cdots,$ $n)$ 中，大约有 $(1-\alpha)\times100\%$ 的点落在直线 L_1 与 L_2 所夹的条形区域内，如图 8-3 所示。

下面讨论控制问题。

控制问题是预测问题的反问题，即若要求观测值 Y 落在 $[y_1,\ y_2]$ 内，则应控制 x 之值在何范围内？

设置信度为 $1-\alpha$，则 x 的控制区间可以从方程组

$$
\begin{cases}
y_1 = \hat{a} + \hat{b} x_1 - \hat{\sigma} u_{\frac{\alpha}{2}} \\
y_2 = \hat{a} + \hat{b} x_2 + \hat{\sigma} u_{\frac{\alpha}{2}}
\end{cases}
$$

解出 x_1, x_2。一般地,当 $\hat{b} > 0$ 时,控制区间为 $[x_1, x_2]$;当 $\hat{b} < 0$ 时,控制区间为 $[x_2, x_1]$,如图 8-4 所示。

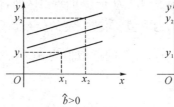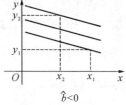

图 8-4 控制区间

【例 3】 继续[例 1]的讨论,若取 $\alpha = 0.01$。(1) 当 $x_0 = 514$(元/人)时,问人均销售额 Y 的范围?(2) 若人均销售额 Y 的范围取为 $[1.00, 2.00]$时,求人均收入 x 的控制范围。

解 (1) 当 $x_0 = 514$(元/人)时,得 $\hat{y}_0 = -0.064 + 0.00437x_0 = 2.18$(元/人)

由[例 2]结果得 $L_{yy} = 5.2992$,$r = 0.9792$,$n = 25$,由 $\alpha = 0.01$,查标准正态分布表,得水平为 $\frac{\alpha}{2}$ 的分位数 $u_{\frac{\alpha}{2}} = u_{0.005} = 2.58$,又

$$
\hat{\sigma} = \sqrt{\frac{L_{yy}(1 - r^2)}{n - 2}} = 0.09739
$$

所以,当 $x_0 = 514$(元/人)时,人均销售额 Y 的 99% 的预测区间为:

$(2.18 - 2.58 \times 0.09739, 2.18 + 2.58 \times 0.09739) = (1.9287, 2.4313)$

(2) $\alpha = 0.01$ 时,$u_{\frac{\alpha}{2}} = u_{0.005} = 2.58$;$\hat{\sigma} = 0.09786$。

人均销售额 Y 的范围取为 $[1.00, 2.00]$时,由方程组

$$
\begin{cases}
1.00 = -0.064 + 0.00437x_1 - 2.58 \times 0.09739 \\
2.00 = -0.064 + 0.00437x_2 + 2.58 \times 0.09739
\end{cases}
$$

解得 $x_1 = 300.9762$,$x_2 = 414.8132$

即人均收入应控制在 300.9762 元到 414.8132 元之间。

四、一元非线性回归

在实际问题中,变量 Y 与 x 之间的关系不一定呈现显著的线性相关关系。如果

236

从散点图看出 Y 与 x 之间的线性关系不明显，而呈现与某种曲线相关的趋势，一般只要作适当的变量代换，就可以将其化为一元线性回归问题。在应用领域中，常用的有下面几种形式。

1. 双曲线型 $\hat{y} = a + \dfrac{b}{x}$

令 $u = \dfrac{1}{x}$，得 $\hat{y} = a + bu$

2. 指数曲线型

（1）$\hat{y} = ce^{bx}$

若 $c > 0$，令 $v = \ln y$，$a = \ln c$，得 $\hat{v} = a + bx$

若 $c < 0$，令 $v = \ln(-y)$，$a = \ln(-c)$，得 $\hat{v} = a + bx$

（2）$\hat{y} = ce^{\frac{b}{x}}$

若 $c > 0$，令 $v = \ln y$，$u = \dfrac{1}{x}$，$a = \ln c$，得 $\hat{v} = a + bu$

若 $c < 0$，令 $v = \ln(-y)$，$u = \dfrac{1}{x}$，$a = \ln(-c)$，得 $\hat{v} = a + bu$

3. 幂函数型 $\hat{y} = cx^b (x > 0)$

若 $c > 0$，令 $v = \ln x$，$u = \ln y$，$a = \ln c$，得 $\hat{u} = a + bv$

若 $c < 0$，令 $v = \ln x$，$u = \ln(-y)$，$a = \ln(-c)$，得 $\hat{u} = a + bv$

4. S 曲线型 $\hat{y} = \dfrac{1}{a + be^{-x}}$

令 $v = \dfrac{1}{y}$，$u = e^{-x}$，得 $\hat{v} = a + bu$

5. 对数曲线型 $\hat{y} = a + b\lg x$

令 $u = \lg x$，得 $\hat{y} = a + bu$

【例 4】 已知某种树平均高 Y（单位：m）与平均胸径 x（单位：cm）之间的关系有如下表 8-29 所示的数据，试确定平均树高 Y 与平均胸径 x 之间的相关关系。

表 8-29　　　　　　　　　　统计数据

y_i	13.9	17.1	20.0	22.1	24.0	25.6	27.0	28.3	29.4	30.2	31.4
x_i	15	20	25	30	35	40	45	50	55	60	65

解 作散点图 8-5，从图中散点的分布可见曲线的形状像对数函数曲线的一段，故可设 Y 与 x 之间有对数回归关系，方程为

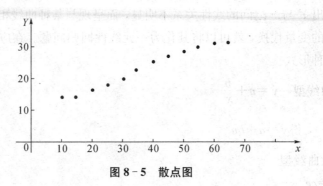

图 8 - 5　散点图

$$Y = a + b\ln x$$

其中 a、b 待定。作线性化处理：令 $u = \ln x$，则有 $Y = a + bu$。计算 x_i 的所有对应值 u_i，并列表 8 - 30，求系数 a，b。

表 8 - 30　　　　　　　　　　　　　　数值计算表

i	x_i	y_i	$u_i = \ln x_i$	u_i^2	y_i^2	$u_i y_i$
1	15	13.9	2.708 1	7.333 8	193.21	37.642 6
2	20	17.1	2.995 7	8.974 2	292.41	51.226 5
3	25	20.0	3.218 9	10.361 3	400.00	64.378 0
4	30	22.1	3.401 2	11.568 2	488.41	75.166 5
5	35	24.0	3.555 4	12.640 9	576.00	85.329 6
6	40	25.6	3.688 9	13.608 0	655.36	94.435 8
7	45	27.0	3.806 7	14.491 0	729.00	102.780 9
8	50	28.3	3.912 0	15.303 7	800.89	110.709 6
9	55	29.4	4.007 3	16.058 5	864.36	117.814 6
10	60	30.2	4.094 3	16.739 6	912.04	123.647 9
11	65	31.4	4.174 4	17.425 6	985.96	131.076 2
$\sum$	440	269	39.562 8	144.528 1	6 897.64	994.208 2

$\bar{y} = \dfrac{269}{11} = 24.454\ 5$，$\bar{u} = 3.596\ 6$，$L_{uu} = 2.236\ 1$，$L_{uy} = 26.717\ 9$，得

$$\hat{b} = \frac{L_{uy}}{L_{uu}} = 11.948\ 4, \quad \hat{a} = \bar{y} - \hat{b}\,\bar{u} = -18.519\ 1$$

从而 Y 对 x 之间的对数回归关系为

$$\hat{y} = -18.519\,1 + 11.948\,4\ln x$$

注:从上例图 8-5 的散点图来看,Y 与 x 也可能为指数函数曲线的一段,可用指数曲线型来处理。

习　题　8-3

1. 以家庭为单位,某种商品年需求量 D 与该商品价格 p 之间的一组调查数据如下表 8-31 所示。

表 8-31　　　　　　　　　统计数据

价格 p_i(元)	1	2	2.1	2.3	2.5	2.6	2.8	3	3.3	3.5
需求量 D_i(千克)	5	3.5	3	2.7	2.4	2.5	2	1.5	1.2	1.2

(1) 画散点图。

(2) 求需求量 D 对价格 p 的线性回归方程。

2. 新亚厂某产品与单位成本的资料如表 8-32 所示。

表 8-32　　　　　　　　　统计数据

月　份	1	2	3	4	5	6
产量 x(千件)	2	3	4	3	4	5
单位成本 y(元/件)	73	72	71	73	69	68

求单位成本 Y 对产量 x 的线性回归方程。

3. 某企业为探讨员工的年资 x(年)对员工的月薪 Y(百元)的影响,随机抽访了 25 名员工,得 $\sum_{i=1}^{25} x_i = 100$,$\sum_{i=1}^{25} y_i = 2\,000$,$\sum_{i=1}^{25} x_i^2 = 510$,$\sum_{i=1}^{25} y_i^2 = 186\,800$,$\sum_{i=1}^{25} x_i y_i = 9\,650$。

(1) 试求 Y 对 x 的线性回归方程并进行线性相关性检验。

(2) 若年资 $x_0 = 5$(年),则月薪 Y 的范围为何值?(显著性水平 $\alpha = 0.01$)

4. 某开发区近几年的国民收入与财政收入统计表如表 8-33 所示。

表 8-33　　　　　　　　　统计数据

国民收入 x(亿元)	9.2	7	10	12.8	16.6	17.8	18	19
财政收入 y(亿元)	0.8	1	1.4	2.2	3.2	3.6	3.8	4.4

（1）求 Y 对 x 的线性回归方程。

（2）当显著性水平 $\alpha=0.01$ 时，试问 Y 与 x 间是否具有显著线性相关关系。

（3）当显著性水平 $\alpha=0.05$ 时，如果要使该地区国民收入达到 20 亿元，试预测财政收入 Y 的取值范围。

（4）如果要使财政收入在 3.9 亿元至 5 亿元时，国民收入应达到什么水平？

5. 某产品的单位产品成本 x 与产量 Y 间近似满足双曲线型关系：$y=a+\dfrac{b}{x}$。试利用如下表 8-34 统计资料求出 Y 对 x 的回归曲线方程。

表 8-34   统计数据

单位成本 x(元)	5.67	4.45	3.84	3.84	3.73	2.18
产量 y(万只)	17.7	18.5	18.9	18.8	18.3	19.1
$1/x$	0.18	0.22	0.26	0.26	0.27	0.46

6. 电容器充电达到某电压作为时间计算的起点。以后，电容器串联一电阻放电，并测定不同时刻 x 的电压 U，结果如下表 8-35。

表 8-35   统计数据

x(秒)	0	1	2	3	4	5	6	7	8	9	10
U(伏)	100	75	55	40	30	20	15	10	10	5	5

据经验 U 与 x 满足 $u=e^{a+bx}$ 关系。试求 U 对 x 的回归方程。

复习题八

1. 选择题

（1）单因素方差分析中所取统计量 $F=\dfrac{\dfrac{S_A}{r-1}}{\dfrac{S_E}{n-r}}\sim(\qquad)$。

    A. $F(n-r,\ r-1)$ B. $F(r,\ n)$ C. $F(r-1,\ n-r)$ D. $F(n,\ r)$

（2）在相关系数检验法中，由 n 对数据所得的相关系数的值为 r，对于给定的显著对水平 α 所得的临界值为 $r_\alpha(n-2)$。若 $r\leqslant r_\alpha(n-2)$，则可以判断两变量之间具有（　　）。

A. 相互独立关系　　　　　　B. 显著的线性相关关系

C. 对立关系　　　　　　　　D. 不显著的线性相关关系

2. 填空题

(1) 设因素 A 有 m 个水平，因素 B 有 n 个水平，S_A，S_B 分别为因素 A、B 的离差平方和，S_E 为误差平方和，在进行无重复试验双因素 A、B 方差分析时，取统计量 $F_A=$ _____，$F_B=$ _____。

(2) 在计算 Y 对 x 的线性回归方程时，由八对观察值得 $\bar{x}=52.8$，$\bar{y}=49.1$，$L_{xx}=43.6$，$L_{yy}=248.9$，$L_{xy}=90.2$，则 Y 对 x 的线性回归方程是 _____。

3. 灯泡厂用四种不同材料 A、B、C、D 制成灯丝，试验灯丝材料对灯泡的寿命的影响，试验结果记录如下表 8-36。

表 8-36　　　　　　　　　　　　试验数据

A	1 600	1 610	1 650	1 680	1 700	1 720	1 800	
B	1 580	1 640	1 640	1 700	1 750			
C	1 460	1 550	1 600	1 620	1 640	1 660	1 740	1 820
D	1 510	1 520	1 530	1 570	1 600	1 680		

设灯泡寿命服从正态分布，不同材料制成灯泡的寿命的方差相等。在显著性水平 $\alpha=0.05$ 下检验不同材料对灯泡的寿命有无显著的差异？

4. 为了解三种不同配比的饲料对仔猪生长影响的差异，对四种不同品种的猪各选三头进行试验，分别测得其三个月间体重(单位:公斤)增加量如表 8-37 所示。

表 8-37　　　　　　　　　　　　试验数据

因素	B_1	B_2	B_3	B_4
A_1	50	47	47	53
A_2	53	54	57	58
A_3	52	42	41	48

设体重增加量服从正态分布，且各种配合的方差相等，在显著性水平 $\alpha=0.05$ 下，试分析不同饲料与不同品种对猪的生长有无显著影响？

5. 3 位操作工 B_1、B_2、B_3 分别在 4 台不同机器 A_1，A_2，A_3，A_4 上操作，3 天的日产量如表 8-38 所示。试问不同的操作工、不同的机器对产量是否有显著影响？操作工与机器的交互作用是否显著(显著性水平 $\alpha=0.05$)?

表 8 − 38   试验数据

因素	B_1			B_2			B_3		
A_1	15	15	17	19	19	16	16	18	21
A_2	17	17	17	15	15	15	19	22	22
A_3	15	17	16	18	17	16	18	18	18
A_α	18	20	20	15	16	17	17	17	17

6. 在钢线碳含量对于电阻效应的研究中，得到以下表 8 − 39 所示数据。

表 8 − 39   统计数据

碳含量 $x(\%)$	0.10	0.30	0.40	0.55	0.70	0.80	0.95
电阻 Y(20℃，微欧)	15	18	19	21	22.6	23.8	26

(1) 求线性回归方程，并进行线性相关性检验。

(2) 若碳含量 $x_0(\%) = 0.60$，则电阻 Y 的范围如何(显著性水平 $\alpha = 0.01$)？

7. 某百货公司统计近六年的每年皮鞋的销售量 Y(单位：万双)如下表 8 − 40 所示。若把近 6 年、近 5 年、…、近 1 年分别以 1、2、3、4、5、6 代替，作为自变量 x 的取值，且 x 与 Y 间近似满足 $n = ab^x$ 曲线型，试求 a、b 的统计值。

表 8 − 40   统计数据

近 n 年	近 6 年	近 5 年	近 4 近	近 3 年	近 2 年	近 1 年
x	1	2	3	4	5	6
Y(万双)	5.3	7.2	9.6	12.9	17.1	23.2

第九章　MATLAB 软件在概率统计中的应用

建立于 Matlab 数值计算环境系统的统计分析工具，可以直接求解概率论与数理统计中的随机变量分布的值、数字特征、参数估计、假设检验、方差分析、回归分析等问题，本章结合本课程的知识点作简单介绍。

第一节　MATLAB 软件在概率论中的应用

本节我们介绍应用 MATLAB 软件计算密度函数、累积概率（即分布函数）、逆累积概率的值，数字特征。

一、MATLAB 软件在随机变量分布中的应用

1. 计算随机变量密度函数的值

无论是离散型随机变量还是连续型随机变量，用 MATLAB 软件计算密度函数值有二种命令格式，一种是通用的命令格式，另一种是专用的命令格式。由于离散型随机变量取值是有限个或可列个，因此其所得是某个特定值的概率。

通用的命令格式如下：

pdf('name'，X，A)或 pdf('name'，X，A，B)或 pdf('name'，X，A，B，C)

注：返回由 name 指定的参数为 A、B、C 的分布在 $x = k$ 处的密度函数值。name＝bino（二项分布）、poiss（泊松分布）、norm（正态分布）、unif（均匀分布）、exp（指数分布）、chi2（χ^2 分布）、f 或 F（F 分布）、t 或 T（t 分布）。

专用的命令格式如表 9-1 所示。

表 9－1　　　　　　　　　计算密度函数值的专用命令格式

命令格式	功能说明
normpdf(k，mu，sigma)	正态分布 $N(\mu, \sigma^2)$ 的密度函数在 k 处的值
binopdf(k，n，p)	二项分布 $B(n, p)$ 的分布律在 k 处的概率

243

（续表）

命令格式	功能说明
exppdf(k, lambda)	指数分布 $E(\lambda)$ 的密度函数在 k 处的值
poisspdf(k, lambda)	泊松分布 $P(\lambda)$ 的分布律在 k 处的概率
unifpdf(k, a, b)	均匀分布 $U[a, b]$ 的密度函数在 k 处的值
chi2pdf(k, n)	自由度为 n 的 χ^2 分布的密度函数在 k 处的值
tpdf(k, n)	自由度为 n 的 t 分布的密度函数在 k 处的值
fpdf(k, n1, n2)	自由度为 n_1，n_2 的 F 分布的密度函数在 k 处的值

【例1】　绘制二项分布 $B(10, 0.5)$ 的分布律图。

解　＞＞clear；

＞＞x＝0：10；y＝binopdf(x, 10, 0.5)；plot(x, y, '＋')；

＞＞title(' 二项分布的分布律图 ')　　％运行结果见图9-1

注：plot(x, y, s)表示以第一变量为横坐标,第二变量为纵坐标,s是图形显示属性,此例是"＋",s省略时为实线。title('abc')表示给图形加标题 'abc'.

【例2】　绘制标准正态分布 $N(0, 1)$ 的密度函数图。

解　＞＞clear；

＞＞x＝−4：0.1：4；y＝normpdf(x, 0, 1)；plot(x, y)，title('N(0, 1)的密度函数图 ')

运行结果见图9-2

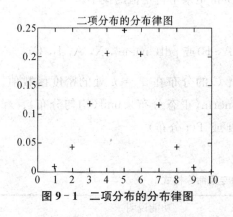

图9-1　二项分布的分布律图

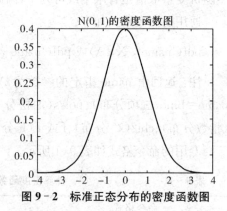

图9-2　标准正态分布的密度函数图

2. 计算随机变量的累积概率值（分布函数值）

用 MATLAB 软件计算随机变量的累积概率值（即 $P\{X \leqslant k\}$,也就是分布函数的

值 $F(k)$)的通用命令格式为

cdf('name', k, A)或 cdf('name', k, A, B)或 cdf('name', k, A, B, C)

注：返回以 name 为分布,参数为 A(或 A,B 或 A,B,C),随机变量 X≤k 的概率之和的累积概率值,name 如前所述。

专用命令格式如表 9-2 所示

表 9-2　　　　　　　计算累积概率值的专用命令格式

命令格式	功能说明
y=normcdf(k, mu, sigma)	正态分布 $N(u, \sigma^2)$ 的分布函数在 k 处的值 $F(k)$
y=binocdi(k, n, p)	二项分布 $B(n, p)$ 的分布函数在 k 处的值 $F(k)$
y=expcdf(k, lambda)	指数分布 $E(\lambda)$ 的分布函数在 k 处的值 $F(k)$
y=poisscdf(k, lambda)	泊松分布 $P(\lambda)$ 的分布函数在 k 处的值 $F(k)$
y=unifcdf(k, a, b)	均匀分布 $U[a, b]$ 的分布函数在 k 处的值 $F(k)$
y=chi2cdf(k, n)	自由度为 n 的 χ^2 分布的分布函数在 k 处的值 $F(k)$
y=tcdf(k, n)	自由度为 n 的 t 分布的分布函数在 k 处的值 $F(k)$
y=fcdf(k, n1, n2)	自由度为 n_1, n_2 的 F 分布的分布函数在 k 处的 $F(k)$

【例 3】　某机床出次品的概率为 0.001,求生产的 1 000 件产品中至少有 1 件次品的概率。

解　此问题可看作是 1 000 次独立重复试验,每次试验出次品的概率为 0.001。

>>clear;

>>p=1-cdf('bino', 0, 1000, 0.001)　　%cdf 是用来计算 X≤k 的累积概率
　　　　　　　　　　　　　　　　　　值的通用函数,

　　p=

　　　0.6323

或

>>p=1-binocdf(0, 1000, 0.001)　　%利用专用函数计算

　　p=

　　　0.6323

3. 计算随机变量的逆累积概率值

MATLAB 软件中的逆累积概率函数是已知 $F(x)=P\{X≤x\}=p$,求 x。可应用

于求分位数。

通用的计算逆累积概率值的命令格式如下

icdf('name', p, A)或 icdf('name', p, A, B)或 icdf('name', p, A, B, C,)

注：返回分布为 name，参数为 A(或 A，B 或 A，B，C)，累积概率值为 $p=P\{X\leqslant x\}$ 的 x：name 与前面相同。

专用函数计算逆累积概率值的命令格式如表 9-3 所示。

表 9-3 　　　　　　　计算随机变量的逆累积概率值的命令格式

命令格式	功能说明
x＝norminv(p, mu, sigma)	正态分布 $N(u, \sigma^2)$ 由 $p=P\{X\leqslant x\}$，求 x
x＝binoinv(p, n, q)	二项分布 $B(n, q)$ 由 $p=P\{X\leqslant x\}$，求 x
x＝expinv(p, lambda)	指数分布 $E(\lambda)$ 由 $p=P\{X\leqslant x\}$，求 x
x＝poissinv(p, lambda)	泊松分布 $P(\lambda)$ 由 $p=P\{X\leqslant x\}$，求 x
x＝unifinv(p, a, b)	均匀分布 $U[a, b]$ 由 $p=P\{X\leqslant x\}$，求 x
x＝chi2inv(p, n)	自由度为 n 的 χ^2 分布由 $p=P\{X\leqslant x\}$，求 x
x＝tinv(p, n)	自由度为 n 的 t 分布由 $p=P\{X\leqslant x\}$，求 x
x＝finv(p, n1, n2)	自由度为 n_1，n_2 的 F 分布由 $p=P\{X\leqslant x\}$，求 x

【例 4】 求下列分位数 　(1) $t_{0.25}(4)$；(2) $\chi^2_{0.025}(50)$。

解 　(1) $t_{0.25}(4)$ 满足 $\{t(4)>t_{0.25}(4)\}=0.25$，所以 $\{t(4)<-t_{0.25}(4)\}=0.25$。

＞＞clear;

＞＞t_alpha＝tinv(0.25, 4)

t_alpha＝

$$-0.7407 \qquad \% -t_{0.25}(4)=-0.7407，所以 \ t_{0.25}(4)=0.7407$$

(2) $\chi^2_{0.025}(50)$ 满足 $\{\chi^2(50)>\chi^2_{0.025}(50)\}=0.025$，所以

$$\{\chi^2(50)<\chi^2_{0.025}(50)\}=0.975。$$

＜＜clear;

＜＜x2_alpha＝chi2inv(0.975, 50)

x2_alpha＝

$$71.4202 \qquad \% \ \chi^2_{0.025}(50)=71.4202$$

二、用 MATLAB 软件计算随机变量的数字特征

首先介绍用 MATLAB 软件计算一般分布的数学期望。

设离散型随机变量 X 的分布律为 $P\{X=X_i\}=p_i$，$i=1, 2, \cdots$ 那么随机变量 X

的数学期望为 $E(X) = \sum\limits_i X_i p_i$。用 MATLAB 软件计算数学期望的命令格式为

$$\text{sum}(X. * p)$$

其中 $X = (x_1, x_2, \cdots)$，$p = (p_1, p_2, \cdots)$。

注：用 MATLAB 软件构造 m 行 n 列矩阵 $A = (a_{ij})_{m \times n}$ 的命令格式为

$A = [a_{11}, a_{12}, \cdots, a_{1n}; a_{21}, a_{22}, \cdots, a_{2n}; \cdots; a_{m1}, a_{m2}, \cdots, a_{mn}]$。

矩阵的不同行元素之间用分号“;”，同一行的元素用逗号“,”或空格隔开。

【例 5】 设随机变量 X 的分布律如表 $9-4$，求 $E(X)$。

表 9 - 4   **X 的分布律**

X	-1	0	0.5	1	2
p	0.1	0.5	0.1	0.1	0.2

解   >>clear;

>>X=[-1 0 0.5 1 2];   %1×5 矩阵

>>p=[0.1 0.5 0.1 0.1 0.2];

>>EX=sum(X. * p)

    EX=

        0.4500

对于连续型随机变量 X，设 X 的密度函数为 $p(x)$，则 X 的数学期望为 $E(X) = \int_{-\infty}^{+\infty} xp(x)\mathrm{d}x$，用 MATLAB 软件计算数学期望的命令格式为

$$int(x * p(x), x, -inf, inf)$$

注：$int(f(x), x, a, b)$ 是计算定积分 $\int_a^b f(x)\mathrm{d}x$ 的命令格式。对于一元函数 $f(x)$，命令格式也可简化为 $int(f(x), a, b)$。若被积函数为多元函数，积分变量不能简略。

【例 6】 已知随机变量 X 的密度函数为

$$p(x) = \begin{cases} 2x^2, & 0 < x < 1 \\ 0, & \text{其他} \end{cases}$$

求 $E(X)$。

解   >>clear;

>>syms x, y;

>>y=2 * x^2;

>>EX=int(x * y, 0, 1)   % $\int_0^1 xy\mathrm{d}x$，即 $\int_0^1 x \cdot 2x^2 \mathrm{d}x$

247

>>EX=

　　　1/2

关于随机变量 X 的方差 $D(X)$，我们知道 $D(X)=E(X-E(X))^2=E(X^2)-[E(X)]^2$。于是我们可以借助 MATLAB 软件计算方差。

例如，设离散型随机变量 X 的分布律为 $P\{X=x_i\}=p_i$，$i=1$，2，…，于是，用 MATLAB 软件计算方差 $D(X)$ 的命令格式为

　　　sum((X-EX).^2.*p)　或 sum(X.^2.*p)-(EX).^2

其命令格式中 $X=(X_1, X_2, \cdots)$，$p=(p_1, p_2, \cdots)$，并已求得 $E(X)$。

【例7】 设随机变量 X 的分布律如下表 9-5 所示，求 $D(X)$。

表 9-5　　　　　　　　　　　　X 的分布律

X	0	1	2	3
p	0.2	0.5	0.2	0.1

解　>>clear；

>>X=[0, 1, 2, 3]；　　%1×4 矩阵

>>p=[0.2, 0.5, 0.2, 0.1]；

>>EX=sum(X.*p)

>>EX=

　　　1.2

>>DX=sum((X-1.2).^2.*p)

>>DX=

　　　1.16

或

>>X=[0, 1, 2, 3]；

>>p=[0.2, 0.5, 0.2, 0.1]；

>>EX=sum(X.*P)

>>EX=

　　　1.2

>>DX=sum(X.^2.*P)-(EX).^2

>>DX=

　　　1.16

248

【例8】 设随机变量 X 的密度函数为

$$p(x)=\begin{cases} \dfrac{1}{3\sqrt{1-x^2}}, & |x|<1 \\ 0, & \text{其他} \end{cases}$$

求 $D(X)$。

解 >>clear;

>>syms x;

>>px=1/(3 * sqrt(1−x^2));　　　　　% $p(x)=\dfrac{1}{3\sqrt{1-x^2}}$

>>EX=int(x * px, −1, 1);　　　　　% $\int_{-1}^{1}xp(x)dx$

>>DX=int(x^2, px, −1, 1)−EX^2　　% $D(x)=\int_{-1}^{1}x^2p(x)dx-E(X^2)$

>>EX=

　　0

　DX=

　　1/6 * p　　　　　　　　　% $\dfrac{1}{6}\pi$

设 (X, Y) 是一个二维随机变量，X、Y 的协方差记为 $Cov(X, Y)$ 或 σ_{XY}。即

$$Cov(X, Y)=E[(X-EX)(Y-EY)]=E(XY)-E(X)E(Y)$$

X 与 Y 的相关系数记为 ρ_{XY}。即

$$\rho_{XY}=\frac{Cov(X, Y)}{\sqrt{DX}\sqrt{DY}}=\frac{\sigma_{XY}}{\sqrt{\sigma_{XX}}\sqrt{\sigma_{YY}}}$$

应用上式公式，用 MATLAB 软件计算协方差与相关系数举例如下。

【例9】 设 (X, Y) 的联合密度为

$$p(x, y)=\begin{cases} \dfrac{1}{10}(x+y), & 0\leqslant x\leqslant 2, 0\leqslant y\leqslant 2 \\ 0, & \text{其他} \end{cases}$$

求 DX、DY、$Cov(X, Y)$ 和 ρ_{XY}。

解 $EX=\displaystyle\int_{-\infty}^{+\infty}xp_X(x)dx=\int_{-\infty}^{+\infty}\int_{-\infty}^{+\infty}xp(x, y)dxdy$

$EY=\displaystyle\int_{-\infty}^{+\infty}yp_Y(y)dy=\int_{-\infty}^{+\infty}\int_{-\infty}^{+\infty}yp(x, y)dxdy$

```
>>clear；
>>syms x y；
    pxy＝1/10 * (x＋y)；
    EX＝int(int(x * pxy, y, 0, 2), 0, 2)；
```

$$\%计算 E(X)＝\int_0^2(\int_0^2 xp(x, y)dy)dx$$

```
    EY＝int(int(y * pxy, x, 0, 2), 0, 2)；
    EXX＝int(int(x^2 * pxy, y, 0, 2), 0, 2)；
```

$$\%计算 E(X^2)＝\int_0^2(\int_0^2 x^2p(x, y)dy)dx$$

```
    EYY＝int(int(y^2 * pxy, x, 0, 2), 0, 2)；
    EXY＝int(int(x * y * pxy, x, 0, 2), 0, 2)；          %计算 E(XY)
    DX＝EXX－EX^2；
    DY＝EYY－EY^2；
    DXY＝EXY－EX * EY；          %X 与 Y 的协方差 σ_{XY}或 Cov(X, Y)
>>ro_XY＝DXY/sqrt(DX * DY)    %X 与 Y 的相关系数 ρ_{XY}


    EX＝
        0.9333
    EY＝
        0.9333
    EXX＝
        1.3333
    EYY＝
        1.3333
    EXY＝
        1.0667
    DX＝
        0.4622
    DY＝
        0.4622
    DXY＝
```

0.1956

ro_XY=

0.4232

第二节 MATLAB 软件在统计量计算、参数估计与假设检验中的应用

一、MATLAB 软件在统计量计算中的应用

MATLAB 可以进行常用统计量的计算和作数据的直方图,相关的命令格式如表 9-6 所示。

表 9-6   常见的统计量计算命令格式

命令格式	功能说明
mean(X)	$X=[x_1, x_2, \cdots, x_n]$ 的均值
median(X)	$X=[x_1, x_2, \cdots, x_n]$ 的中位数
var(X)	$X=[x_1, x_2, \cdots, x_n]$ 的方差
std(X)	$X=[x_1, x_2, \cdots, x_n]$ 的标准差
range(X)	$X=[x_1, x_2, \cdots, x_n]$ 的极差
hist(X, k)	$X=[x_1, x_2, \cdots, x_n]$ 的直方图

注:直方图命令中的参数 k 表示将区间 $[\min(X), \max(X)]$ 作 k 等分,k 缺省时设定为 10。

【例1】 某学校随机抽取 100 名学生,测得身高(单位:厘米)如下:

172	169	169	171	167	178	177	170	167	169
171	168	165	169	168	173	170	160	179	172
166	168	164	170	165	163	173	165	176	162
160	175	173	172	168	165	172	177	182	175
155	176	172	169	176	170	170	169	186	174
173	168	169	167	170	163	172	176	166	167
166	161	173	175	158	172	177	177	169	166
170	169	173	164	165	182	176	172	173	174
167	171	166	166	172	171	175	165	169	168
173	178	163	169	169	177	184	166	171	170

作数据的直方图,并求数据的均值、中位数、标准差和极差。

解 　>>clear;

>>x=[172　169　169　171　167　178　177　170　167　169　171　168

165　169　168　173　170　160　179　172　166　168　164　170　165　163

173　165　176　162　160　175　173　172　168　165　172　177　182　175

155　176　172　169　176　170　170　169　186　174　173　168　169　167

170　163　172　176　166　167　166　161　173　175　158　172　177　177

169　166　170　169　173　164　165　182　176　172　173　174　167　171

166　166　172　171　175　165　169　168　173　178　163　169　169　177

184　166　171　170];

>>[n, y]=hist(x)　　　　　　　　%k 省略,默认将[155，186]10 等分

n=

　　2　3　6　18　26　22　11　8　2　2

　　　　　　　　　　　　　　　　　　%数据在[155，186]的十个小区间的频数

y=

　　156.5500　　159.6500　　162.7500　　165.8500　　168.9500　　172.0500

175.1500　　178.2500　　181.3500　　184.4500　　%[155，186]的十个小区间的中点

>>hist(x)　　　　　　　　　　　%直方图,如图 9-3 所示

>>x1=mean(X)

x1=

　　170.2500　　　　　　　　　　%均值为 170.2500

>>x2=median(X)

x2=

　　170　　　　　　　　　　　　%中位数为 170

>>x3=std(X)

x3=

　　5.4018　　　　　　　　　　%标准差为 5.4018

>>x4=range(X)

x4=

　　31　　　　　　　　　　　　%极差为 31

二、用 MATLAB 软件进行参数估计

　　MATLAB 统计工具箱提供了点估计和区间估计,除此之外还提供了其他分布的通用极大似然估计函数。表 9-7 给出了常用分布的参数估计命令格式。

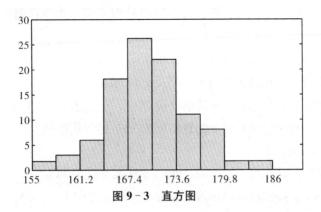

图 9 - 3　直方图

表 9 - 7　　　　　　　　　　　常用分布的参数估计命令格式

命令格式	功能说明
phat＝binofit(x, n) [phat, pci]＝binofit(x, n, alpha)	二项分布参数的极大似然估计 参数估计与置信度为 1 − alpha 的置信区间
muhat＝expfit(x) [muhat, muci]＝expfit(x, alpha)	指数分布参数的极大似然估计 参数估计与置信度为 1 − alpha 的置信区间
[muhat, sigmahat]＝normfit(x) [muhat, sigmahat, muci, sigmaci]＝normfit(x, alpha)	正态分布参数的极大似然估计 参数估计与置信度为 1 − alpha 的置信区间
lambdamuhat＝poissfit(x) [lambdamuhat, lambdamuci]＝poissfit(x, alpha)	泊松分布参数的极大似然估计 参数估计与置信度为 1 − alpha 的置信区间
[ahat, bhat]＝uniffit(x) [ahat, bhat, aci, bci]＝uniffit(x, alpha)	均匀分布参数的极大似然估计 参数估计与置信度为 1 − alpha 的置信区间

各个参数估计命令格式的用法基本是相同的,下面以正态总体为例,介绍参数估计命令格式的使用方法。

命令格式:[muhat, sigmahat, muci, sigmaci]＝normfit(x, alpha)

功能说明:根据给定正态分布的数据矩阵,在显著性水平 alpha 下计算并返回正态分布的参数 μ 和 σ 的估计值 muhat 和 sigmahat,muci 与 sigmaci 分别是 μ,σ 的置信度为 1 − alpha 的置信区间,顶端一行是置信区间的下限,底端一行是置信区间的上限。

【例 2】 从某厂生产的袋装糖果中随机抽取 7 袋,测得它们的重量(单位:kg)如下:

$$5.52, 5.41, 5.18, 5.32, 5.64, 5.22, 5.76$$

若袋装糖果重量近似服从正态分布 $N(\mu, \sigma^2)$,求:

(1) 总体均值 μ 与标准差 σ 的估计值;

(2) 总体均值 μ 与标准差 σ 的置信度为 95% 的置信区间。

解 >>clear;

>>x=[5.52, 5.41, 5.18, 5.32, 5.64, 5.22, 5.76];

>>[muhat, sigmahat, muci, sigmaci]=normfit(x, 0.05)

muhat=5.435 7

sigmahat=0.216 0

muci=5.235 9

     5.635 5

sigmaci=0.139 2

       0.475 7

于是总体均值 μ 的估计值为 5.435 7,标准差 σ 的估计值为 0.216 0。

总体均值 μ 的置信度为 95% 的置信区间为 (5.235 9, 5.635 5),总体标准差 σ 的置信度为 95% 的置信区间为 (0.139 2, 0.475 7)。

三、用 MATLAB 软件进行假设检验

1. U 检验法的 ztest 命令

总体 $X \sim N(\mu, \sigma^2)$,σ^2 为已知,给定样本值 $x_1, x_2, \cdots, x_n$,应用 U 检验法检验关于均值的某一个假设是否成立,由命令 ztest 来实现,其命令格式如表 9-8 所示:

表 9-8   **U 检验法的命令格式**

命令格式	含 义
$[h, \text{sig}] = \text{ztest}(x, m, \text{sigma}, \text{alpha}, \text{tail})$	在 σ^2 为已知时应用 U 检验法,根据 tail 指定的备择假设进行假设检验

其中 x 为样本值列向量,即 $x=(x_1, x_2, \cdots, x_n)^T$;

m:μ_0;

sigma:σ;

tail=0:表示假设:$H_1: \mu \neq \mu_0$ (默认);

tail＝1：表示假设：$H_1: \mu > \mu_0$；

tail＝－1：表示假设：$H_1: \mu < \mu_0$；

alpha：显著性水平 α（默认值为 0.05）；

h：返回 1 表示拒绝 H_0，返回 0 表示接受 H_0；

sig：返回临界值拒绝概率，当 sig＜alpha 时 $h=1$。

【例3】 设某车间用一台包装机包装葡萄糖，袋装葡萄糖的质量服从正态分布 $N(0.5, 0.015^2)$。某日开工后检验包装机工作是否正常，随机地抽取 9 袋，称得净重为（单位：kg）

$$0.512, 0.497, 0.506, 0.518, 0.524, 0.498, 0.511, 0.520, 0.515.$$

试问该机器工作是否正常？

解 $H_0: \mu = 0.5, H_1: \mu \neq 0.5$。

>>clear；

>>x＝[0.512；0.497；0.506；0.518；0.524；0.498；0.511；
    0.520；0.515]；

>>[h，sig]＝ztest(x, 0.5, 0.015, 0.05, 0)

h＝

 1

sig＝

 0.024 8

$h = 1$ 说明在显著性水平 $\alpha = 0.05$ 时，拒绝假设 H_0，即认为这天包装机工作不正常

2. T 检验法的 ttest 命令

总体 $X \sim N(\mu, \sigma^2)$，σ^2 为未知，给定样本值 $x_1, x_2, \cdots, x_n$，应用 T 检验法检验关于均值的某一个假设是否成立，由命令 ttest 来实现，其命令格式如表 9-9 所示：

表 9-9 T 检验法的命令格式

命令格式	含 义
[h, sig] = ttest(x, m, alpha, tail)	在 σ^2 为未知时应用 T 检验法，根据 tail 指定的假设进行检验

表 9-9 中符号 x，m，alpha，tail，h，sig 的含义与表 9-8 相同。

【例4】 某种元件的寿命 X(单位:h)服从正态分布 $N(\mu,\sigma^2)$,μ,σ 均为未知,现测得 16 只元件的寿命如下:

$$159,280,101,212,224,379,179,264,$$
$$222,362,168,250,149,260,485,170。$$

问是否有理由认为元件的平均寿命不大于 225 h?

解 $H_0:\mu\leqslant\mu_0=225$,$H_1:\mu>225$。

>>clear;

>>x=[159;280;101;212;224;379;179;264;222;362;

   168;250;149;260;485;170];

>>[h, sig]=ttest(x, 225, 0.05, 1)

h=

 0

sig=

 0.257 0

$h=0$ 说明在显著性水平 $\alpha=0.05$ 时,接受假设 H_0,即认为元件的平均寿命不大于 225 h。

第三节 MATLAB 软件在方差分析与回归分析中的应用

一、用 MATLAB 软件进行方差分析

设因素 A 有 r 个水平 A_1,A_2,$\cdots$,A_r,在水平 A_i 下总体 X_i 取容量为 n_i 的样本 X_{i1},X_{i2},$\cdots$,X_in_i,其样本观察值为 x_{i1},x_{i2},$\cdots$,$x_{in_i}(i=1,2,\cdots,r)$。

当水平 A_1,A_2,$\cdots$,A_r 都进行次数相等的试验时,即 $n_1=n_2=\cdots=n_r=n$ 时,用 MATLAB 软件进行方差分析的命令格式为

$$p=\text{anova }1(X')$$

其中矩阵 X 是 $r\times n$ 矩阵,第 i 行元素为 x_{i1},x_{i2},$\cdots$,x_{in},$i=1,2,\cdots,r$。p 是概率值,如果 $p\geqslant\alpha$(显著性水平),则说该因素对指标无显著影响;当 $p<\alpha$,即该为该因素对指标有显著影响。

当水平 A_1，A_2，$\cdots$，A_r 试验次数不全相等时，用 MATLAB 软件进行方差分析的命令格式为

$$p=\text{anova } 1(X, \text{group})$$

其中 X 是 $1 \times m$ 矩阵，$m = n_1 + n_2 + \cdots + n_r$，元素为 A_1，A_2，$\cdots$，A_r 的试验数据，即

$$X = \left[x_{11}, x_{12}, \cdots, x_{1n_1}, x_{21}, x_{22}, \cdots, x_{2n_2}, \cdots, x_{r1}, x_{r2}, \cdots, x_{rn_r} \right]$$

group 也是 $1 \times m$ 矩阵，标志 X 中数据的组别，其中与 X 第 i 组数据 x_{i1}，x_{i2}，$\cdots$，x_{in_i}，相应的位置处输入整数 i，$(i = 1, 2, \cdots, r)$，即

$$\text{group} = \left[\text{ones}(1, n_1), 2 * \text{ones}(1, n_2), \cdots, i * \text{ones}(1, n_i), \cdots, r * \text{ones}(1, n_r) \right]$$

anova1 的输出是概率 p 的值，一张方差分析表及一幅盒形图。$\text{ones}(m, n)$ 是元素均为 1 的 $m \times n$ 矩阵。

【例 1】 用 4 种工艺 A_1，A_2，A_3，A_4 生产灯泡，从各种工艺生产的灯泡中分别抽检若干个，测得其寿命值（单位：小时）如下：

$$A_1: 1\,620 \quad 1\,670 \quad 1\,700 \quad 1\,750 \quad 1\,800$$
$$A_2: 1\,580 \quad 1\,600 \quad 1\,640 \quad 1\,720$$
$$A_3: 1\,460 \quad 1\,540 \quad 1\,620$$
$$A_4: 1\,680 \quad 1\,500 \quad 1\,550 \quad 1\,610$$

在显著性水平 $\alpha = 0.05$ 条件下，推断各种工艺生产的灯泡寿命是否有显著差异。

解 >>clear;

>>X=[1 620 1 670 1 700 1 750 1 800 1 580 1 600 1 640 1 720 1 460 1 540 1 620 1 680 1 500 1 550 1 610];

>>g=[ones(1, 5), 2 * ones(1, 4), 3 * ones(1, 3), 4 * ones(1, 4)];

>>p=anova 1(x, g)

p=

    0.033 1 5

根据 p=0.033 15<0.05，所以认为各种工艺制成的灯泡寿命有显著差异。

anova 1(x, g) 输出的方差分析表及盒形图如图 9-4 所示。

(a) 方差分析表

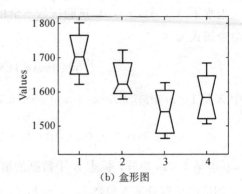

(b) 盒形图

图 9 - 4 输出的表与图

二、用 MATLAB 软件进行回归分析

对于一元回归分析,我们介绍用 MATLAB 软件进行曲线拟合。

假设给定一组数对 $(x_1, y_1), (x_2, y_2), \cdots, (x_n, y_n)$,所谓曲线的拟合就是要找出函数 $y = f(x)$,使得 $\sum_{k=1}^{n} (f(x_k) - y_k)^2$ 为最小,称 $f(x)$ 为**基函数或拟合曲线**。

一般地采取如下步骤:

(1) 应用 MATLAB 命令画出散点图。

(2) 通过观察的方式确定基函数 $f(x)$,$f(x)$ 可取多项式、指数函数等。

(3) 用 MATLAB 命令进行拟合操作。

基函数为多项式 $a_n x^n + a_{n-1} x^{n-1} + \cdots + a_1 x + a_0$ 的曲线拟合的命令格式如表 9 - 10 所示:

表 9 - 10　　　　　　　　　　**曲线拟合的命令格式**

命令格式	含　义
scatter(x, y)	画出散点图
polyfit(x, y, n)	n 次多项式进行曲线拟合,求 n 次多项式的系数为 a_n, $a_{n-1}, \cdots, a_1, a_0$

注:输出为 n 次多项式系数向量,即 $(a_n, a_{n-1}, \cdots, a_1, a_0)$

【例2】　测得 (x, y) 的数据如表 9 - 11 所示,试画散点图,并找出合适的曲线进行拟合。

258

表 9－11				数据				
x	1	2	4	7	9	12	13	15	17
y	1.5	3.9	6.6	11.7	15.6	18.8	19.6	20.6	21.1

解 ＞＞clear;

＞＞$x=$［1，2，4，7，9，12，13，15，17］;

＞＞$y=$［1.5，3.9，6.6，11.7，15.6，18.8，19.6，20.6，21.1］;

＞＞scatter(x, y)   %   画出散点图,通过观察散点图发现用直线拟合比较
合适。

＞＞hold on   %   将拟合曲线画在散点图上,如图 9－5 所示。

＞＞polyfit(x, y, 1)

   1.291 8   1.784 0   %   拟合曲线为 $y=1.291\,8x+1.784\,0$

＞＞fplot('1.291 8 $* x+$ 1.784 0', ［1，17］, 'r')

            %   将拟合曲线画在散点图上,"r"表示用红色作图。

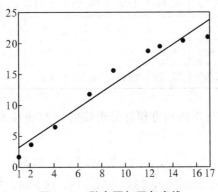

图 9－5   散点图与回归直线

用 MATLAB 软件进行多元线性回归的命令格式为

$$[b, bint, r, rint, stats] = regress(Y, X, alpha)$$

注: 1. 输入参数 X 代表 n 个自变量,m 个观测值 $m\times n$ 矩阵;

   2. 输入参数 Y 代表因变量的 m 个观测值 $m\times 1$ 向量,回归方程为 $\hat{Y}=\beta_0+$
$\beta_1X_1+\beta_2X_2+\cdots+\beta_nX_n$

   3. alpha 是显著性水平(默认值是 0.05)

   4. 输入参数 b 和 bint 是回归系数 β 的最小二乘估计值和 $100(1-\text{alpha})\%$

的置信区间;

5. stats 是用于检验回归模型的统计量,有 4 个值。

　　a) 相关系数 R^2。R^2 越接近 1,说明回归方程越显著。

　　b) F 值,$F > F_{alpha}(k, n-k-1)$ 时拒绝零假设 H_0,F 越大说明回归方程越显著。

　　c) 与 F 值对应的 p 值,$p < alpha$ 时,回归模型成功。

　　d) 方差 σ^2 的估计值。

【例3】 某企业采购外加工产品。经过分析发现该产品价格与材料重量和加工时间有关。为研究相互关系以预测产品价格,企业统计了相关数据如下表 9-12 所示。

表 9-12　　　　　　　　　　　　**数据**

工时(时)	2	3	6	2	4	3	3	2	3	8
重量(公斤)	377	79	370	65	539	95	178	16	14	231
价格(百元)	9.56	3.29	9.41	4.30	14.50	2.71	5.25	0.94	0.95	5.80
工时(时)	3	3	3	3	4	2	3	6	3	3
重量(公斤)	232	68	650	70	72	76	240	223	152	1 050
价格(百元)	6.78	2.09	17.30	2.11	4.50	2.05	6.09	5.81	3.93	20.57

试利用 MATLAB 写出回归方程并分析效果。(显著性水平 $\alpha = 0.05$)

解 >>clear;

>>X1=[2, 3, 6, 2, 4, 3, 3, 2, 3, 8, 3, 3, 3, 4, 2, 3, 6, 3, 3];

>>X2=[377, 79, 370, 65, 539, 95, 178, 16, 14, 231, 232, 68, 650, 70, 72, 76, 240, 223, 152, 1 050];

>>Y=[9.56, 3.29, 9.41, 4.3, 14.5, 2.71, 5.25, 0.94, 0.95, 5.80, 6.78, 2.09, 17.3, 2.11, 4.5, 2.05, 6.09, 5.81, 3.93, 20.57];

>>X=[ones(20, 1), X1', X2'];

>>[b, bint, r, rint, stats]=regress(Y', X);

b, bint, stats

b=

1.327 7

0.037 4

0.020 6   % 回归方程为 $Y=1.327\,7+0.037\,4X_1$
$+0.020\,6X_2$

bint=

 $-0.194\,8$ $2.850\,3$ % β_0 的置信度为 0.95 的置信区间为
$(-0.194\,8,\,2.850\,3)$

 $-0.355\,0$ $0.429\,8$ % β_1 的置信度为 0.95 的置信区间为
$(-0.355\,0,\,0.429\,8)$

 $0.018\,2$ $0.022\,9$ % β_2 的置信度为 0.95 的置信区间为
$(0.018\,0,\,0.022\,9)$

stats=

 $0.953\,4$ $173.752\,3$ $0.000\,0$ $1.534\,6$ % $R^2=0.953\,4$,非常接近 1,
说明回归方程显著
$F=173.752\,3$
$p<0.05$,$\sigma^2=1.534\,6$,回归模型成功。

附录一 排列与组合

一、两个计数原理

1. 加法原理

如果完成某件事可以用 n 类方法，第一类方法中包括 m_1 种不同的方法，第二类方法中包括 m_2 种不同的方法，……，第 n 类方法中包括 m_n 种不同的方法，则完成该件事共有

$$N = m_1 + m_2 + \cdots + m_n$$

种不同的方法。

2. 乘法原理

如果完成某件事需经过 n 个步骤，第一个步骤可以用 m_1 种不同的方法，第二个步骤可以用 m_2 种不同的方法，……，第 n 个步骤可以用 m_n 种不同的方法，则完成该件事共有

$$N = m_1 \cdot m_2 \cdot \cdots \cdot m_n$$

种不同的方法。

加法原理与乘法原理的区别在于：加法原理与分类有关，用各类方法中的每一种方法，均可完成该件事。乘法原理与步骤有关，完成一件事由多个步骤组成，依次完成每一个步骤，才能完成该件事。

二、排列与组合

1. 排列

从 n 个不同元素中任意取出 m 个元素按一定的次序排成一列，所得结果称为一个**排列**，所有不同排列的总数称为排列数，记作 P_n^m.

考虑从 n 个不同元素中相继取出 m 个元素（即取出一个元素后，不放回再取下一个）依次排成一列，则第一个元素有 n 种不同取法，第二个元素有 $n-1$ 种不同取法，……，第 m 个元素有 $n-m+1$ 种不同取法，由此可以得到从 n 个不同元素中取 m 个元素的所有不同排列，故由乘法原理可知，从 n 个不同元素中取 m 个元素的排列数为

$$P_n^m = n \cdot (n-1) \cdots (n-m+1) = \frac{n!}{(n-m)!}$$

当 $m=n$ 时，规定 $0!=1$，此时 $P_n^n=n!$ 称为 **n 个元素的全排列数**。

如果从 n 个不同元素中每次取一个元素后，再放回，由此取 m 个元素，所得的排列数为重复排列。从 n 个不同元素中取 m 个元素的重复排列数为 n^m。

【例1】 由数字 1，2，3，4，5 可以组成多少个无重复数字的三位奇数。

解 要使组成的三位数为奇数，可先从 1，3，5 三个数字中任取一个排在个位上，有 P_3^1 种排法；再从余下的四个数字中任取两个按各种次序排在十位和百位上，共有 P_4^2 种排法。根据乘法原理，可以组成的三位奇数的个数为

$$P_3^1 \cdot P_4^2 = 3 \times \frac{4!}{(4-2)!} = 36$$

2. 组合

从 n 个不同元素中任意取出 m 个元素，所得结果称为一个**组合**，所有不同组合的总数称为**组合数**，记作 C_n^m，其计算公式如下：

$$C_n^m = \frac{P_n^m}{m!} = \frac{n!}{m!(n-m)!}$$

【例2】 设 10 件产品中有 3 件次品，现从 10 件产品中任取 4 件，其中恰有 1 件次品，共有几种不同取法。

解 如果取出的 4 件中恰有 1 件次品，则相当于先从 3 件次品中任取 1 件，有 C_3^1 种取法；再从 7 件正品中任取 3 件，有 C_7^3 种取法，由乘法原理，不同取法总数为

$$C_3^1 \cdot C_7^3 = \frac{3!}{1!(3-1)!} \cdot \frac{7!}{3!(7-3)!} = 105$$

排列与组合的区别在于：排列问题不仅要考虑元素的取法，还与取出元素的次序有关；组合问题仅考虑元素的不同取法，而与取出元素的次序无关。

【例3】 设一个小组有 5 个人，如果相互写一封信，共写了几封信。如果相互握一次手，共握了几次手。

解 相互写信是排列问题，信件总数为 5 个元素中取 2 个元素的排列数

$$P_5^2 = \frac{5!}{(5-2)!} = 20$$

相互握手是组合问题，握手次数为 5 个元素中取 2 个元素的组合数

$$C_5^2 = \frac{5!}{2!(5-2)!} = 10$$

附录二 习题参考答案

第一章

习题 1-1

1. (1) $\Omega=\{0, 1, 2, 3\}$；(2) $\Omega=\{(正，正)，(正，反)，(反，反)\}$；(3) $\Omega=\{1, 2, 3, 4\}$；(4) $\Omega=\{1, 2, 3, \cdots\}$；(5) $\Omega=\{(x, y)|x^2+y^2<1\}$

2. (1) ABC；(2) $A\overline{B}\overline{C}$；(3) $AB\overline{C}$；(4) $AB\overline{C}\cup A\overline{B}C\cup\overline{A}BC$；(5) $A\cup B\cup C$；(6) $\overline{AB\cup BC\cup AC}$或$\overline{A}\,\overline{B}\,C\cup\overline{A}B\overline{C}\cup A\overline{B}\,\overline{C}\cup\overline{A}\,\overline{B}\,\overline{C}$；(7) $AB\cup BC\cup AC$

3. (1) $A_1A_2A_3$；(2) $A_1\overline{A_2}\,\overline{A_3}\cup\overline{A_1}A_2\overline{A_3}\cup\overline{A_1}\,\overline{A_2}A_3$；(3) $A_1\cup A_2\cup A_3$；(4) $\overline{A_1A_2\cup A_2A_3\cup A_1A_3}$

4. $A\cup B$ 表示"必然事件"；AB 表示"不可能事件"；事件 A 与 B 不相容，并且是对立的

5. 事件$\overline{A}$表示"3 件都是正品"；事件$\overline{B}$表示"3 件中至少有 2 件正品"；事件$\overline{C}$表示"3 件中至少有 1 件废品"；$A\cup B$ 表示"3 件中至少有 1 件废品"；AC 表示"不可能事件"

习题 1-2

1. $\dfrac{C_8^3}{C_{10}^3}=\dfrac{7}{15}$

2. $p=\dfrac{1}{5!}=\dfrac{1}{120}$

3. (1) $\dfrac{C_5^1C_3^1}{C_8^2}=\dfrac{15}{28}$；(2) $\dfrac{C_5^1C_3^1+C_5^0C_3^2}{C_8^2}=\dfrac{9}{14}$

4. (1) $p=\dfrac{C_{13}^5C_{13}^4C_{13}^3C_{13}^1}{C_{52}^{13}}=0.005\,39$；(2) $p=\dfrac{C_{48}^9}{C_{52}^{13}}=0.002\,641$

5. (1) $p = \dfrac{C_{47}^3 C_3^1}{C_{50}^4} = 0.211\,2$; (2) $p = 1 - \dfrac{C_{47}^4 C_3^0}{C_{50}^4} = 0.225\,5$

6. (1) $p = \dfrac{6 \times 6 \times 4}{10^3} = 0.144$; (2) $p = \dfrac{6 \times 5 \times 4}{10 \times 9 \times 8} = \dfrac{1}{6} = 0.166\,7$

7. $\dfrac{P_5^1 \times 5 \times 4 \times 3 \times 2}{10 \times 9 \times 8 \times 7 \times 6} = 0.019\,8$

8. $\dfrac{C_4^2}{C_{10}^3} = \dfrac{1}{20}$

9. $\dfrac{P_4^2 C_3^1}{4^3} = \dfrac{9}{16}$

10. $\dfrac{3}{5}$

11. 0.68

习题 1−3

1. 0.7

2. $\dfrac{5}{8}$

3. $1 - \dfrac{C_5^1 C_3^1}{C_8^2} = \dfrac{13}{28}$ 或 $\dfrac{C_5^2 + C_3^2}{C_8^2} = \dfrac{13}{28}$

4. $1 - \dfrac{C_{48}^{13}}{C_{52}^{13}} = 0.696\,2$

5. 0.504

6. $1 - \dfrac{C_{36}^3}{C_{40}^3} = 0.277\,3$

7. (1) 0.48; (2) 0.83

8. (1) $1 - \dfrac{P_{12}^{10}}{12^{10}}$; (2) $1 - \dfrac{P_{365}^{10}}{365^{10}}$

9. 0.107

10. (1) 90%; (2) 70%; (3) 50%; (4) 60%

习题 1−4

1. 0.4, $\dfrac{2}{3}$

2. 0.386 7，0.88

3. $\dfrac{1}{2}$

4. 0.625

5. 0.665

6. 0.93

7. 0.366 7

8. 0.6

9. 0.92

10. (1) $\dfrac{5}{12}$；(2) 从甲袋中取出白球的可能性大，为 $\dfrac{4}{5}$

11. (1) $\dfrac{197}{300}$；(2) $\dfrac{103}{300}$；(3) $\dfrac{4}{103}$

12. 0.322 3

13. 0.455

14. 均 $\dfrac{2}{5}$

习题 1－5

1. 0.42

2. (1) 0.56；(2) 0.24；(3) 0.14

3. 0.63

4. 0.096 93

5. 0.6

6. (1) 0.657；(2) 0.131 4

7. (1) 0.003；(2) 0.388

8. 0.104

9. $n \geqslant 2.146$，发射 3 枚导弹，保证至少一枚击中敌机的概率大于 0.999

复习题一

1. (1) D；(2) D；(3) A

2. (1) {(正面，正面)，(正面，反面)，(反面，正面)，(反面，反面)}；(2) 0.4；
(3) 0.9

3. $\dfrac{1+\ln 4}{4}$

4. $\dfrac{C_3^2}{C_5^2}=0.3$

5. 0.1

6. $1-\dfrac{P_{13}^3}{13^3}=\dfrac{37}{169}$

7. $\dfrac{3}{5}$

8. 30%

9. $0.125\,8$

10. $\dfrac{15}{26}$

11. 相互独立

12. (1) $0.943\,2$；(2) $0.848\,2$

13. $0.072\,9$

14. $\dfrac{9}{64}$

15. 0.901

第二章

习题 2-1

1. 略

2. $\dfrac{1}{4}$，$\dfrac{9}{16}$，$\dfrac{5}{9}$

3. $\dfrac{2}{3}$，$\dfrac{5}{6}$，$\dfrac{1}{6}$，$\dfrac{2}{5}$

习题 2-2

1. 0.33，0.59，$0.961\,5$

2. $\dfrac{1}{e^2}$，$\dfrac{3}{e^2-2}$

3. (1) 0.74；(2) 0.56

4. $F(x) = \begin{cases} 0, & x < -1; \\ \dfrac{1}{3}, & -1 \leqslant x < 0; \\ \dfrac{1}{2}, & 0 \leqslant x < 1; \\ 1, & x \geqslant 1 \end{cases}$；$\dfrac{1}{6}$；$\dfrac{1}{2}$

5.

X	-1	1	2
p	0.4	0.3	0.3

6.

X	0	1	2	3	4	5
p	0.2^5	$C_5^1 \times 0.8 \times 0.2^4$	$C_5^2 \times 0.8^2 \times 0.2^3$	$C_5^3 \times 0.8^3 \times 0.2^2$	$C_5^4 \times 0.8^4 \times 0.2$	0.8^5

7.

X	0	1	2	3
p	$\dfrac{1}{35}$	$\dfrac{12}{35}$	$\dfrac{18}{35}$	$\dfrac{4}{35}$

$\dfrac{31}{35}$

8.

X	0	1	2	3	4
p	0.7	0.21	0.063	0.0189	0.0081

；0.91；0.0819

9. (1)

X	3	4	5	6	7
p	$\dfrac{1}{6}$	$\dfrac{1}{6}$	$\dfrac{1}{3}$	$\dfrac{1}{6}$	$\dfrac{1}{6}$

；

(2)

X	2	3	4	5	6	7	8
p	$\dfrac{1}{16}$	$\dfrac{1}{8}$	$\dfrac{3}{16}$	$\dfrac{1}{4}$	$\dfrac{3}{16}$	$\dfrac{1}{8}$	$\dfrac{1}{16}$

10.

X	0	1	2	3	4	5
p	0.99^5	$C_5^1 \times 0.01 \times 0.99^4$	$C_5^2 \times 0.01^2 \times 0.99^3$	$C_5^3 \times 0.01^3 \times 0.99^2$	$C_5^4 \times 0.01^4 \times 0.99$	0.01^5

11. 0.0175

12. (1) 0.2240；(2) 0.9502

13. (1) 0.1042；(2) 0.9972

14. 0.0047

268

习题 2－3

1. $\dfrac{1}{2}$

2. (1) 3, $\dfrac{1}{8}$; (2) $F(x) = \begin{cases} 0, & x < 0 \\ x^3, & 0 \leqslant x < 1 \\ 1, & x \geqslant 1 \end{cases}$

3. (1) $p(x) = \begin{cases} x, & 0 \leqslant x < 1 \\ 2-x, & 1 \leqslant x < 2; \\ 0, & 其他 \end{cases}$ (2) 0.6

4. (1) $k=1$; (2) $e^{-1}-e^{-2}$, e^3; (3) $p(x) = \begin{cases} e^{-x}, & x \geqslant 0 \\ 0, & x < 0 \end{cases}$

5. $e^{-\frac{1}{5}}-e^{-1}$, e^{-1}

6. 0.4

7. (1) e^{-2}; (2) $e^{-\frac{1}{2}}-e^{-\frac{3}{2}}$; (3) $1-(1-e^{-2})^5-5e^{-2}(1-e^{-2})^4$

8. (1) 0.986 1; (2) 0.210 0; (3) 0.066 8; (4) 0.866 4

9. (1) 0.532 8; (2) 0.997 4; (3) 0.697 7; (4) 0.5; (5) 3

10. (1) 7.56; (2) 5.16

11. 0.045 6

12. (1) 0.866 5; (2) 合格

13. (1) 6.68%; (2) 15.87%

14. $h > 183.98$ cm

习题 2－4

1.

Y	$-\pi$	0	π
p	$\dfrac{1}{4}$	$\dfrac{1}{4}$	$\dfrac{1}{2}$

;

Y	0	1
p	$\dfrac{3}{4}$	$\dfrac{1}{4}$

2.

Y	0	1	2
p	0.2	0.5	0.3

3. $p_Y(y) = \begin{cases} \dfrac{3}{4}\left(\dfrac{1}{\sqrt{y}}-\sqrt{y}\right), & 0 < y < 1; \\ 0, & 其他。 \end{cases}$

4. (1) $p_Y(y) = \begin{cases} \dfrac{1}{2\sqrt{\pi(y-1)}} - e^{-\frac{y-1}{4}}, & y > 1 \\ 0, & y \leqslant 1 \end{cases}$;

(2) $p_Z(y) = \dfrac{1}{3\sqrt{2\pi}} \cdot \dfrac{1}{\sqrt[3]{z^2}} e^{-\frac{1}{2}\sqrt[3]{z^2}}$ $(-\infty < z < +\infty)$

5. $p_Y(y) = \begin{cases} \dfrac{1}{y}, & 1 \leqslant y \leqslant e; \\ 0, & \text{其他。} \end{cases}$

复习题二

1. (1) A; (2) B

2. (1) $F(x) = \begin{cases} 0, & x < 0; \\ 0.2, & 0 \leqslant x < 1; \\ 1, & x \geqslant 1。\end{cases}$; (2) $\dfrac{12}{13}$

3. $k = \dfrac{37}{16}, \dfrac{8}{25}$

4. (1) $e^{-\frac{3}{2}}$; (2) $1 - e^{-\frac{5}{2}}$

5. 0.352 9

6. 0.000 1

7. (1) $k = \dfrac{1}{2}$; (2) $F(x) = \begin{cases} 0, & x \leqslant -\dfrac{\pi}{2}; \\ \dfrac{1}{2} + \dfrac{1}{2}\sin x, & |x| < \dfrac{\pi}{2}; \\ 1, & x \geqslant \dfrac{\pi}{2}。\end{cases}$ (3) $\dfrac{\sqrt{2}}{4}$

8. (1) 0.988 6; (2) 111.84

9. 0.906 9

10.

Y	0	1	4	9
p	0.4	0.3	0.1	0.2

11. $p_Y(y) = \begin{cases} \dfrac{1}{4} + \dfrac{3}{8\sqrt{y}}, & 0 < y < 1; \\ 0, & \text{其他。} \end{cases}$

12. $p_Y(y) = \begin{cases} \dfrac{1}{\sqrt{y}} - 1, & 0 < y < 1; \\ 0, & \text{其他。} \end{cases}$

第三章

习题 3－1

1. $F(b, c) - F(a, c), F(+\infty, b) - F(+\infty, a), F(+\infty, b) - F(a, b)$

2. (1) $F_X(x) = \begin{cases} 1-e^{-x}, & x \geqslant 0 \\ 0, & x < 0 \end{cases}$, $F_Y(y) = \begin{cases} 1-e^{-y}, & y \geqslant 0 \\ 0, & y < 0 \end{cases}$;

(2) $F_X(x) = \dfrac{1}{2} + \dfrac{1}{\pi}\arctan x \quad -\infty < x < +\infty$, $F_Y(y) = \begin{cases} 1-e^{-y}, & y \geqslant 0 \\ 0, & y < 0 \end{cases}$

3. $A = \dfrac{1}{\pi^2}, B = C = \dfrac{\pi}{2}, F_X(x) = \dfrac{1}{2} + \dfrac{1}{\pi}\arctan\dfrac{x}{2}, -\infty < x < +\infty$,

$F_Y(y) = \dfrac{1}{2} + \dfrac{1}{\pi}\arctan\dfrac{y}{2}, -\infty < y < +\infty, \dfrac{1}{4}$

习题 3－2

1. $k = \dfrac{1}{6}, \dfrac{1}{2}$

2. (1) $\dfrac{1}{4}$; (2) $\dfrac{5}{16}, \dfrac{9}{16}$

3.

X＼Y	1	2	$p_i.$
1	0	$\dfrac{1}{3}$	$\dfrac{1}{3}$
2	$\dfrac{1}{3}$	$\dfrac{1}{3}$	$\dfrac{2}{3}$
$p._j$	$\dfrac{1}{3}$	$\dfrac{2}{3}$	1

4.

X \ Y	1	3	$p_i.$
0	0	$\frac{1}{8}$	$\frac{1}{8}$
1	$\frac{3}{8}$	0	$\frac{3}{8}$
2	$\frac{3}{8}$	0	$\frac{3}{8}$
3	0	$\frac{1}{8}$	$\frac{1}{8}$
$p._j$	$\frac{3}{4}$	$\frac{1}{4}$	1

习题 3-3

1. $\frac{65}{72}$

2. $\frac{1}{8}$, $\frac{3}{8}$, $\frac{2}{3}$

3. $F(x, y) = \begin{cases} 0, & x < 0 \text{ 或 } y < 0 \\ x^2, & 0 \leqslant x \leqslant 1, y > 1 \\ x^2 y^2, & 0 \leqslant x \leqslant 1, 0 \leqslant y \leqslant 1 \\ y^2, & x > 1, 0 \leqslant y \leqslant 1 \\ 1, & x > 1, y > 1 \end{cases}$

4. $k = \frac{1}{2}$ $\quad p_X(x) = \begin{cases} \frac{1}{2}(\sin x + \cos x), & 0 < x < \frac{\pi}{2} \\ 0, & \text{其他} \end{cases}$;

$p_Y(y) = \begin{cases} \frac{1}{2}(\sin y + \cos y), & 0 < y < \frac{\pi}{2} \\ 0, & \text{其他} \end{cases}$

5. $k = \frac{1}{\pi^2}$, $p_X(x) = \frac{1}{\pi(1 + x^2)}$, $-\infty < x < +\infty$; $p_Y(y) = \frac{1}{\pi(1 + y^2)}$, $-\infty < y < +\infty$

习题 3-4

1.

$Y \mid X = 0$	2	3
p	0.2	0.8

$X \mid Y = 3$	0	1
p	$\frac{2}{3}$	$\frac{1}{3}$

2.

$Y\|X=1$	0	1	2
p	0.4	0.6	0

$X\|Y=1$	0	1
p	0.625	0.375

3.

$X\|Y=3$	1	2	3
p	$\dfrac{1}{2}$	$\dfrac{1}{2}$	0

4. $0<y<1$ 时，$p_{X\|Y}(x\mid y)=\begin{cases}\dfrac{2x}{1-y^2}, & 0<y<x<1 \\[2mm] 0, & \text{其他}\end{cases}$；

$0<x<1$ 时，$p_{Y\|X}(y\mid x)=\begin{cases}\dfrac{1}{x}, & 0<y<x<1 \\[2mm] 0, & \text{其他}\end{cases}$

5. $x>0$ 时，$p_{Y\|X}(y\mid x)=\begin{cases}\dfrac{1}{x}, & 0<y<x; \\[2mm] 0, & \text{其他。}\end{cases}$

$y>0$ 时，$p_{X\|Y}(x\mid y)=\begin{cases}\mathrm{e}^{y-x}, & 0<y<x; \\[2mm] 0, & \text{其他。}\end{cases}$

6.

X	0	1
p	0.7	0.3

Y	0	1
p	0.7	0.3

x 与 y 不相互独立

7.

X \\ Y	-2	-1	0	$\dfrac{1}{2}$
$-\dfrac{1}{2}$	$\dfrac{1}{8}$	$\dfrac{1}{6}$	$\dfrac{1}{24}$	$\dfrac{1}{6}$
1	$\dfrac{1}{16}$	$\dfrac{1}{12}$	$\dfrac{1}{48}$	$\dfrac{1}{12}$
3	$\dfrac{1}{16}$	$\dfrac{1}{12}$	$\dfrac{1}{48}$	$\dfrac{1}{12}$

$;\ \dfrac{1}{16},\ \dfrac{3}{4}$

8. $p_X(x)=\begin{cases}2x\mathrm{e}^{-x^2}, & x\geqslant 0 \\[2mm] 0, & x<0\end{cases}$,

$p_Y(y)=\begin{cases}2y\mathrm{e}^{-y^2}, & y\geqslant 0 \\[2mm] 0, & y<0\end{cases}$，$X$ 与 Y 相互独立。

9. $p(x, y) = \begin{cases} \dfrac{1}{2}e^{-\frac{y}{2}}, & 0 \leqslant x \leqslant 1, \ y \geqslant 0 \\ \\ 0, & \text{其他} \end{cases}$

10. 能及时赶上火车的概率为 $\dfrac{1}{3}$

习题 3－5

1.

M	0	1	2
p	0.125	0.625	0.25

N	0	1
p	0.5	0.5

Z	0	1	2	3
p	0.125	0.375	0.25	0.25

2.

M	1	2	3
p	$\dfrac{1}{3}$	$\dfrac{1}{2}$	$\dfrac{1}{6}$

N	1	2
p	$\dfrac{5}{6}$	$\dfrac{1}{6}$

Z	2	3	4	5
p	$\dfrac{1}{3}$	$\dfrac{7}{18}$	$\dfrac{2}{9}$	$\dfrac{1}{18}$

3. $P\{Z = k\} = \dfrac{k-1}{z^k}$, $k = 2, 3, \cdots$

4. $p_Z(z) = \begin{cases} \dfrac{1}{2}e^{-\frac{z}{2}}, & z > 0; \\ \\ 0, & z \leqslant 0。 \end{cases}$

5. $p_Z(z) = \begin{cases} ze^{-z}, & z > 0; \\ 0, & z \leqslant 0。 \end{cases}$

6. $p_Z(z) = \begin{cases} 1 - \dfrac{1}{2}z, & 0 < z < 2; \\ \\ 0, & \text{其他。} \end{cases}$

7. $p_Z(z) = \begin{cases} z, & 0 < z \leqslant 1; \\ 2 - z, & 1 < z < 2; \\ 0, & \text{其他。} \end{cases}$

8. $p_Z(z) = \begin{cases} 1 - e^{-z}, & 0 \leqslant z < 1; \\ (e-1)e^{-z}, & z \geqslant 1; \\ 0, & \text{其他。} \end{cases}$

9. $F_M(z) = \begin{cases} 1 - \left(\dfrac{1}{2}z^2 + z + 1\right)e^{-z}, & z > 0; \\ 0, & z \leqslant 0。 \end{cases}$ $\qquad F_N(z) = \begin{cases} 1 - (z+1)e^{-z}, & z > 0; \\ 0, & z \leqslant 0。 \end{cases}$

10. $F_M(z) = \begin{cases} (1 - e^{-\frac{z^2}{2}})^2, & z > 0; \\ 0, & z \leqslant 0。 \end{cases}$ $\qquad P\{\max(X, Y) > 4\} = 1 - (1 - e^{-8})^2$

复 习 题 三

1. (1) C; (2) C; (3) B

2. (1) 12; (2) $\dfrac{65}{72}$; (3) 0.093 75

3.

X	0	1
p	$\dfrac{5}{6}$	$\dfrac{1}{6}$

Y	0	1
p	$\dfrac{5}{6}$	$\dfrac{1}{6}$

4. $k=3$, $p_X(x) = \begin{cases} 3x^2, & 0 < x < 1; \\ 0, & \text{其他。} \end{cases}$ $\quad p_Y(y) = \begin{cases} \dfrac{3}{2}(1-y^2), & 0 < y < 1; \\ 0, & \text{其他。} \end{cases}$

5. $p_X(x) = \begin{cases} 2(x-1), & 0 < x < 1; \\ 0, & \text{其他。} \end{cases}$ $\quad p_Y(y) = \begin{cases} 4(1+2y), & -\dfrac{1}{2} < y < 0; \\ 0, & \text{其他。} \end{cases}$

X 与 Y 不相互独立。

6.

Z	-1	0	1	2
p	$\dfrac{3}{16}$	$\dfrac{7}{16}$	$\dfrac{5}{16}$	$\dfrac{1}{16}$

7. $p_Z(z) = \begin{cases} z\mathrm{e}^{-z}, & z > 0; \\ 0, & z \leqslant 0. \end{cases}$ $P\{1 < z \leqslant 2\} = 2\mathrm{e}^{-1} - 3\mathrm{e}^{-2}$。

8.

M	0	1
p	$\dfrac{1}{4}$	$\dfrac{3}{4}$

N	0	1
p	$\dfrac{3}{4}$	$\dfrac{1}{4}$

V	0	1
p	$\dfrac{3}{4}$	$\dfrac{1}{4}$

9. 当 $0 < y \leqslant 1$ 时 $P_{X|Y}(x \mid y) = \begin{cases} \dfrac{3}{2}x^2 y^{-\frac{3}{2}}, & -\sqrt{y} < x < \sqrt{y}; \\ 0, & \text{其他。} \end{cases}$

10. $p_X(x) = \begin{cases} \dfrac{15}{2}x^2(1-x^2), & 0 < x < 1; \\ 0, & \text{其他。} \end{cases}$

275

第四章

习题 4 - 1

1. 1. 2

2. 0. 4

3. 44. 64

4. $k = 3, a = 2$

5. 2

6. $300e^{-\frac{1}{4}} - 200 \approx 33. 64$

7. $-0. 2, 2. 8, 13. 4$

8. $0, \dfrac{\pi^2}{3}$

9. $3, \dfrac{1}{3}$

10. $\dfrac{\pi}{24}(a+b)(a^2+b^2)$

11. $\dfrac{3}{2}, \dfrac{3}{2}, \dfrac{9}{4}$

12. 4

13. 2

习题 4 - 2

1. 0. 299 8, 0. 318 7

2. 1 000(g), 100(g)

3. $E(X) = \displaystyle\sum_{i=1}^{n} p_i, D(X) = \sum_{i=1}^{y} p_i(1-p_i)$

4. $\dfrac{2}{3}, \dfrac{1}{18}$

5. $0, \dfrac{3}{5}$

6. 0, 2

7. $\sqrt{\dfrac{\pi}{2}}$，$2-\dfrac{\pi}{2}$

8. 27

9. 7，37.25

习题 4－3

1. －105

2. 0，0

3. $-\dfrac{221}{275}$

4. 0，不相互独立

5. $-\dfrac{1}{9}$，$-\dfrac{1}{2}$

6. 0

7. 0

8. 85，37

习题 4－4

1. $\varepsilon=1$，$\dfrac{D(X)}{\varepsilon^2}=\dfrac{35}{12}>\dfrac{2}{3}=P\{\,|\,X-E(X)\,|\geqslant 1\}$

$\varepsilon=2$，$\dfrac{D(X)}{\varepsilon^2}=\dfrac{35}{48}>\dfrac{1}{3}=P\{\,|\,X-E(X)\,|\geqslant 2\}$

2. (1) 0.709；(2) 0.875

3. 0.003 5

4. 0.471 4

5. 0.211 9

6. 0.982 6

7. 0.712 3

8. 0.952 5

9. 643

10. 147

11. 0.832 4

复习题四

1. (1) A；(2) D；(3) B；(4) C

2. (1) -3, 12；(2) 1；(3) -2, 2；(4) 61

3. 1.2

4. 0.8n, 0.36n

5. $\dfrac{3}{4}$, $\dfrac{3}{80}$

6. $\dfrac{2}{3}$, $\dfrac{1}{45}$

7. $\dfrac{5}{6}$, $\dfrac{5}{8}$, $\dfrac{5}{252}$, $\dfrac{17}{448}$, $\sqrt{\dfrac{5}{17}}$

8. $\dfrac{5\sqrt{13}}{26}$

9. 最少进货量为 21 件。

10. 设需掷 n 次，$n \geqslant 250$，$n \geqslant 68$

11. 应设置至少 537 个座位。

12. (1) $\varepsilon = 0.0124$；(2) 在 925 粒与 1 075 粒之间

第五章

习题 5-1

1. (1)、(3)是，(2)、(4)不是。

2. (1) $\bar{x} = 19.9$，$s^2 = 1.4333$；(2) $x = 67.5$，$s^2 = 44$

3. $p(x_1, x_2, \cdots, x_n) = \lambda^{\sum\limits_{i=1}^{n} x_i} (\prod\limits_{i=1}^{n} x_i!)^{-1} \mathrm{e}^{-n\lambda}$，$x_i = 0, 1, 2, \cdots$，

$D(\overline{X}) = \dfrac{\lambda}{n}$。

4. $p(x_1, x_2, \cdots, x_n) = (\sqrt{2\pi}\sigma)^{-n} \exp\left\{-\dfrac{1}{2\sigma^2} \sum\limits_{i=1}^{n} (x_i - \mu)^2\right\}$，$(\exp A = \mathrm{e}^A)$

$$-\infty < x_1,\ x_2,\ \cdots,\ x_n < +\infty,\ E(\overline{X}) = \mu,\ D(\overline{X}) = \dfrac{\sigma^2}{n}$$

习题 5－2

1.

分组编号	1	2	3	4	5
组限	[2 400, 2 700)	[2 700, 3 000)	[3 000, 3 300)	[3 300, 3 600)	[3 600, 3 900)
组中值	2 550	2 850	31 500	3 450	3 750
组频数	2	3	8	5	2
组频率(%)	10	15	40	25	10

图略

2. $F_5(x) = \begin{cases} 0, & x < 4.60; \\ 0.2, & 4.60 \leqslant x < 5.40; \\ 0.6, & 5.40 \leqslant x < 5.80; \\ 0.8, & 5.80 \leqslant x < 6.60; \\ 1, & x \geqslant 6.60. \end{cases}$

3. $F_{100}(x) = \begin{cases} 0, & x < 0; \\ 0.20, & 2 \leqslant x < 3; \\ 0.50, & 3 \leqslant x < 4; \\ 0.60, & 4 \leqslant x < 5; \\ 0.85, & 5 \leqslant x < 6; \\ 1, & x \geqslant 6. \end{cases}$

习题 5－3

1. (1) -1.06, -2.58, 3.08, 0.67; (2) 14.449, $74.282\ 3$, 5.226, 7.015;
   (3) $-2.131\ 4$, 2.998, $-1.708\ 1$, $1.372\ 2$; (4) $0.333\ 3$, 0.25, 2.39,
   2.28。

2. (1) 2.33; (2) -2.05。

3. (1) 20.090; (2) 17.535; (3) 4.601; (4) 5.229。

4. (1) $1.475\ 9$; (2) $-0.726\ 7$。

5. (1) 0.067 9; (2) 0.543 5。

6. 略

7. 略

习题 5 - 4

1. 略

2. 略

3. (1) 0.025; (2) $k = 5.206\ 2$。

4. $k = -0.436\ 5$

5. (1) 0.10; (2) 0.25。

6. (1) 0.894 4; (2) 0.85。

复习题五

1. (1) D; (2) B; (3) D。

2. (1) 0.1; (2) $F(8,\ 15)$; (3) $k = 6\sqrt{2}$, $n = 8$

3. $p(x_1, x_2, \cdots, x_n) = \begin{cases} \dfrac{1}{c^n}, & 0 \leqslant x_i \leqslant c,\ i = 1,\ 2,\ \cdots,\ n; \\ 0, & \text{其他}。 \end{cases}$

4. $\bar{x} = 20.25$, $s^2 = 1.165$, $b_2 = 1.048\ 5$

5. $F_{20}(x) = \begin{cases} 0, & x < 4; \\ 0.1, & 4 \leqslant x < 6; \\ 0.3, & 6 \leqslant x < 7; \\ 0.75, & 7 \leqslant x < 9; \\ 0.9, & 9 \leqslant x < 10; \\ 1, & x \geqslant 10。 \end{cases}$

6. 0.829 3

7. $n \geqslant 14$

8. 0.99

9. 0.10

10. 略

11. (1) 20.090 2; (2) 1.635 4; (3) 2.821 4; (4) $-0.726\ 7$; (5) 6.06; (6) 0.098 4; (7) 0.67; (8) -2.33。

第六章

习题 6－1

1. $\hat{\theta} = \left(\dfrac{\overline{X}}{1 - \overline{X}} \right)^2$

2. $\hat{\theta} = \overline{X}$

3. $\hat{\theta} = -\dfrac{n}{\sum\limits_{i=1}^{n} \ln X_i}$

4. $\hat{p} = \dfrac{1}{\overline{X}}$

5. $\hat{\alpha} = -1 - \dfrac{n}{\sum\limits_{i=1}^{n} \ln X_i}$

6. (1) 略；(2) $D(\hat{\mu}_3) < D(\hat{\mu}_1) < D(\hat{\mu}_2)$，$\hat{\mu}_3$ 比 $\hat{\mu}_1$，$\hat{\mu}_2$ 有效

习题 6－2

1. (14.825 4，15.294 6)

2. (432.306 1，482.693 9)

3. (1) (1 256.370 4，1 261.629 6)；(2) (1 244.180 3，1 273.819 7)

4. (1) (2.083 7，2.166 3)；(2) (2.117 5，2.132 5)

5. (35.83，252.44)

6. (1.403 3，2.175 5)

7. 6.356 1

8. 1 154.348

9. 至少 69 249.45 公斤

习题 6－3

1. (109.32，140.68)

2. (−1.668 6，7.668 6)

3. (−0.002 1，0.006 2)

4. $(-3.5911, 9.5911)$

5. $(0.4475, 2.7903)$

6. $(0.2217, 3.6008)$

复习题六

1. (1) A；(2) B

2. (1) 1.237，14.449；(2) $\hat{\mu}_1$ 比 $\hat{\mu}_2$ 有效

3. $\hat{a} = \overline{X} - \dfrac{3S^2}{\overline{X}}$，$\hat{b} = \dfrac{3S^2}{\overline{X}} + \overline{X}$

4. $\hat{\theta} = \overline{X}$

5. $\hat{\theta} = \overline{X} - \dfrac{1}{2}$，是无偏估计

6. $(4,412, 5.588)$

7. $(47.1383, 49.6617)$；(2) $(1.5665, 11.037)$

8. 1 064.901 6

9. $(-0.6320, 3.4320)$

10. $(0.298, 2.8262)$

第七章

习题 7-1

1. 略

2. 略

3. 略

习题 7-2

1. $|u| = 3.5355 > 1.96 = u_{0.025}$，拒绝 $H_0: \mu = 6.6$

2. $|u| = 1.0374 < 1.96 = u_{0.025}$，接受 $H_0: \mu = 4.51$

3. $|t| = 2.9948 > 2.5706 = t_{0.025}(5)$，拒绝 $H_0: \mu = 3.250$

4. $|t| = 3.3072 > 2.0518 = t_{0.025}(27)$，拒绝 $H_0: \mu = 85$

5. $\chi^2_{0.975}(24) = 12.4012 < \chi^2 = 19.4291 < 39.3641 = \chi^2_{0.025}(24)$，接受 H_0：

$\sigma^2 = 500$

6. $\chi^2_{0.95}(14) = 6.570\,6 > \chi^2 = 5.04$，拒绝 $H_0 : \sigma^2 = 0.05^2$

7. $|t| = 1.225\,9 < t_{0.005}(13) = 3.012\,3$，接受 $H_0 : \mu = 500$。

$\chi^2 = 16.046 < 27.688\,2 = \chi^2_{0.01}(13)$，接受 $H_0 : \sigma^2 \leqslant 100$

8. $t = -3.371\,7 < 2.134\,8 = t_{0.05}(4)$，接受 $H_0 : \mu \leqslant 1\,277$

9. $\chi^2 = 15.68 > \chi^2_{0.05}(8) = 15.507\,3$，拒绝 $H_0 : \sigma^2 \leqslant 0.005^2$

10. $t = -1.161\,9 > -t_{0.05}(5) = -2.015$，接受 $H_0 : \mu \geqslant 21.5$

习题 7 - 3

1. $|u| = 2.882\,9 > 1.96 = u_{0.025}$，拒绝 $H_0 : \mu_1 = \mu_2$

2. $|u| = 3.947 > 1.96 = u_{0.025}$，拒绝 $H_0 : \mu_1 = \mu_2$

3. $|t| = 2.245\,3 < 2.364\,6 = t_{0.025}(7)$，接受 $H_0 : \mu_1 = \mu_2$

4. $|t| = 1.590\,8 < 2.733 = t_{0.005}(33)$，接受 $H_0 : \mu_1 = \mu_2$

5. $t = 2.677\,1 > 1.77 = t_{0.05}(13)$，拒绝 $H_0 : \mu_1 \leqslant \mu_2$

6. $F_{0.975}(5, 8) = 0.147\,9$，$F_{0.025}(5, 8) = 4.82$，$F = 0.966\,4$，接受 $H_0 : \sigma_1^2 = \sigma_2^2$

7. $F_{0.025}(9, 7) = 4.82$，$F_{0.975}(9, 7) = 0.238\,1$，$F = 5.662\,9$，拒绝 $H_0 : \sigma_1^2 = \sigma_2^2$

8. $F = 15.9 > F_{0.05}(6, 5) = 4.95$，拒绝 $H_0 : \sigma_1^2 \leqslant \sigma_2^2$

9. $F_{0.975}(5, 5) = 0.139\,9$，$F_{0.025}(5, 5) = 7.15$，$F = 0.953$，接受 $H_0 : \sigma_1^2 = \sigma_2^2$，$|t| = 1.124\,6 < t_{0.025}(10) = 2.228\,1$，接受 $H_0 : \mu_1 = \mu_2$，两总体均值无显著差异

习题 7 - 4

1. $\chi^2 = 4 > 3.84 = \chi^2_{0.05}(1)$，不是匀称的

2. $\hat{p} = 0.1$，$A_i = \{X = i\}$，$i = 0, 1, \cdots, 5$，$A_6 = \{X \geqslant 6\}$，$\chi^2 = 5.973\,1 < \chi^2_{0.05}(5) = 9.488$，$X$ 服从二项分布

3. $\hat{\lambda} = 2$，$A_i = \{X = i\}$，$i = 0, 1, \cdots, 5$，$A_6 = \{X \geqslant 6\}$，$\chi^2 = 0.422\,9 < \chi^2_{0.05}(5) = 11.1$，服从泊松分布

4. $\hat{\lambda} = 1$，$A_i = \{X = i\}$，$i = 0, 1, \cdots, 6$，$A_7 = \{X \geqslant 7\}$，$\chi^2 = 1.459\,6 < \chi^2_{0.05}(2) = 5.991$，服从泊松分布

5. $\hat{\mu} = 1.41$，$\hat{\sigma}^2 = 0.30^2$，将前 2 组、后 2 组合并成一组，$\chi^2 = 9.756\,9$，$\chi^2_{0.01}(7) = 18.48$，服从正态分布

复习题七

1. (1) C; (2) B; (3) D

2. (1) $\chi^2 = \dfrac{(n-1)S^2}{\sigma_0^2}$; (2) $F = \dfrac{S_1^2}{S_2^2}$; (3) $U = \dfrac{\overline{X} - \mu_0}{\sigma/\sqrt{n}}$, $T = \dfrac{\overline{X} - \mu_0}{s/\sqrt{n}}$

3. $u_{0.025} = 1.96 < |u| = 3.944\,2$, 拒绝 $H_0 : \mu = 32.50$

4. $t_{0.025}(4) = 2.776\,4 < |t| = 3.371\,7$, 拒绝 $H_0 : \mu = 1\,277$

5. $\chi_{0.975}^2(11) = 3.816$, $\chi_{0.025}^2(11) = 21.920$, $\chi^2 = 12.78$, 接受 $H_0 : \sigma^2 = 100$

6. $t = -1.936\,5 > -2.015 = -t_{0.05}(5)$, 接受 $H_0 : \mu \geqslant 22.5$

7. $\chi^2 = 10.735\,1 > 10.117 = \chi_{0.95}^2(19)$, 接受 $H_0 : \sigma^2 \geqslant 6^2$

8. $|t| = 1.277\,2 < t_{0.025}(423) \sim u_{0.025} = 1.96$, 接受 $H_0 : \mu_1 = \mu_2$

9. $F = 3.571\,4 > 3.39 = F_{0.05}(9, 8)$, 拒绝 $H_0 : \sigma_1^2 = \sigma_2^2$

10. $F = 1.239\,1$, $F_{0.025}(8, 17) = 2.55$, $F_{0.975}(8, 17) = 0.311$, 接受 $H_0 : \sigma_1^2 = \sigma_2^2$; $|t| = 0.745\,5 < 2.06 = t_{0.025}(25)$, 接受 $H_0 : \mu_1 = \mu_2$

11. $A_i = \{$出现第 i 点$\}$, $i = 1, 2, \cdots, 6$, $\chi^2 = 4.8$, $\chi_{0.05}^2(5) = 11.071$, 骰子是均匀、对称的

12. $\hat{\lambda} = 0.691\,2$, $A_i = \{X = i\}$, $i = 0, 1, 2$, $A_3 = \{X \geqslant 3\}$, $\chi^2 = 2.398\,2$, $\chi_{0.05}^2(2) = 5.991$, 服从泊松分布

第八章

习题 8-1

1. $F = 17.07 > F_{0.05}(2, 12) = 3.89$, 有显著差异

2. $F = 40.885 > F_{0.05}(4, 15) = 3.06$, 有显著差异

3. $F = 15.025 > F_{0.01}(3, 16) = 5.29$, 有显著差异

4. $F = 4.372 > F_{0.05}(2, 15) = 3.68$, 有显著差异

5. $F = 11.120\,5 > F_{0.05}(5, 25) = 2.6$, 有显著差异

习题 8-2

1. $F_A = 23.04 > F_{A0.01}(3, 6) = 9.78$, $F_B = 33.31 > F_{B0.01}(2, 6) = 10.92$, 两

者对钢的冲击值均有显著影响

2. $F_A^* = 6.331\,8 > F_{A0.01}(2, 6) = 5.53$，$F_B = 114.611\,2 > F_{B0.01}(3, 6) = 4.64$，两者对纱支强度均有显著影响

3. $F_A = 0.430\,6 < F_{A0.05}(3, 6) = 4.76$，$F_B = 0.917\,4 < F_{B0.05}(2, 6) = 5.14$，两者对火箭射程均无显著影响

4. $F_A = 4.09 > F_{A0.05}(2, 12) = 3.89$，$F_B = 0.708 < F_{B0.05}(3, 12) = 3.49$，$F_{AB} = 0.831\,2 < F_{AB0.05}(6, 12) = 3$，只有浓度有显著影响，其余均无显著影响

习题 8 - 3

1. (1) 略；(2) $\hat{d} = 6.504 - 1.595\,2p$

2. $\hat{y} = 77.363\,7 - 1.818\,2x$

3. (1) $\hat{y} = 20 + 15x$，线性相关关系显著；(2) (70.64, 119.36)

4. (1) $\hat{y} = -1.479\,6 + 0.292x$；(2) 线性相关关系显著；(3) (3.787\,5, 4.933\,3)；(4) (20.228\,4, 20.385\,3)

5. $\hat{y} = 17.505\,9 + \dfrac{3.796\,8}{x}$

6. $\hat{u} = e^{4.6163 - 0.31309x} = 101.119\,2 \times e^{-0.3131x}$

复习题八

1. (1) C；(2) D

2. (1) $F_A = \dfrac{(n-1)S_A}{S_E}$，$F_B = \dfrac{(m-1)S_B}{S_E}$；(2) $\hat{y} = -60.132\,6 + 2.068\,8x$

3. $F = 2.149\,4 < F_{0.05}(3, 22) = 3.05$，无显著影响

4. $F_A = 9.318\,2 > F_{A0.05}(2, 6) = 5.14$，$F_B = 1.899\,2 < F_{B0.05}(3, 6) = 4.76$，饲料对体重有显著影响，品种对体重无显著影响

5. $F_A = 0.532\,3 < F_{A0.05}(3, 24) = 3.01$，$F_B = 7.887\,1 > F_{B0.05}(2, 24) = 3.40$，$F_{AB} = 7.112\,9 > F_{AB0.05}(6, 24) = 2.51$，不同机器对产量无显著影响，其余对产量有显著影响

6. (1) $\hat{y} = 13.962\,3 + 12.542\,1x$，线性相关关系显著；(2) (20.819, 22.156)

7. $\hat{y} = 3.978\,9 \times 1.340\,8^x$，$\hat{a} = 3.978\,9$，$\hat{b} = 1.340\,8$

286

附录三　附表

附表 1　泊松分布表　$F(x) = P\{X \leq x\} = \sum_{k=0}^{x} \dfrac{\lambda^k}{k!} e^{-\lambda}$

x \ λ	0.1	0.2	0.3	0.4	0.5	0.6	0.7	0.8	0.9	1.0	1.5	2.0	2.5	3.0
0	0.9048	0.8187	0.7408	0.6703	0.6065	0.5488	0.4966	0.4493	0.4066	0.3679	0.2231	0.1353	0.0821	0.0498
1	0.9953	0.9825	0.9631	0.9384	0.9098	0.8781	0.8442	0.8088	0.7725	0.7358	0.5578	0.4060	0.2873	0.1991
2	0.9998	0.9989	0.9964	0.9921	0.9856	0.9769	0.9659	0.9526	0.9371	0.9197	0.8088	0.6767	0.5438	0.4232
3	1.0000	0.9999	0.9997	0.9992	0.9982	0.9966	0.9942	0.9909	0.9865	0.9810	0.9344	0.8571	0.7576	0.6472
4		1.0000	0.9999	0.9999	0.9998	0.9996	0.9992	0.9986	0.9977	0.9963	0.9814	0.9473	0.8912	0.8153
5			1.0000	1.0000	0.9998	0.9999	0.9999	0.9998	0.9997	0.9994	0.9955	0.9834	0.9580	0.9161
6					1.0000	1.0000	1.0000	0.9999	1.0000	0.9999	0.9991	0.9955	0.9858	0.9665
7								1.0000		1.0000	0.9998	0.9989	0.9958	0.9881
8											1.0000	0.9998	0.9989	0.9962
9												1.0000	0.9997	0.9989
10													0.9999	0.9997
11													1.0000	0.9999
12														1.0000

x＼λ	3.5	4.0	4.5	5.0	5.5	6.0	6.5	7.0	7.5	8.0	8.5	9.0	9.5	10.0
0	0.0302	0.0183	0.0111	0.0067	0.0041	0.0025	0.0015	0.0009	0.0006	0.0003	0.0002	0.0001	0.0001	0.0000
1	0.1359	0.0916	0.0611	0.0404	0.0266	0.0174	0.0113	0.0073	0.0047	0.0030	0.0019	0.0012	0.0008	0.0005
2	0.3208	0.2381	0.1736	0.1247	0.0884	0.0620	0.0430	0.0296	0.0203	0.0138	0.0093	0.0062	0.0042	0.0028
3	0.5366	0.4335	0.3423	0.2650	0.2017	0.1512	0.1118	0.0818	0.0591	0.0424	0.0301	0.0212	0.0149	0.0103
4	0.7254	0.6288	0.5321	0.4405	0.3575	0.2851	0.2237	0.1730	0.1321	0.0996	0.0744	0.0550	0.0403	0.0293
5	0.8576	0.7851	0.7029	0.6160	0.5289	0.4457	0.3690	0.3007	0.2414	0.1912	0.1496	0.1157	0.0885	0.0671
6	0.9347	0.8893	0.8311	0.7622	0.6860	0.6063	0.5265	0.4497	0.3782	0.3134	0.2562	0.2068	0.1649	0.1301
7	0.9733	0.9489	0.9134	0.8666	0.8095	0.7440	0.6728	0.5987	0.5246	0.4530	0.3856	0.3239	0.2687	0.2202
8	0.9901	0.9786	0.9597	0.9319	0.8944	0.8472	0.7916	0.7291	0.6620	0.5925	0.5231	0.4557	0.3918	0.3328
9	0.9967	0.9919	0.9829	0.9682	0.9462	0.9161	0.8774	0.8305	0.7764	0.7166	0.6530	0.5874	0.5218	0.4579
10	0.9990	0.9972	0.9933	0.9863	0.9747	0.9574	0.9332	0.9015	0.8622	0.8159	0.7634	0.7060	0.6453	0.5830
11	0.9997	0.9991	0.9976	0.9945	0.9890	0.9799	0.9661	0.9467	0.9208	0.8881	0.8487	0.8030	0.7520	0.6968
12	0.9999	0.9997	0.9992	0.9980	0.9955	0.9912	0.9840	0.9730	0.9573	0.9362	0.9091	0.8758	0.8364	0.7916
13	1.0000	0.9999	0.9997	0.9993	0.9983	0.9964	0.9929	0.9872	0.9784	0.9658	0.9486	0.9261	0.8981	0.8645
14		1.0000	0.9999	0.9998	0.9994	0.9986	0.9970	0.9943	0.9897	0.9827	0.9726	0.9585	0.9400	0.9165
15			1.0000	0.9999	0.9998	0.9995	0.9988	0.9976	0.9954	0.9918	0.9862	0.9780	0.9665	0.9513
16				1.0000	0.9999	0.9998	0.9996	0.9990	0.9980	0.9963	0.9934	0.9889	0.9823	0.9730
17					1.0000	0.9999	0.9998	0.9996	0.9992	0.9984	0.9970	0.9947	0.9911	0.9857
18						1.0000	0.9999	0.9999	0.9997	0.9993	0.9987	0.9976	0.9957	0.9928
19							1.0000	1.0000	0.9999	0.9997	0.9995	0.9989	0.9980	0.9965
20									1.0000	0.9999	0.9998	0.9996	0.9991	0.9984
21										1.0000	0.9999	0.9998	0.9996	0.9993
22											1.0000	0.9999	0.9999	0.9997
23												1.0000	0.9999	0.9999

附表 2 标准正态分布表

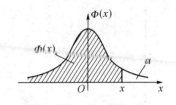

$$\Phi(x) = \frac{1}{\sqrt{2\pi}} \int_{-\infty}^{x} e^{-\frac{t^2}{2}} \mathrm{d}t = P\{X \leqslant x\} = 1 - \alpha$$

x	0.00	0.01	0.02	0.03	0.04	0.05	0.06	0.07	0.08	0.09
0.0	0.500 0	0.504 0	0.508 0	0.512 0	0.516 0	0.519 9	0.523 9	0.527 9	0.531 9	0.535 9
0.1	0.539 8	0.543 8	0.547 8	0.551 7	0.555 7	0.559 6	0.563 6	0.567 5	0.571 4	0.575 3
0.2	0.579 3	0.583 2	0.587 1	0.591 0	0.594 8	0.598 7	0.602 6	0.606 4	0.610 3	0.614 1
0.3	0.617 9	0.621 7	0.625 5	0.629 3	0.633 1	0.636 8	0.640 6	0.644 3	0.648 0	0.651 7
0.4	0.655 4	0.659 1	0.662 8	0.666 4	0.670 0	0.673 6	0.677 2	0.680 8	0.684 4	0.687 9
0.5	0.691 5	0.695 0	0.698 5	0.701 9	0.705 4	0.708 8	0.712 3	0.715 7	0.719 0	0.722 4
0.6	0.725 7	0.729 1	0.732 4	0.735 7	0.738 9	0.742 2	0.745 4	0.748 6	0.751 7	0.754 9
0.7	0.758 0	0.761 1	0.764 2	0.767 3	0.770 4	0.773 4	0.776 4	0.779 4	0.782 3	0.785 2
0.8	0.788 1	0.791 0	0.793 9	0.796 7	0.799 5	0.802 3	0.805 1	0.807 8	0.810 6	0.813 3
0.9	0.815 9	0.818 6	0.821 2	0.823 8	0.826 4	0.828 9	0.831 5	0.834 0	0.836 5	0.838 9
1.0	0.841 3	0.843 8	0.846 1	0.848 5	0.850 8	0.853 1	0.855 4	0.857 7	0.859 9	0.862 1
1.1	0.864 3	0.866 5	0.868 6	0.870 8	0.872 9	0.874 9	0.877 0	0.879 0	0.881 0	0.883 0
1.2	0.884 9	0.886 9	0.888 8	0.890 7	0.892 5	0.894 4	0.896 2	0.898 0	0.899 7	0.901 5
1.3	0.903 2	0.904 9	0.906 6	0.908 2	0.909 9	0.911 5	0.913 1	0.914 7	0.916 2	0.917 7
1.4	0.919 2	0.920 7	0.922 2	0.923 6	0.925 1	0.926 5	0.927 8	0.929 2	0.930 6	0.931 9
1.5	0.933 2	0.934 5	0.935 7	0.937 0	0.938 2	0.939 4	0.940 6	0.941 8	0.943 0	0.944 1
1.6	0.945 2	0.946 3	0.947 4	0.948 4	0.949 5	0.950 5	0.951 5	0.952 5	0.953 5	0.954 5
1.7	0.955 4	0.956 4	0.957 3	0.958 2	0.959 1	0.959 9	0.960 8	0.961 6	0.962 5	0.963 3
1.8	0.964 1	0.964 9	0.965 6	0.966 4	0.967 1	0.967 8	0.968 6	0.969 3	0.970 0	0.970 6
1.9	0.971 3	0.971 9	0.972 6	0.973 2	0.973 8	0.974 4	0.975 0	0.975 6	0.976 2	0.976 7
2.0	0.977 2	0.977 8	0.978 3	0.978 8	0.979 3	0.979 8	0.980 3	0.980 8	0.981 2	0.981 7
2.1	0.982 1	0.982 6	0.983 0	0.983 4	0.983 8	0.984 2	0.984 6	0.985 0	0.985 4	0.985 7
2.2	0.986 1	0.986 4	0.986 8	0.987 1	0.987 5	0.987 8	0.988 1	0.988 4	0.988 7	0.989 0
2.3	0.989 3	0.989 6	0.989 8	0.990 1	0.990 4	0.990 6	0.990 9	0.991 1	0.991 3	0.991 6
2.4	0.991 8	0.992 0	0.992 2	0.992 5	0.992 7	0.992 9	0.993 1	0.993 2	0.993 4	0.993 6
2.5	0.993 8	0.994 0	0.994 1	0.994 3	0.994 5	0.994 6	0.994 8	0.994 9	0.995 1	0.995 2
2.6	0.995 3	0.995 5	0.995 6	0.995 7	0.995 9	0.996 0	0.996 1	0.996 2	0.996 3	0.996 4
2.7	0.996 5	0.996 6	0.996 7	0.996 8	0.996 9	0.997 0	0.997 1	0.997 2	0.997 3	0.997 4
2.8	0.997 4	0.997 5	0.997 6	0.997 7	0.997 7	0.997 8	0.997 9	0.997 9	0.998 0	0.998 1
2.9	0.998 1	0.998 2	0.998 2	0.998 3	0.998 4	0.998 4	0.998 5	0.998 5	0.998 6	0.998 6
3.0	0.998 7	0.998 7	0.998 7	0.998 8	0.998 8	0.998 9	0.998 9	0.998 9	0.999 0	0.999 0
3.1	0.999 0	0.999 1	0.999 1	0.999 1	0.999 2	0.999 2	0.999 2	0.999 2	0.999 3	0.999 3
3.2	0.999 3	0.999 3	0.999 4	0.999 4	0.999 4	0.999 4	0.999 4	0.999 5	0.999 5	0.999 5
3.3	0.999 5	0.999 5	0.999 5	0.999 6	0.999 6	0.999 6	0.999 6	0.999 6	0.996 6	0.999 7
3.4	0.999 7	0.999 7	0.999 7	0.999 7	0.999 7	0.999 7	0.999 7	0.999 7	0.999 7	0.999 8
3.5	0.999 8	0.999 8	0.999 8	0.999 8	0.999 8	0.999 8	0.999 8	0.999 8	0.999 8	0.999 8
3.6	0.999 8	0.999 8	0.999 9	0.999 9	0.999 9	0.999 9	0.999 9	0.999 9	0.999 9	0.999 9
3.7	0.999 99	0.999 9	0.999 9	0.999 9	0.999 9	0.999 9	0.999 9	0.999 9	0.999 9	0.999 9

附表 3　t 分布表

$P\{t(n) > t_\alpha(n)\} = \alpha$

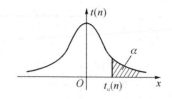

n	$\alpha=0.25$	$\alpha=0.2$	$\alpha=0.15$	$\alpha=0.1$	$\alpha=0.05$	$\alpha=0.025$	$\alpha=0.01$	$\alpha=0.005$
1	1.000 0	1.376 4	1.962 6	3.077 7	6.313 8	12.706 2	31.820 7	63.657 4
2	0.816 5	1.060 7	1.386 2	1.885 6	2.920 0	4.302 7	6.964 6	9.924 8
3	0.764 9	0.978 5	1.249 8	1.637 7	2.353 4	3.182 4	4.540 7	5.840 9
4	0.740 7	0.941 0	1.189 6	1.533 2	2.131 8	2.776 4	3.746 9	4.604 1
5	0.726 7	0.919 5	1.155 8	1.475 9	2.015 0	2.570 6	3.364 9	4.032 2
6	0.717 6	0.905 6	1.134 2	1.439 8	1.943 2	2.446 9	3.142 7	3.707 4
7	0.711 1	0.896 0	1.119 2	1.414 9	1.894 6	2.364 6	2.998 0	3.499 5
8	0.706 4	0.888 9	1.108 1	1.396 8	1.859 5	2.306 0	2.896 5	3.355 4
9	0.702 7	0.883 4	1.099 7	1.383 0	1.833 1	2.262 2	2.821 4	3.249 8
10	0.699 8	0.879 1	1.093 1	1.372 2	1.812 5	2.228 1	2.763 8	3.169 3
11	0.697 4	0.875 5	1.087 7	1.363 4	1.795 9	2.201 0	2.718 1	3.105 8
12	0.695 5	0.872 6	1.083 2	1.356 2	1.782 3	2.178 8	2.681 0	3.054 5
13	0.693 8	0.870 2	1.079 5	1.350 2	1.770 9	2.160 4	2.650 3	3.012 3
14	0.692 4	0.868 1	1.076 3	1.345 0	1.761 3	2.144 8	2.624 5	2.976 8
15	0.691 2	0.866 2	1.073 5	1.340 6	1.753 1	2.131 5	2.602 5	2.946 7
16	0.690 1	0.864 7	1.071 1	1.336 8	1.745 9	2.119 9	2.583 5	2.920 8
17	0.689 2	0.863 3	1.069 0	1.333 4	1.739 6	2.109 8	2.566 9	2.898 2
18	0.688 4	0.862 0	1.067 2	1.330 4	1.734 1	2.100 9	2.552 4	2.878 4
19	0.687 6	0.861 0	1.065 5	1.327 7	1.729 1	2.093 0	2.539 5	2.860 9
20	0.687 0	0.860 0	1.064 0	1.325 3	1.724 7	2.086 0	2.528 0	2.845 3
21	0.686 4	0.859 1	1.062 7	1.323 2	1.720 7	2.079 6	2.517 7	2.831 4
22	0.685 8	0.858 3	1.061 4	1.321 2	1.717 1	2.073 9	2.508 3	2.818 8
23	0.685 3	0.857 5	1.060 3	1.319 5	1.713 9	2.068 7	2.499 9	2.807 3
24	0.684 8	0.856 9	1.059 3	1.317 8	1.710 9	2.063 9	2.492 2	2.796 9
25	0.684 4	0.856 2	1.058 4	1.316 3	1.708 1	2.059 5	2.485 1	2.787 4
26	0.684 0	0.855 7	1.057 5	1.315 0	1.705 6	2.055 5	2.478 6	2.778 7
27	0.683 7	0.855 1	1.056 7	1.313 7	1.703 3	2.051 8	2.472 7	2.770 7

（续前表）

n	$\alpha=0.25$	$\alpha=0.2$	$\alpha=0.15$	$\alpha=0.1$	$\alpha=0.05$	$\alpha=0.025$	$\alpha=0.01$	$\alpha=0.005$
28	0.683 4	0.854 6	1.056 0	1.312 5	1.701 1	2.048 4	2.467 1	2.763 3
29	0.683 0	0.854 2	1.055 3	1.311 4	1.699 1	2.045 2	2.462 0	2.756 4
30	0.682 8	0.853 8	1.054 7	1.310 4	1.697 3	2.042 3	2.457 3	2.750 0
31	0.682 5	0.853 4	1.054 1	1.309 5	1.695 5	2.039 5	2.452 8	2.744 0
32	0.682 2	0.853 0	1.053 5	1.308 6	1.693 9	2.036 9	2.448 7	2.738 5
33	0.682 0	0.852 6	1.053 0	1.307 7	1.692 4	2.034 5	2.444 8	2.733 3
34	0.681 8	0.852 3	1.052 5	1.307 0	1.690 9	2.032 2	2.441 1	2.728 4
35	0.681 6	0.852 0	1.052 0	1.306 2	1.689 6	2.030 1	2.437 7	2.723 8
36	0.681 4	0.851 7	1.051 6	1.305 5	1.688 3	2.028 1	2.434 5	2.719 5
37	0.681 2	0.851 4	1.051 2	1.304 9	1.687 1	2.026 2	2.431 4	2.715 4
38	0.681 0	0.851 2	1.050 8	1.304 2	1.686 0	2.024 4	2.428 6	2.711 6
39	0.680 8	0.850 9	1.050 4	1.303 6	1.684 9	2.022 7	2.425 8	2.707 9
40	0.680 7	0.850 7	1.050 0	1.303 1	1.683 9	2.021 1	2.423 3	2.704 5
41	0.680 5	0.850 5	1.049 7	1.302 5	1.682 9	2.019 5	2.420 8	2.701 2
42	0.680 4	0.850 3	1.049 4	1.302 0	1.682 0	2.018 1	2.418 5	2.698 1
43	0.680 2	0.850 1	1.049 1	1.301 6	1.681 1	2.016 7	2.416 3	2.695 1
44	0.680 1	0.849 9	1.048 8	1.301 1	1.680 2	2.015 4	2.414 1	2.692 3
45	0.680 0	0.849 7	1.048 5	1.300 6	1.679 4	2.014 1	2.412 1	2.689 6
46	0.679 9	0.849 5	1.048 3	1.300 2	1.678 7	2.012 9	2.410 2	2.687 0
47	0.679 7	0.849 3	1.048 0	1.299 8	1.677 9	2.011 7	2.408 3	2.684 6
48	0.679 6	0.849 2	1.047 8	1.299 4	1.677 2	2.010 6	2.406 6	2.682 2
49	0.679 5	0.849 0	1.047 5	1.299 1	1.676 6	2.009 6	2.404 9	2.680 0
50	0.679 4	0.848 9	1.047 3	1.298 7	1.675 9	2.008 6	2.403 3	2.677 8

附表 4 χ^2 分布表

$$P\{\chi^2(n) > \chi_\alpha^2(n)\} = \alpha$$

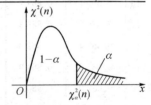

n \\ α	0.995	0.99	0.975	0.95	0.90	0.75
1	0.000 0	0.000 2	0.001 0	0.003 9	0.015 8	0.101 5
2	0.010 0	0.020 1	0.050 6	0.102 6	0.210 7	0.575 4
3	0.071 7	0.114 8	0.215 8	0.351 8	0.584 4	1.212 5
4	0.207 0	0.297 1	0.484 4	0.710 7	1.063 6	1.922 6
5	0.411 7	0.554 3	0.831 2	1.145 5	1.610 3	2.674 6
6	0.675 7	0.872 1	1.237 3	1.635 4	2.204 1	3.454 6

（续前表）

n＼α	0.995	0.99	0.975	0.95	0.90	0.75
7	0.989 3	1.239 0	1.689 9	2.167 3	2.833 1	4.254 9
8	1.344 4	1.646 5	2.179 7	2.732 6	3.489 5	5.070 6
9	1.734 9	2.087 9	2.700 4	3.325 1	4.168 2	5.898 8
10	2.155 9	2.558 2	3.247 0	3.940 3	4.865 2	6.737 2
11	2.603 2	3.053 5	3.815 7	4.574 8	5.577 8	7.584 1
12	3.073 8	3.570 6	4.403 8	5.226 0	6.303 8	8.438 4
13	3.565 0	4.106 9	5.008 8	5.891 9	7.041 5	9.299 1
14	4.074 7	4.660 4	5.628 7	6.570 6	7.789 5	10.165 3
15	4.600 9	5.229 3	6.262 1	7.260 9	8.546 8	11.036 5
16	5.142 2	5.812 2	6.907 7	7.961 6	9.312 2	11.912 2
17	5.697 2	6.407 8	7.564 2	8.671 8	10.085 2	12.791 9
18	6.264 8	7.014 9	8.230 7	9.390 5	10.864 9	13.675 3
19	6.844 0	7.632 7	8.906 5	10.117 0	11.650 9	14.562 0
20	7.433 8	8.260 4	9.590 8	10.850 8	12.442 6	15.451 8
21	8.033 7	8.897 2	10.282 9	11.591 3	13.239 6	16.344 4
22	8.642 7	9.542 5	10.982 3	12.338 0	14.041 5	17.239 6
23	9.260 4	10.195 7	11.688 6	13.090 5	14.848 0	18.137 3
24	9.886 2	10.856 4	12.401 2	13.848 4	15.658 7	19.037 3
25	10.519 7	11.524 0	13.119 7	14.611 4	16.473 4	19.939 3
26	11.160 2	12.198 1	13.843 9	15.379 2	17.291 9	20.843 4
27	11.807 6	12.878 5	14.573 4	16.151 4	18.113 9	21.749 4
28	12.461 3	13.564 7	15.307 9	16.927 9	18.939 2	22.657 2
29	13.121 1	14.256 5	16.047 1	17.708 4	19.767 7	23.566 6
30	13.786 7	14.953 5	16.790 8	18.492 7	20.599 2	24.477 6
31	14.457 8	15.655 5	17.538 7	19.280 6	21.433 6	25.390 1
32	15.134 0	16.362 2	18.290 8	20.071 9	22.270 6	26.304 1
33	15.815 3	17.073 5	19.046 7	20.866 5	23.110 2	27.219 4
34	16.501 3	17.789 1	19.806 3	21.664 3	23.952 3	28.136 1
35	17.191 8	18.508 9	20.569 4	22.465 0	24.796 7	29.054 0
36	17.886 7	19.232 7	21.335 9	23.268 6	25.643 3	29.973 0
37	18.585 8	19.960 2	22.105 6	24.074 9	26.492 1	30.893 3
38	19.288 9	20.691 4	22.878 5	24.883 9	27.343 0	31.814 6
39	19.995 9	21.426 2	23.654 3	25.695 4	28.195 8	32.736 9
40	20.706 5	22.164 3	24.433 0	26.509 3	29.050 5	33.660 3
41	21.420 8	22.905 6	25.214 5	27.325 6	29.907 1	34.584 6
42	22.138 5	23.650 1	25.998 7	28.144 0	30.765 4	35.509 9
43	22.859 5	24.397 6	26.785 4	28.964 7	31.625 5	36.436 1
44	23.583 7	25.148 0	27.574 6	29.787 5	32.487 1	37.363 1
45	24.311 0	25.901 3	28.366 2	30.612 3	33.350 4	38.291 0
46	25.041 3	26.657 2	29.160 1	31.439 0	34.215 2	39.219 7
47	25.774 6	27.415 8	29.956 2	32.267 6	35.081 4	40.149 2
48	26.510 6	28.177 0	30.754 5	33.098 1	34.949 1	41.079 4
49	27.249 3	28.940 6	31.554 9	33.930 3	36.818 2	42.010 4
50	27.990 7	29.706 7	32.357 4	34.764 3	37.688 6	42.942 1

（续前表）

n \ α	0.25	0.10	0.05	0.025	0.01	0.005
1	1.323 3	2.705 5	3.841 5	5.023 9	6.634 9	7.879 4
2	2.772 6	4.605 2	5.991 5	7.377 8	9.210 3	10.596 6
3	4.108 3	6.251 4	7.814 7	9.348 4	11.344 9	12.838 2
4	5.385 3	7.779 4	9.487 7	11.143 3	13.276 7	14.860 3
5	6.625 7	9.236 4	11.070 5	12.832 5	15.086 3	16.749 6
6	7.840 8	10.644 6	12.591 6	14.449 4	16.811 9	18.547 6
7	9.037 1	12.017 0	14.067 1	16.012 8	18.475 3	20.277 7
8	10.218 9	13.361 6	15.507 3	17.534 5	20.090 2	21.955 0
9	11.388 8	14.683 7	16.919 0	19.022 8	21.666 0	23.589 4
10	12.548 9	15.987 2	18.307 0	20.483 2	23.209 3	25.188 2
11	13.700 7	17.275 0	19.675 1	21.920 0	24.725 0	26.756 8
12	14.845 4	18.549 3	21.026 1	23.336 7	26.217 0	28.299 5
13	15.983 9	19.811 9	22.362 0	24.735 6	27.688 2	29.819 5
14	17.116 9	21.064 1	23.684 8	26.118 9	29.141 2	31.319 3
15	18.245 1	22.307 1	24.995 8	27.488 4	30.577 9	32.801 3
16	19.368 9	23.541 8	26.296 2	28.845 4	31.999 9	34.267 2
17	20.488 7	24.769 0	27.587 1	30.191 0	33.408 7	35.718 5
18	21.604 9	25.989 4	28.869 3	31.526 4	34.805 3	37.156 5
19	22.717 8	27.203 6	30.143 5	32.852 3	36.190 9	38.582 3
20	23.827 7	28.412 0	31.410 4	34.169 6	37.566 2	39.996 8
21	23.934 8	29.615 1	32.670 6	35.478 9	38.932 2	41.401 1
22	26.039 3	30.813 3	33.924 4	36.780 7	30.289 4	42.795 7
23	27.141 3	32.006 9	35.172 5	38.075 6	41.638 4	44.181 3
24	28.241 2	33.196 2	36.415 0	39.364 1	42.979 8	45.558 5
25	29.338 9	34.381 6	37.652 5	40.646 5	44.314 1	46.927 9
26	30.434 6	35.563 2	38.885 1	41.923 2	45.641 7	48.289 9
27	31.528 4	36.741 2	40.113 3	43.194 5	46.962 9	49.644 9
28	32.620 5	37.915 9	41.337 1	44.460 8	48.278 2	50.993 4
29	33.710 9	39.087 5	42.557 0	45.722 3	49.587 9	52.335 6
30	34.799 7	40.256 0	43.773 0	46.979 2	50.892 2	53.672 0
31	35.887 1	41.421 7	44.985 3	48.231 9	52.191 4	55.002 7
32	36.973 0	42.584 7	46.194 3	49.480 4	53.485 8	56.328 1
33	38.057 5	43.745 2	47.399 9	50.725 1	54.775 5	57.648 4
34	39.140 8	44.903 2	48.602 4	51.966 0	56.060 9	58.963 9
35	40.222 8	46.058 8	49.801 8	53.203 3	57.342 1	60.274 8
36	41.303 6	47.212 2	50.998 5	54.437 3	58.619 2	61.581 2
37	42.383 3	48.363 4	52.192 3	55.668 0	59.892 5	62.883 3
38	43.461 9	49.512 6	53.383 5	56.895 5	61.162 1	64.181 4
39	44.539 5	60.659 8	54.572 2	58.120 1	62.428 1	65.475 6
40	45.616 0	51.805 1	55.758 5	59.341 7	63.690 7	66.766 0
41	46.691 6	52.948 5	56.942 4	60.560 6	64.950 1	68.052 7
42	47.766 3	54.090 2	58.124 0	61.776 8	66.206 2	69.336 0
43	48.840 0	55.230 2	59.303 5	62.990 4	67.459 3	70.615 9
44	49.912 9	56.368 5	60.480 9	64.201 5	68.709 5	71.892 6
45	50.984 9	57.505 3	61.656 2	65.410 2	69.956 8	73.166 1
46	52.056 2	58.640 5	62.829 6	66.616 5	71.201 4	74.436 5
47	53.126 7	59.774 3	64.001 1	67.820 6	72.443 3	75.704 1
48	54.196 4	60.906 6	65.170 8	69.022 6	73.682 6	76.968 8
49	55.265 3	62.037 5	66.338 6	70.222 4	74.919 5	78.230 7
50	56.333 6	63.167 1	67.504 8	71.420 2	76.153 9	79.490 0

附表 5　F 分布表

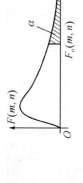

$$P\{F(m,n)>F_\alpha(m,n)\}=\alpha$$

$$\alpha=0.10$$

n\m	1	2	3	4	5	6	7	8	9	10	12	15	20	24	30	40	60	120	∞
1	39.86	49.50	53.59	55.83	57.24	58.20	58.91	59.44	59.86	60.19	60.71	61.22	61.74	62.00	62.26	62.53	62.79	63.06	63.33
2	8.53	9.00	9.16	9.24	9.29	9.33	9.35	9.37	9.38	9.39	9.41	9.42	9.44	9.45	9.46	9.47	9.47	9.48	9.49
3	5.54	5.46	5.39	5.34	5.31	5.28	5.27	5.25	5.24	5.23	5.22	5.20	5.18	5.18	5.17	5.16	5.15	5.14	5.13
4	4.54	4.32	4.19	4.11	4.05	4.01	3.98	3.95	3.94	3.92	3.90	3.87	3.84	3.83	3.82	3.80	3.79	3.78	3.76
5	4.06	3.78	3.62	3.52	3.45	3.40	3.37	3.34	3.32	3.30	3.27	3.24	3.21	3.19	3.17	3.16	3.14	3.12	3.10
6	3.78	3.46	3.29	3.18	3.11	3.05	3.01	2.98	2.96	2.94	2.90	2.87	2.84	2.82	2.80	2.78	2.76	2.74	2.72
7	3.59	3.26	3.07	2.96	2.88	2.83	2.78	2.75	2.72	2.70	2.67	2.63	2.59	2.58	2.56	2.54	2.51	2.49	2.47
8	3.46	3.11	2.92	2.81	2.73	2.67	2.62	2.59	2.56	2.54	2.50	2.46	2.42	2.40	2.38	2.36	2.34	2.32	2.29
9	3.36	3.01	2.81	2.69	2.61	2.55	2.51	2.47	2.44	2.42	2.38	2.34	2.30	2.28	2.25	2.23	2.21	2.18	2.16
10	3.29	2.92	2.73	2.61	2.52	2.46	2.41	2.38	2.35	2.32	2.28	2.24	2.20	2.18	2.16	2.13	2.11	2.08	2.06
11	3.23	2.86	2.66	2.54	2.45	2.39	2.34	2.30	2.27	2.25	2.21	2.17	2.12	2.10	2.08	2.05	2.03	2.00	1.97
12	3.18	2.81	2.61	2.48	2.39	2.33	2.28	2.24	2.21	2.19	2.15	2.10	2.06	2.04	2.01	1.99	1.96	1.93	1.90
13	3.14	2.76	2.56	2.43	2.35	2.28	2.23	2.20	2.16	2.14	2.10	2.05	2.01	1.98	1.96	1.93	1.90	1.88	1.85
14	3.10	2.73	2.52	2.39	2.31	2.24	2.19	2.15	2.12	2.10	2.05	2.01	1.96	1.94	1.91	1.89	1.86	1.83	1.80
15	3.07	2.70	2.49	2.36	2.27	2.21	2.16	2.12	2.09	2.06	2.02	1.97	1.92	1.90	1.87	1.85	1.82	1.79	1.76
16	3.05	2.67	2.46	2.33	2.24	2.18	2.13	2.09	2.06	2.03	1.99	1.94	1.89	1.87	1.84	1.81	1.78	1.75	1.72
17	3.03	2.64	2.44	2.31	2.22	2.15	2.10	2.06	2.03	2.00	1.96	1.91	1.86	1.84	1.81	1.78	1.75	1.72	1.69
18	3.01	2.62	2.42	2.29	2.20	2.13	2.08	2.04	2.00	1.98	1.93	1.89	1.84	1.81	1.78	1.75	1.72	1.69	1.66
19	2.99	2.61	2.40	2.27	2.18	2.11	2.06	2.02	1.98	1.96	1.91	1.86	1.81	1.79	1.76	1.73	1.70	1.67	1.63
20	2.97	2.59	2.38	2.25	2.16	2.09	2.04	2.00	1.96	1.94	1.89	1.84	1.79	1.77	1.74	1.71	1.68	1.64	1.61
21	2.96	2.57	2.36	2.23	2.14	2.08	2.02	1.98	1.95	1.92	1.87	1.83	1.78	1.75	1.72	1.69	1.66	1.62	1.59
22	2.95	2.56	2.35	2.22	2.13	2.06	2.01	1.97	1.93	1.90	1.86	1.81	1.76	1.73	1.70	1.67	1.64	1.60	1.57
23	2.94	2.55	2.34	2.21	2.11	2.05	1.99	1.95	1.92	1.89	1.84	1.80	1.74	1.72	1.69	1.66	1.62	1.59	1.55

m \ n	1	2	3	4	5	6	7	8	9	10	12	15	20	24	30	40	60	120	∞
24	2.93	2.54	2.33	2.19	2.10	2.04	1.98	1.94	1.91	1.88	1.83	1.78	1.73	1.70	1.67	1.64	1.61	1.57	1.53
25	2.92	2.53	2.32	2.18	2.09	2.02	1.97	1.93	1.89	1.87	1.82	1.77	1.72	1.69	1.66	1.63	1.59	1.56	1.52
26	2.91	2.52	2.31	2.17	2.08	2.01	1.96	1.92	1.88	1.86	1.81	1.76	1.71	1.68	1.65	1.61	1.58	1.54	1.50
27	2.90	2.51	2.30	2.17	2.07	2.00	1.95	1.91	1.87	1.85	1.80	1.75	1.70	1.67	1.64	1.60	1.57	1.53	1.49
28	2.89	2.50	2.29	2.16	2.06	2.00	1.94	1.90	1.87	1.84	1.79	1.74	1.69	1.66	1.63	1.59	1.56	1.52	1.48
29	2.89	2.50	2.28	2.15	2.06	1.99	1.93	1.89	1.86	1.83	1.78	1.73	1.68	1.65	1.62	1.58	1.55	1.51	1.47
30	2.88	2.49	2.28	2.14	2.05	1.98	1.93	1.88	1.85	1.82	1.77	1.72	1.67	1.64	1.61	1.57	1.54	1.50	1.46
40	2.84	2.44	2.23	2.09	2.00	1.93	1.87	1.83	1.79	1.76	1.71	1.66	1.61	1.57	1.54	1.51	1.47	1.42	1.38
60	2.79	2.39	2.18	2.04	1.95	1.87	1.82	1.77	1.74	1.71	1.66	1.60	1.54	1.51	1.48	1.44	1.40	1.35	1.29
120	2.75	2.35	2.13	1.99	1.90	1.82	1.77	1.72	1.68	1.65	1.60	1.55	1.48	1.45	1.41	1.37	1.32	1.26	1.19
∞	2.71	2.30	2.08	1.94	1.85	1.77	1.72	1.67	1.63	1.60	1.55	1.49	1.42	1.38	1.34	1.30	1.24	1.17	1.00

$\alpha = 0.05$

m \ n	1	2	3	4	5	6	7	8	9	10	12	15	20	24	30	40	60	120	∞
1	161.4	199.5	215.7	224.6	230.2	234.0	236.8	238.9	240.5	241.9	243.9	245.9	248.0	249.1	250.1	251.1	252.2	253.3	254.3
2	18.51	19.00	19.16	19.25	19.30	19.33	19.35	19.37	19.38	19.40	19.41	19.43	19.45	19.45	19.46	19.47	19.48	19.49	19.50
3	10.13	9.55	9.28	9.12	9.01	8.94	8.89	8.85	8.81	8.79	8.74	8.70	8.66	8.64	8.62	8.59	8.57	8.55	8.53
4	7.71	6.94	6.59	6.39	6.26	6.16	6.09	6.04	6.00	5.96	5.91	5.86	5.80	5.77	5.75	5.72	5.69	5.66	5.63
5	6.61	5.79	5.41	5.19	5.05	4.95	4.88	4.82	4.77	4.74	4.68	4.62	4.56	4.53	4.50	4.46	4.43	4.40	4.36
6	5.99	5.14	4.76	4.53	4.39	4.28	4.21	4.15	4.10	4.06	4.00	3.94	3.87	3.84	3.81	3.77	3.74	3.70	3.67
7	5.59	4.74	4.35	4.12	3.97	3.87	3.79	3.73	3.68	3.64	3.57	3.51	3.44	3.41	3.38	3.34	3.30	3.27	3.23
8	5.32	4.46	4.07	3.84	3.69	3.58	3.50	3.44	3.39	3.35	3.28	3.22	3.15	3.12	3.08	3.04	3.01	2.97	2.93
9	5.12	4.26	3.86	3.63	3.48	3.37	3.29	3.23	3.18	3.14	3.07	3.01	2.94	2.90	2.86	2.83	2.79	2.75	2.71
10	4.96	4.10	3.71	3.48	3.33	3.22	3.14	3.07	3.02	2.98	2.91	2.85	2.77	2.74	2.70	2.66	2.62	2.58	2.54
11	4.84	3.98	3.59	3.36	3.20	3.09	3.01	2.95	2.90	2.85	2.79	2.72	2.65	2.61	2.57	2.53	2.49	2.45	2.40
12	4.75	3.89	3.49	3.26	3.11	3.00	2.91	2.85	2.80	2.75	2.69	2.62	2.54	2.51	2.47	2.43	2.38	2.34	2.30
13	4.67	3.81	3.41	3.18	3.03	2.92	2.83	2.77	2.71	2.67	2.60	2.53	2.46	2.42	2.38	2.34	2.30	2.25	2.21
14	4.60	3.74	3.34	3.11	2.96	2.85	2.76	2.70	2.65	2.60	2.53	2.46	2.39	2.35	2.31	2.27	2.22	2.18	2.13
15	4.54	3.68	3.29	3.06	2.90	2.79	2.71	2.64	2.59	2.54	2.48	2.40	2.33	2.29	2.25	2.20	2.16	2.11	2.07

（续前表）

m / n	1	2	3	4	5	6	7	8	9	10	12	15	20	24	30	40	60	120	∞
16	4.49	3.63	3.24	3.01	2.85	2.74	2.66	2.59	2.54	2.49	2.42	2.35	2.28	2.24	2.19	2.15	2.11	2.06	2.01
17	4.45	3.59	3.20	2.96	2.81	2.70	2.61	2.55	2.49	2.45	2.38	2.31	2.23	2.19	2.15	2.10	2.06	2.01	1.96
18	4.41	3.55	3.16	2.93	2.77	2.66	2.58	2.51	2.46	2.41	2.34	2.27	2.19	2.15	2.11	2.06	2.02	1.97	1.92
19	4.38	3.52	3.13	2.90	2.74	2.63	2.54	2.48	2.42	2.38	2.31	2.23	2.16	2.11	2.07	2.03	1.98	1.93	1.88
20	4.35	3.49	3.10	2.87	2.71	2.60	2.51	2.45	2.39	2.35	2.28	2.20	2.12	2.08	2.04	1.99	1.95	1.90	1.84
21	4.32	3.47	3.07	2.84	2.68	2.57	2.49	2.42	2.37	2.32	2.25	2.18	2.10	2.05	2.01	1.96	1.92	1.87	1.81
22	4.30	3.44	3.05	2.82	2.66	2.55	2.46	2.40	2.34	2.30	2.23	2.15	2.07	2.03	1.98	1.94	1.89	1.84	1.78
23	4.28	3.42	3.03	2.80	2.64	2.53	2.44	2.37	2.32	2.27	2.20	2.13	2.05	2.01	1.96	1.91	1.86	1.81	1.76
24	4.26	3.40	3.01	2.78	2.62	2.51	2.42	2.36	2.30	2.25	2.18	2.11	2.03	1.98	1.94	1.89	1.84	1.79	1.73
25	4.24	3.39	2.99	2.76	2.60	2.49	2.40	2.34	2.28	2.24	2.16	2.09	2.01	1.96	1.92	1.87	1.82	1.77	1.71
26	4.23	3.37	2.98	2.74	2.59	2.47	2.39	2.32	2.27	2.22	2.15	2.07	1.99	1.95	1.90	1.85	1.80	1.75	1.69
27	4.21	3.35	2.96	2.73	2.57	2.46	2.37	2.31	2.25	2.20	2.13	2.06	1.97	1.93	1.88	1.84	1.79	1.73	1.67
28	4.20	3.34	2.95	2.71	2.56	2.45	2.36	2.29	2.24	2.19	2.12	2.04	1.96	1.91	1.87	1.82	1.77	1.71	1.65
29	4.18	3.33	2.93	2.70	2.55	2.43	2.35	2.28	2.22	2.18	2.10	2.03	1.94	1.90	1.85	1.81	1.75	1.70	1.64
30	4.17	3.32	2.92	2.69	2.53	2.42	2.33	2.27	2.21	2.16	2.09	2.01	1.93	1.89	1.84	1.79	1.74	1.68	1.62
40	4.08	3.23	2.84	2.61	2.45	2.34	2.25	2.18	2.12	2.08	2.00	1.92	1.84	1.79	1.74	1.69	1.64	1.58	1.51
60	4.00	3.15	2.76	2.53	2.37	2.25	2.17	2.10	2.04	1.99	1.92	1.84	1.75	1.70	1.65	1.59	1.53	1.47	1.39
120	3.92	3.07	2.68	2.45	2.29	2.18	2.09	2.02	1.96	1.91	1.83	1.75	1.66	1.61	1.55	1.50	1.43	1.35	1.25
∞	3.84	3.00	2.60	2.37	2.21	2.10	2.01	1.94	1.88	1.83	1.75	1.67	1.57	1.52	1.46	1.39	1.32	1.22	1.00

$\alpha = 0.025$

m / n	1	2	3	4	5	6	7	8	9	10	12	15	20	24	30	40	60	120	∞
1	647.8	799.5	864.2	899.6	921.8	937.1	948.2	956.7	963.3	968.6	976.7	984.9	993.1	997.2	1001	1006	1010	1014	1018
2	38.51	39.00	39.17	39.25	39.30	39.33	39.36	39.37	39.39	39.40	39.41	39.43	39.45	39.46	39.46	39.47	39.48	39.49	39.50
3	17.44	16.04	15.44	15.10	14.88	14.73	14.62	14.54	14.47	14.42	14.34	14.25	14.17	14.12	14.08	14.04	13.99	13.95	13.90
4	12.22	10.65	9.98	9.60	9.36	9.20	9.07	8.98	8.90	8.84	8.75	8.66	8.56	8.51	8.46	8.41	8.36	8.31	8.26
5	10.01	8.43	7.76	7.39	7.15	6.98	6.85	6.76	6.68	6.62	6.52	6.43	6.33	6.28	6.23	6.18	6.12	6.07	6.02
6	8.81	7.26	6.60	6.23	5.99	5.82	5.70	5.60	5.52	5.46	5.37	5.27	5.17	5.12	5.07	5.01	4.96	4.90	4.85
7	8.07	6.54	5.89	5.52	5.29	5.12	4.99	4.90	4.82	4.76	4.67	4.57	4.47	4.41	4.36	4.31	4.25	4.20	4.14
8	7.57	6.06	5.42	5.05	4.82	4.65	4.53	4.43	4.36	4.30	4.20	4.10	4.00	3.95	3.89	3.84	3.78	3.73	3.67
9	7.21	5.71	5.08	4.72	4.48	4.32	4.20	4.10	4.03	3.96	3.87	3.77	3.67	3.61	3.56	3.51	3.45	3.39	3.33

（续前表）

m \ n	1	2	3	4	5	6	7	8	9	10	12	15	20	24	30	40	60	120	∞
10	6.94	5.46	4.83	4.47	4.24	4.07	3.95	3.85	3.78	3.72	3.62	3.52	3.42	3.37	3.31	3.26	3.20	3.14	3.08
11	6.72	5.26	4.63	4.28	4.04	3.88	3.76	3.66	3.59	3.53	3.43	3.33	3.23	3.17	3.12	3.06	3.00	2.94	2.88
12	6.55	5.10	4.47	4.12	3.89	3.73	3.61	3.51	3.44	3.37	3.28	3.18	3.07	3.02	2.96	2.91	2.85	2.79	2.72
13	6.41	4.97	4.35	4.00	3.77	3.60	3.48	3.39	3.31	3.25	3.15	3.05	2.95	2.89	2.84	2.78	2.72	2.66	2.60
14	6.30	4.86	4.24	3.89	3.66	3.50	3.38	3.29	3.21	3.15	3.05	2.95	2.84	2.79	2.73	2.67	2.61	2.55	2.49
15	6.20	4.77	4.15	3.80	3.58	3.41	3.29	3.20	3.12	3.06	2.96	2.86	2.76	2.70	2.64	2.59	2.52	2.46	2.40
16	6.12	4.69	4.08	3.73*	3.50	3.34	3.22	3.12	3.05	2.99	2.89	2.79	2.68	2.63	2.57	2.51	2.45	2.38	2.32
17	6.04	4.62	4.01	3.66	3.44	3.28	3.16	3.06	2.98	2.92	2.82	2.72	2.62	2.56	2.50	2.44	2.38	2.32	2.25
18	5.98	4.56	3.95	3.61	3.38	3.22	3.10	3.01	2.93	2.87	2.77	2.67	2.56	2.50	2.44	2.38	2.32	2.26	2.19
19	5.92	4.51	3.90	3.56	3.33	3.17	3.05	2.96	2.88	2.82	2.72	2.62	2.51	2.45	2.39	2.33	2.27	2.20	2.13
20	5.87	4.46	3.86	3.51	3.29	3.13	3.01	2.91	2.84	2.77	2.68	2.57	2.46	2.41	2.35	2.29	2.22	2.16	2.09
21	5.83	4.42	3.82	3.48	3.25	3.09	2.97	2.87	2.80	2.73	2.64	2.53	2.42	2.37	2.31	2.25	2.18	2.11	2.04
22	5.79	4.38	3.78	3.44	3.22	3.05	2.93	2.84	2.76	2.70	2.60	2.50	2.39	2.33	2.27	2.21	2.14	2.08	2.00
23	5.75	4.35	3.75	3.41	3.18	3.02	2.90	2.81	2.73	2.67	2.57	2.47	2.36	2.30	2.24	2.18	2.11	2.04	1.97
24	5.72	4.32	3.72	3.38	3.15	2.99	2.87	2.78	2.70	2.64	2.54	2.44	2.33	2.27	2.21	2.15	2.08	2.01	1.94
25	5.69	4.29	3.69	3.35	3.13	2.97	2.85	2.75	2.68	2.61	2.51	2.41	2.30	2.24	2.18	2.12	2.05	1.98	1.91
26	5.66	4.27	3.67	3.33	3.10	2.94	2.82	2.73	2.65	2.59	2.49	2.39	2.28	2.22	2.16	2.09	2.03	1.95	1.88
27	5.63	4.24	3.65	3.31	3.08	2.92	2.80	2.71	2.63	2.57	2.47	2.36	2.25	2.19	2.13	2.07	2.00	1.93	1.85
28	5.61	4.22	3.63	3.29	3.06	2.90	2.78	2.69	2.61	2.55	2.45	2.34	2.23	2.17	2.11	2.05	1.98	1.91	1.83
29	5.59	4.20	3.61	3.27	3.04	2.88	2.76	2.67	2.59	2.53	2.43	2.32	2.21	2.15	2.09	2.03	1.96	1.89	1.81
30	5.57	4.18	3.59	3.25	3.03	2.87	2.75	2.65	2.57	2.51	2.41	2.31	2.20	2.14	2.07	2.01	1.94	1.87	1.79
40	5.42	4.05	3.46	3.13	2.90	2.74	2.62	2.53	2.45	2.39	2.29	2.18	2.07	2.01	1.94	1.88	1.80	1.72	1.64
60	5.29	3.93	3.34	3.01	2.79	2.63	2.51	2.41	2.33	2.27	2.17	2.06	1.94	1.88	1.82	1.74	1.67	1.58	1.48
120	5.15	3.80	3.23	2.89	2.67	2.52	2.39	2.30	2.22	2.16	2.05	1.94	1.82	1.76	1.69	1.61	1.53	1.43	1.31
∞	5.02	3.69	3.12	2.79	2.57	2.41	2.29	2.19	2.11	2.05	1.94	1.83	1.71	1.64	1.57	1.48	1.39	1.27	1.00

$\alpha=0.01$

$n \backslash m$	1	2	3	4	5	6	7	8	9	10	12	15	20	24	30	40	60	120	∞
1	4 052	4 999	5 403	5 625	5 764	5 859	5 928	5 981	6 022	6 056	6 106	6 157	6 209	6 235	6 261	6 287	6 313	6 339	6 366
2	98.50	99.00	99.17	99.25	99.30	99.33	99.36	99.37	99.39	99.40	99.42	99.43	99.45	99.46	99.47	99.47	99.48	99.49	99.50
3	34.12	30.82	29.46	28.71	28.24	27.91	27.67	27.49	27.35	27.23	27.05	26.87	26.69	26.60	26.50	26.41	26.32	26.22	26.13
4	21.20	18.00	16.69	15.98	15.52	15.21	14.98	14.80	14.66	14.55	14.37	14.20	14.02	13.93	13.84	13.75	13.65	13.56	13.46
5	16.26	13.27	12.06	11.39	10.97	10.67	10.46	10.29	10.16	10.05	9.89	9.72	9.55	9.47	9.38	9.29	9.20	9.11	9.02
6	13.75	10.92	9.78	9.15	8.75	8.47	8.26	8.10	7.98	7.87	7.72	7.56	7.40	7.31	7.23	7.14	7.06	6.97	6.88
7	12.25	9.55	8.45	7.85	7.46	7.19	6.99	6.84	6.72	6.62	6.47	6.31	6.16	6.07	5.99	5.91	5.82	5.74	5.65
8	11.26	8.65	7.59	7.01	6.63	6.37	6.18	6.03	5.91	5.81	5.67	5.52	5.36	5.28	5.20	5.12	5.03	4.95	4.86
9	10.56	8.02	6.99	6.42	6.06	5.80	5.61	5.47	5.35	5.26	5.11	4.96	4.81	4.73	4.65	4.57	4.48	4.40	4.31
10	10.04	7.56	6.55	5.99	5.64	5.39	5.20	5.06	4.94	4.85	4.71	4.56	4.41	4.33	4.25	4.17	4.08	4.00	3.91
11	9.65	7.21	6.22	5.67	5.32	5.07	4.89	4.74	4.63	4.54	4.40	4.25	4.10	4.02	3.94	3.86	3.78	3.69	3.60
12	9.33	6.93	5.95	5.41	5.06	4.82	4.64	4.50	4.39	4.30	4.16	4.01	3.86	3.78	3.70	3.62	3.54	3.45	3.36
13	9.07	6.70	5.74	5.21	4.86	4.62	4.44	4.30	4.19	4.10	3.96	3.82	3.66	3.59	3.51	3.43	3.34	3.25	3.17
14	8.86	6.51	5.56	5.04	4.69	4.46	4.28	4.14	4.03	3.94	3.80	3.66	3.51	3.43	3.35	3.27	3.18	3.09	3.00
15	8.68	6.36	5.42	4.89	4.56	4.32	4.14	4.00	3.89	3.80	3.67	3.52	3.37	3.29	3.21	3.13	3.05	2.96	2.87
16	8.53	6.23	5.29	4.77	4.44	4.20	4.03	3.89	3.78	3.69	3.55	3.41	3.26	3.18	3.10	3.02	2.93	2.84	2.75
17	8.40	6.11	5.18	4.67	4.34	4.10	3.93	3.79	3.68	3.59	3.46	3.31	3.16	3.08	3.00	2.92	2.83	2.75	2.65
18	8.29	6.01	5.09	4.58	4.25	4.01	3.84	3.71	3.60	3.51	3.37	3.23	3.08	3.00	2.92	2.84	2.75	2.66	2.57
19	8.18	5.93	5.01	4.50	4.17	3.94	3.77	3.63	3.52	3.43	3.30	3.15	3.00	2.92	2.84	2.76	2.67	2.58	2.49
20	8.10	5.85	4.94	4.43	4.10	3.87	3.70	3.56	3.46	3.37	3.23	3.09	2.94	2.86	2.78	2.69	2.61	2.52	2.42
21	8.02	5.78	4.87	4.37	4.04	3.81	3.64	3.51	3.40	3.31	3.17	3.03	2.88	2.80	2.72	2.64	2.55	2.46	2.36
22	7.95	5.72	4.82	4.31	3.99	3.76	3.59	3.45	3.35	3.26	3.12	2.98	2.83	2.75	2.67	2.58	2.50	2.40	2.31
23	7.88	5.66	4.76	4.26	3.94	3.71	3.54	3.41	3.30	3.21	3.07	2.93	2.78	2.70	2.62	2.54	2.45	2.35	2.26
24	7.82	5.61	4.72	4.22	3.90	3.67	3.50	3.36	3.26	3.17	3.03	2.89	2.74	2.66	2.58	2.49	2.40	2.31	2.21
25	7.77	5.57	4.68	4.18	3.85	3.63	3.46	3.32	3.22	3.13	2.99	2.85	2.70	2.62	2.54	2.45	2.36	2.27	2.17
26	7.72	5.53	4.64	4.14	3.82	3.59	3.42	3.29	3.18	3.09	2.96	2.81	2.66	2.58	2.50	2.42	2.33	2.23	2.13
27	7.68	5.49	4.60	4.11	3.78	3.56	3.39	3.26	3.15	3.06	2.93	2.78	2.63	2.55	2.47	2.38	2.29	2.20	2.10
28	7.64	5.45	4.57	4.07	3.75	3.53	3.36	3.23	3.12	3.03	2.90	2.75	2.60	2.52	2.44	2.35	2.26	2.17	2.06
29	7.60	5.42	4.54	4.04	3.73	3.50	3.33	3.20	3.09	3.00	2.87	2.73	2.57	2.49	2.41	2.33	2.23	2.14	2.03

（续前表）

m \ n	1	2	3	4	5	6	7	8	9	10	12	15	20	24	30	40	60	120	∞
30	7.56	5.39	4.51	4.02	3.70	3.47	3.30	3.17	3.07	2.98	2.84	2.70	2.55	2.47	2.39	2.30	2.21	2.11	2.01
40	7.31	5.18	4.31	3.83	3.51	3.29	3.12	2.99	2.89	2.80	2.66	2.52	2.37	2.29	2.20	2.11	2.02	1.92	1.80
60	7.08	4.98	4.13	3.65	3.34	3.12	2.95	2.82	2.72	2.63	2.50	2.35	2.20	2.12	2.03	1.94	1.84	1.73	1.60
120	6.85	4.79	3.95	3.48	3.17	2.96	2.79	2.66	2.56	2.47	2.34	2.19	2.03	1.95	1.86	1.76	1.66	1.53	1.38
∞	6.63	4.61	3.78	3.32	3.02	2.80	2.64	2.51	2.41	2.32	2.18	2.04	1.88	1.79	1.70	1.59	1.47	1.32	1.00

$\alpha = 0.005$

m \ n	1	2	3	4	5	6	7	8	9	10	12	15	20	24	30	40	60	120	∞
1	16 211	20 000	21 615	22 500	23 056	23 437	23 715	23 925	24 091	24 224	24 426	24 630	24 836	24 940	25 044	25 148	25 253	25 359	25 464
2	198.5	199.0	199.2	199.2	199.3	199.3	199.4	199.4	199.4	199.4	199.4	199.4	199.4	199.5	199.5	199.5	199.5	199.5	199.5
3	55.55	49.80	47.47	46.19	45.39	44.84	44.43	44.13	43.88	43.69	43.39	43.08	42.78	42.62	42.47	42.31	42.15	41.99	41.83
4	31.33	26.28	24.26	23.15	22.46	21.97	21.62	21.35	21.14	20.97	20.76	20.44	20.17	20.03	19.89	19.75	19.61	19.47	19.32
5	22.78	18.31	16.53	15.56	14.94	14.51	14.20	13.96	13.77	13.62	13.38	13.15	12.90	12.78	12.66	12.53	12.40	12.27	12.14
6	18.63	14.54	12.92	12.03	11.46	11.07	10.79	10.57	10.39	10.25	10.03	9.81	9.59	9.47	9.36	9.24	9.12	9.00	8.88
7	16.24	12.40	10.88	10.05	9.52	9.16	8.89	8.68	8.51	8.38	8.18	7.97	7.75	7.64	7.53	7.42	7.31	7.19	7.08
8	14.69	11.04	9.60	8.81	8.30	7.95	7.69	7.50	7.34	7.21	7.01	6.81	6.61	6.50	6.40	6.29	6.18	6.06	5.95
9	13.61	10.11	8.72	7.96	7.47	7.13	6.88	6.69	6.54	6.42	6.23	6.03	5.83	5.73	5.62	5.52	5.41	5.30	5.19
10	12.83	9.43	8.08	7.34	6.87	6.54	6.30	6.12	5.97	5.85	5.66	5.47	5.27	5.17	5.07	4.97	4.86	4.75	4.64
11	12.23	8.91	7.60	6.88	6.42	6.10	5.86	5.68	5.54	5.42	5.24	5.05	4.86	4.76	4.65	4.55	4.45	4.34	4.23
12	11.75	8.51	7.23	6.52	6.07	5.76	5.52	5.35	5.20	5.09	4.91	4.72	4.53	4.43	4.33	4.23	4.12	4.01	3.90
13	11.37	8.19	6.93	6.23	5.79	5.48	5.25	5.08	4.94	4.82	4.64	4.46	4.27	4.17	4.07	3.97	3.87	3.76	3.65
14	11.06	7.92	6.68	6.00	5.56	5.26	5.03	4.86	4.72	4.60	4.43	4.25	4.06	3.96	3.86	3.76	3.66	3.55	3.44
15	10.80	7.70	6.48	5.80	5.37	5.07	4.85	4.67	4.54	4.42	4.25	4.07	3.88	3.79	3.69	3.58	3.48	3.37	3.26

（续前表）

m \ n	1	2	3	4	5	6	7	8	9	10	12	15	20	24	30	40	60	120	∞
16	10.58	7.51	6.30	5.64	5.21	4.91	4.69	4.52	4.38	4.27	4.10	3.92	3.73	3.64	3.54	3.44	3.33	3.22	3.11
17	10.38	7.35	6.16	5.50	5.07	4.78	4.56	4.39	4.25	4.14	3.97	3.79	3.61	3.51	3.41	3.31	3.21	3.10	2.98
18	10.22	7.21	6.03	5.37	4.96	4.66	4.44	4.28	4.14	4.03	3.86	3.68	3.50	3.40	3.30	3.20	3.10	2.99	2.87
19	10.07	7.09	5.92	5.27	4.85	4.56	4.34	4.18	4.04	3.93	3.76	3.59	3.40	3.31	3.21	3.11	3.00	2.89	2.78
20	9.94	6.99	5.82	5.17	4.76	4.47	4.26	4.09	3.96	3.85	3.68	3.50	3.32	3.22	3.12	3.02	2.92	2.81	2.69
21	9.83	6.89	5.73	5.09	4.68	4.39	4.18	4.01	3.88	3.77	3.60	3.43	3.24	3.15	3.05	2.95	2.84	2.73	2.61
22	9.73	6.81	5.65	5.02	4.61	4.32	4.11	3.94	3.81	3.70	3.54	3.36	3.18	3.08	2.98	2.88	2.77	2.66	2.55
23	9.63	6.73	5.58	4.95	4.54	4.26	4.05	3.88	3.75	3.64	3.47	3.30	3.12	3.02	2.92	2.82	2.71	2.60	2.48
24	9.55	6.66	5.52	4.89	4.49	4.20	3.99	3.83	3.69	3.59	3.42	3.25	3.06	2.97	2.87	2.77	2.66	2.55	2.43
25	9.48	6.60	5.46	4.84	4.43	4.15	3.94	3.78	3.64	3.54	3.37	3.20	3.01	2.92	2.82	2.72	2.61	2.50	2.38
26	9.41	6.54	5.41	4.79	4.38	4.10	3.89	3.73	3.60	3.49	3.33	3.15	2.97	2.87	2.77	2.67	2.56	2.45	2.33
27	9.34	6.49	5.36	4.74	4.34	4.06	3.85	3.69	3.56	3.45	3.28	3.11	2.93	2.83	2.73	2.63	2.52	2.41	2.29
28	9.28	6.44	5.32	4.70	4.30	4.02	3.81	3.65	3.52	3.41	3.25	3.07	2.89	2.79	2.69	2.59	2.48	2.37	2.25
29	9.23	6.40	5.28	4.66	4.26	3.98	3.77	3.61	3.48	3.38	3.21	3.04	2.86	2.76	2.66	2.56	2.45	2.33	2.21
30	9.18	6.35	5.24	4.62	4.23	3.95	3.74	3.58	3.45	3.34	3.18	2.01	2.82	2.73	2.63	2.52	2.42	2.30	2.18
40	8.83	6.07	4.98	4.37	3.99	3.71	3.51	3.35	3.22	3.12	2.95	2.78	2.60	2.50	2.40	2.30	2.18	2.06	1.93
60	8.49	5.79	4.73	4.14	3.76	3.49	3.29	3.13	3.01	2.90	2.74	2.57	2.39	2.29	2.19	2.08	1.96	1.83	1.69
120	8.18	5.54	4.50	3.92	3.55	3.28	3.09	2.93	2.81	2.71	2.54	2.37	2.19	2.09	1.98	1.87	1.75	1.61	1.43
∞	7.88	5.30	4.28	3.72	3.35	3.09	2.90	2.74	2.62	2.52	2.36	2.19	2.00	1.90	1.79	1.67	1.53	1.36	1.00

附表6 相关系数临界值 r_α 表

$$P\{|r|>r_\alpha\}=\alpha$$

$n-2$ \ α	0.10	0.05	0.02	0.01	0.001	α \ $n-2$
1	0.987 69	0.996 92	0.999 507	0.999 877	0.999 998 8	1
2	0.900 00	0.950 00	0.980 00	0.990 00	0.999 00	2
3	0.805 4	0.878 3	0.934 33	0.958 74	0.991 14	3
4	0.729 3	0.811 4	0.882 2	0.917 20	0.974 07	4
5	0.669 4	0.754 5	0.832 9	0.874 5	0.950 88	5
6	0.621 5	0.706 7	0.788 7	0.874 3	0.924 90	6
7	0.582 2	0.666 4	0.749 8	0.797 7	0.898 3	7
8	0.549 4	0.631 9	0.715 5	0.764 6	0.872 1	8
9	0.521 4	0.602 1	0.685 1	0.734 8	0.847 1	9
10	0.497 3	0.576 0	0.658 1	0.707 9	0.823 3	10
11	0.476 2	0.552 9	0.633 9	0.683 5	0.801 0	11
12	0.457 5	0.532 4	0.612 0	0.661 4	0.780 0	12
13	0.440 9	0.514 0	0.592 3	0.641 1	0.760 4	13
14	0.425 9	0.497 3	0.574 2	0.622 6	0.742 0	14
15	0.412 4	0.482 1	0.557 7	0.605 5	0.724 7	15
16	0.400 0	0.468 3	0.542 5	0.589 7	0.708 4	16
17	0.388 7	0.455 5	0.528 5	0.575 1	0.693 2	17
18	0.378 3	0.443 8	0.515 5	0.561 4	0.678 8	18
19	0.368 7	0.432 9	0.503 4	0.548 7	0.665 2	19
20	0.359 8	0.422 7	0.492 1	0.536 8	0.652 4	20
25	0.323 3	0.380 9	0.445 1	0.486 9	0.597 4	25
30	0.296 0	0.349 4	0.409 3	0.448 7	0.554 1	30
35	0.274 6	0.324 6	0.381 0	0.418 2	0.518 9	35
40	0.257 3	0.304 4	0.357 8	0.393 2	0.489 6	40
45	0.242 9	0.287 6	0.338 4	0.372 1	0.464 7	45
50	0.230 6	0.273 2	0.321 8	0.354 2	0.443 2	50
60	0.210 8	0.250 0	0.294 8	0.324 8	0.407 9	60
70	0.195 4	0.231 9	0.273 7	0.301 7	0.379 8	70
80	0.182 9	0.217 2	0.256 5	0.283 0	0.356 8	80
90	0.172 6	0.205 0	0.242 2	0.267 3	0.337 5	90
100	0.163 8	0.194 6	0.230 1	0.254 0	0.321 1	100